上海市水资源统计和核算体系研究

阮仁良　阮大成　张　勇　顾圣华　等 编著

科学出版社
北　京

内 容 简 介

本书在借鉴国内外水资源环境经济统计和核算的最新理论和技术进展的基础上，创造性地构建了以水务管理为基础的水资源的数据采集和统计体系，建立了包括水资源实物量账户、排放账户、混合和经济账户、资产账户、质量账户在内的上海市水资源核算体系；探索完成了作为账户核算技术辅助和水资源管理需求的涉水对象分类名称及代码、信息采集和应用体系、混合账户技术规程、水资源评估体系、水资源白皮书和信息支持系统；开展了2005年和2007年水资源统计核算。本书以统计为基础、以核算为手段、以应用为目标，建立起一整套符合上海实际、拥有规范要求、具有推广价值的统计核算体系，不仅为上海市水务管理部门推进水资源统计核算工作、建立现代水务统计体系和实施国家最严格水资源管理制度提供了基础信息支撑和统计示范，也为全国其他地区和相关部门开展水资源核算工作，进而促进并服务于绿色国民经济核算体系提供借鉴和参考。

本书是一部关于我国城市水资源统计和核算体系研究的开拓性专著，适合从事水资源管理、水利水务行业管理、资源环境管理、国民经济统计管理，以及水资源学、统计学、环境科学、经济学、管理学的专业研究人员和政府管理人员参考使用。

图书在版编目(CIP)数据

上海市水资源统计和核算体系研究/阮仁良等编著．—北京：科学出版社，2011

ISBN 978-7-03-032338-5

Ⅰ．①上…　Ⅱ．①阮…　Ⅲ．①水资源-统计核算-研究-上海市
Ⅳ．①TV211.1

中国版本图书馆CIP数据核字（2011）第185604号

责任编辑：邹　聪　侯俊琳　程　凤／责任校对：张怡君
责任印制：吴兆东／封面设计：无极书装

科学出版社出版
北京东黄城根北街16号
邮政编码：100717
http://www.sciencep.com
北京建宏印刷有限公司印刷
科学出版社发行　各地新华书店经销
*
2012年2月第　一　版　开本：720×1000　1/16
2024年3月第二次印刷　印张：22
字数：415 000
定价：198.00元
（如有印装质量问题，我社负责调换）

序　言

在能源危机、水危机、环境污染、生态恶化等一系列资源环境问题日益凸显，而传统的统计核算体系又无法真实反映这些负面问题的背景下，开展以资源和环境为主题的核算研究成为当今世界普遍关注的热点问题。水资源是经济社会发展的重要基础资源，上海市立足实际需求，基于联合国水资源环境经济核算和中国水资源环境经济核算框架，进一步深入开展以水资源为主题的统计和核算体系研究，对建立和完善综合环境经济核算体系、服务水资源管理和水环境保护、促进最严格的水资源管理的实施具有重要意义。

该书系统总结了“上海市水资源统计和核算体系研究”项目的成果。该项目将产、学、研相结合，采用从实践分析到理论研究再到实践应用的工作模式，从“分析地区实际需求—开展典型试算—建立统计分类体系—开展信息采集—进行账户编制—总结应用”的过程逐层深入，建立起以统计为基础、以核算为手段、以应用为目标、面向最严格水资源管理的上海市水资源统计和核算体系；制定了规范的上海市涉水对象分类名称及代码，统一了全市各行业的水量数据统计分类体系，并推广实施；构建了包括“基础表、综合表和核算表”在内的水资源统计和核算信息采集三级报表体系，形成了数据采集、分析和发布机制；搭建了包括实物量和价值量的账户体系，揭示和反映了上海市水资源的自然和经济属性；完善了水资源核算应用体系，形成了基于水资源核算体系的政策应用机制。研究成果丰富、理论先进、应用性强，具有重要的理论推广价值和广泛的经济、社会和环境效益。

该书取得了重大创新成果：在国内外首次完整地编制了水资源混合和经济账户，拓展了我国水资源经济核算的深度和广度；立足综合环境经济核算框架，基于水资源社会循环的理论和方法，在国内率先建立了地区水资源统计和核算体系；针对水资源现实管理需求，首次制定和实施了涉水对象分类名称及代码，统一了上海市各行业的水量数据统计分类标准，提高了水资源统计数据的科学性、准确性和适用性；以核算成果为基础，研究建立了上海市水资源评估体系，为实行最严格水资源管理制度提供了技术支撑；基于社会水循环过程，应用水资源物质流和价值流的分析方法，揭示和反映了上海市水资源社会循环中“取—供—用—耗—排”的水量、水质转换特征和水经济价值驱动特征。

该书研究基础扎实、理论方法先进、实践应用前景广泛，对完善水资源环境经济核算体系和综合环境经济核算体系具有重要的示范价值，对推进全国实行最严格的水资源管理具有重要的价值。

中国工程院院士

中国水利水电科学研究院水资源研究所所长

2011年5月

前言

水资源是人类赖以生存和发展的自然资源之一。水资源统计和核算作为政府对水资源进行综合管理的重要手段，可以为宏观决策提供科学、真实、准确的水资源基础信息，为建立现代水利统计体系和绿色国民经济核算体系提供技术支撑，为实施国家最严格的水资源管理制度提供基础依据，因而具有十分重要的意义。

20世纪80年代以来，联合国统计司在“综合环境核算体系”（SEEA）的框架下开展了“水资源综合核算体系”（SEEAW）的研究工作，制定了《水资源核算手册》，确定了水资源核算方法，并在多个国家开展了核算研究。从2005年起，联合国统计司与中华人民共和国水利部（简称水利部）、中华人民共和国国家统计局（简称国家统计局）合作开展“中国水资源统计核算”项目。

作为“中国水资源统计核算”项目的主要内容和行政区试点之一，上海市水务局和上海市统计局按照水利部和国家统计局在《关于水资源核算体系研究项目任务书的批复》（水规计〔2006〕368号）中提出开展流域和区域试点工作的要求，开展“上海市水资源统计和核算体系研究”项目。该项目成立了一个总课题组、五个账户核算研究专题（分别是实物量账户核算、排放账户核算、混合和经济账户核算、资产账户核算、质量账户核算）及六个专题研究组（分别是上海市涉水对象分类名称及代码、上海市水资源统计和核算信息采集和应用体系、上海市水资源统计和核算混合和经济账户技术规程、上海市水资源评估体系、上海市水资源白皮书和上海市水资源核算体系信息支持系统）。

经过三年多的工作，项目借鉴联合国相关国家和我国国家层面水资源环境经济核算的经验，开展了2005年的上海市水资源核算试算工作，并在此基础上开展了上海市涉水对象的分类名称和代码的编制及推广，水资源统计、核算信息采集和应用体系的研究及规范，水资源统计和核算信息系统的研究及建设；进行了2007年实物量账户、排放账户、混合和经济账户、资产账户、质量账户的研究和编制工作；研究了混合和经济账户技术规程、水资源评估技术体系、水资源白皮书的编制等工作，建立起一整套符合上海实际、拥有规范要求、具有推广价值、以统计为基础、以核算为手段、以应用为目标的上海市水资源统计和核算体系。其成果不仅为上海市水务管理部门进行水资源统计和核算工作，推动水务统计及实施最严格的水资源管理提供了基础信息支撑，也为全国其他地区和相关部门开展资源核算工作提供了借鉴和参考。

2010 年 12 月，“上海市水资源统计和核算体系研究”项目通过了以中国水利水电科学研究院王浩院士和中国人民大学高敏雪教授为组长的专家组评审验收。专家组一致认为该项目以统计为基础、以核算为手段、以应用为目标，通过数据试算、专题研究、账户核算和成果应用，建立了一整套符合上海实际、满足规范要求、具有推广价值的水资源统计和核算体系，拓展了我国水资源经济核算的深度和广度，成为全国和太湖流域水资源统计和核算的示范项目。项目成果总体达到国际先进水平，混合和经济账户核算成果、水资源统计和核算三级报表系统等研究成果达到国际领先水平。

在“上海市水资源统计和核算体系研究”项目成果的基础上，阮仁良、阮大成、张勇、顾圣华编著了本书，参加相关章节编写的人员如下：

第一章　阮仁良、阮大成、张勇、顾圣华；

第二章　阮仁良、阮大成、顾圣华、朱慧峰、王霞萍、李骁翔、林琳、李瑜、冼巍、徐启新、冯晓华、金云、李宏祥、王东宇、赵雯、张勇；

第三章　王霞萍、沈伟忠、钱松宇、李立铮、徐梅、孙立人、郁龙祥；

第四章　朱慧峰、朱蕾芳、王霞萍、李瑜、冼巍、冯晓华、高芳琴；

第五章　沈伟忠、王霞萍、李骁翔、冼巍、李瑜、袁培玲、王思颙；

第六章　冼巍、徐启新、陈其楠、孙明耀、马远东；

第七章　冯晓华、阮大成、王思颙；

第八章　金云、李宏祥、顾圣华；

第九章　李宏祥、金云、顾圣华、田华、梁国康；

第十章　张勇、杨凯、王东宇、赵雯、石爽、周婕；

第十一章　阮仁良、孔聿、朱慧峰、朱蕾芳、顾珏蓉、韩昌来、李立铮、唐建国、杨立新、黄大宏、王松美；

第十二章　王东宇、赵雯、张勇、朱慧峰、杨凯、陈静、王铭玮；

第十三章　高芳琴、黄士力、潘崇伦、倪雄、沈建刚、季乙玮；

第十四章　阮仁良、阮大成、张勇、顾圣华。

“上海市水资源统计和核算体系研究”项目的开展是水资源管理工作的一件大事。根据水利部和国家统计局在《关于水资源核算体系研究项目任务书的批复》（水规计〔2006〕368号）中提出开展流域和区域试点工作的要求，上海市水务局、上海市统计局于2008年1月起，组织华东师范大学、上海市水文总站、上海市供水管理处、上海市排水管理处、上海市水利管理处、上海市水务信息中心等单位和部门开展了上海市水资源统计和核算体系的研究工作。在历时三年的项目研究期间，水利部、国家统计局、中国水利水电科学研究院、太湖流域管理局、中国人民大学等单位的领导和专家给予了精心指导和帮助。在此，对以上单位及各位参加人员所付出的辛勤工作表示衷心的感谢。

作　者

2011年4月于上海

目 录

第一章 上海市水资源统计和核算体系概述

第一节 水资源核算概述

一、水资源核算的由来

随着人口增长和经济社会的快速发展，能源危机、水危机、环境污染、生态恶化等一系列资源环境问题日益凸显，然而传统的统计核算方法无法真实反映伴随经济发展过程出现的这些负面问题，不能客观反映人类社会在其发展过程中所付出的综合成本和所取得的真实效益。在此情况下，联合国开始研究建立综合环境经济核算。在现有的国民经济核算的基础上，考虑人类活动对自然资源与环境的影响，将经济活动中自然资源的耗减成本与环境污染代价予以合理扣除，进行资源、环境、经济综合核算，这样不仅能体现显性的投入产出关系，而且能体现隐性的负面影响，形成一套能够全面真实地描述资源环境与经济活动之间的内在联系，提供水资源系统和经济系统水量及伴随的经济信息的核算体系。

自 20 世纪 70 年代起，世界上许多国家相继开展了资源环境经济核算理论方法的研究与实践方案的探索。目前，澳大利亚、加拿大、法国、英国、德国、芬兰、挪威、日本、菲律宾、印度尼西亚等 20 多个国家自主或在国际组织的帮助下开展了一些研究工作。例如，挪威开展了能源核算研究，澳大利亚开展了环保支出核算研究，印度尼西亚开展了森林、石油和土地资源核算研究等。我国虽然在 20 世纪 80 年代就开展了类似的研究和试点工作，但尚无法与目前国际上的核算基础理论与基本方法相提并论。进入 21 世纪，我国才真正开始了资源核算方面的工作。国家统计局试编了2000年全国土地、森林、矿产、水资源实物量核算表；与挪威统计局合作，编制了中国能源生产与使用账户；与原国家环境保护总局（简称国家环保总局）、国家林业局、水利部合作开展环境核算、森林资源核算、水资源核算问题研究等。由于其复杂性，到目前为止，综合环境经济核算仍然处于研究和探索阶段，世界上还没有一个国家建立起完善的综合环境经济核算制度，没有一个国家提出过完整的资源耗减成本和全部环境损失成本的分析成果。其中很重要的原因就是很多资源耗减成本和环境损失成本很难估价，资源、环境、经济之间的实物量和价值量的流动关系难以量化。另外一个重要的原因就是资源环境中包含的多种要素与经济体系的联系具有多种模式且存在相互影响，这增加了核算的难度。较为切实有效的方法是针对经济发展中最突出、最迫切需要解决的资源环境问题，基于现有核算方法和统计基础，分阶段循序渐进地开展分专题核算。

水资源核算是要按照综合环境经济核算的基本框架，针对水资源本身及涉水经济活动进行综合核算，其基本思路是把水信息和经济信息按照兼容的方式结合起来，以便同时从水供给和经济社会对水的需求角度做出综合考量，为宏观决策提供科学、全面的综合信息支持，使水资源决策者可以估计到其决策对经济社会产生的影响，使经济决策者明确意识到其经济活动规模和方式通过取水和废污水排放对水资源和水环境产生的长期影响。

二、水资源核算的作用与意义

自20世纪80年代以来，联合国统计司在SEEA的框架下开展了SEEAW的研究工作，制定了《水资源核算手册》，确定了水资源核算方法，并在多个国家开展了核算研究，取得了较为丰富的经验和显著的成果。

水资源环境经济核算作为水资源综合管理的有效工具，其作用主要体现在以下四个方面。

（1）将以往分布在不同部门的水信息汇集到同一个系统平台上，通过统一的概念、定义、分类、计算方法，获取协调一致的数据信息。

（2）水资源实物量核算，能够为不同层次管理者提供在多用户情况下的用水、排水及污染物排放等统一的信息，并将此信息与所涉及的经济活动联系起来。

（3）涉水活动的经济核算，有助于水资源开发利用部门合理地核算供水成本，正确评价水资源基础设施潜在的经济价值和利润，有助于政府分析各种涉水经济机制在水资源管理活动中的作用，利用市场机制促进水资源高效利用和水环境保护。

(4) 从水资源流量到存量的全面核算，可以从供求关系上全面反映水资源可利用量与当期用水量之间的关系，从而为制订区域或流域水资源开发利用规划提供有效的依据。因此，通过水资源核算，可以全面、客观地评价水资源对经济社会发展的贡献及经济社会发展对水资源与水环境的影响，评价水资源的可持续发展潜力；有助于确立水资源的有偿使用制度，提高水资源管理效率，建立现代水利统计体系，为绿色国民经济核算提供基础，也为全面衡量水资源要素在国家、流域及区域的宏观调控指标方面发挥的作用提供基础信息分析平台。

SEEAW 研究的目的是建立起一套适合中国国情和水情，又与国际接轨的水资源环境经济综合核算体系。通过研究经济活动对环境中水资源存量、流量和质量变化造成的影响，形成全面反映水资源开发利用、节约保护和管理与国民经济发展的关系的数量化平台，并通过水资源的经济价值评估，为提高水利公共服务水平和社会管理能力提供权威和可靠的数据支撑，为优化国民经济产业布局、促进经济发展方式转变提供宏观决策依据。该项目对促进水资源可持续利用，加强水资源综合管理具有重要意义。

(1) SEEAW 提供一个综合各部门涉水信息、用于提炼分析水与国民经济要素指标的标准化信息系统。涉水信息通常由承担特定管理职能的不同政府部门（比如水利部门、环保部门、建设部门等）收集、分析和发布。为了不同目的收集某方面数据时，所采用的定义和分类经常不一致，从而造成数据的偏差；同样，在数据收集时也可能遗漏一些重要的水信息。SEEAW 把不同来源的信息放在一个具有共同的概念、定义和分类的综合系统中加以分析，可以找出数据之间的矛盾及差异，使数据收集系统更为有效和协调。

(2) SEEAW 清晰反映水在环境和经济体之间及经济体内部的运移流动过程。SEEAW 全面反映不同用途的水量及在生产过程中所产生的废水量和排放量，反映生产生活各部门的用（排）水强度、用水效率及取（排）水对环境的压力等指标，使管理者全面了解水资源在经济社会活动中的使用状况及对环境的影响，为水资源综合管理提供数据支撑，促进水资源合理配置，提高水资源的利用效率和效益。

(3) SEEAW 提供水活动所产生的价值量信息。SEEAW 全面反映水利水务单位的投融资关系、财务收支、投入产出、成本效益、固定资产形成，为供水业和排水业的成本构成分析提供相关信息。因此，水资源环境经济核算账户能够用于构建经济模型，评价建设新的基础设施可能的成本和效益，结合污水和污染物的排放信息及污水处理设施的处理能力，为管理者提供必要的基础信息，为开展环境保护和投资活动提供指导。

（4）SEEAW 反映涉水部门之间的经济关系。SEEAW 既可以提供为供水和排水设施所支付的费用信息，也可以提供为获得许可支付的水资源费或排污付费的信息，还可以提供经济体中再利用水量的信息，即水在使用后，又供给其他用户进一步使用。SEEAW 为政策制定者提供了一个数据库，用于分析实行新的经济政策对水资源利用产生的影响。

我国经济正处于快速增长过程中，水资源供给和水环境质量都承受着巨大压力。因此，如何结合现有国民经济核算基础和水资源统计基础，抓紧研究和建立水资源核算制度及体系框架，以支持可持续水资源管理，服务于资源节约和环境友好型社会建设，已成为当前一项十分重要而紧迫的任务。它不仅可以提供有关水资源及其与经济关系的综合信息，还将有助于提升现有水利统计体系，并为国家建立和完善绿色国民经济核算体系提供经验。

三、中国水资源环境经济核算研究进展

水资源是基础性的自然资源和战略性的经济资源，是生态与环境的重要控制性因素。为贯彻落实科学发展观，建设资源节约型、环境友好型社会，促进节水型社会建设，实现水资源可持续利用，在绿色国民经济核算体系中，研究和建立水资源核算制度及体系框架，已成为当前一项十分重要而紧迫的任务。为此，水利部、国家统计局决定在联合国统计司的技术支持和项目合作基础上，联合开展水资源核算体系研究和试点工作。

水利部、国家统计局联合确立的中国水资源环境经济核算总体目标：借鉴国际上的先进经验，结合我国具体情况，在“十一五”期间初步建立符合中国国情的水资源核算基本框架。具体目标：研究提出中国水资源核算体系框架；开展流域、区域水资源核算试点；提出相应的政策应用领域和工作机制；为建立水资源统计核算制度提供基础和依据。

从 2005 年起，经过两年时间的前期准备、三年时间的实施，中国水资源环境经济核算从学习了解和掌握联合国提出的核算体系及世界上其他国家取得的国际经验出发，制定了中国水资源环境经济核算目标、原则、任务及内容，通过实施试点试算工作、在技术难点上进行专题研究和重点攻关，取得

了如图 1-1 所示的研究成果体系。这些成果不仅为水利部门进行水资源核算工作、推动水利统计及实施最严格的水资源管理提供了基础信息支撑，也为其他部门进行其他资源的核算工作提供了较为完整的经验，可供其借鉴和参考。

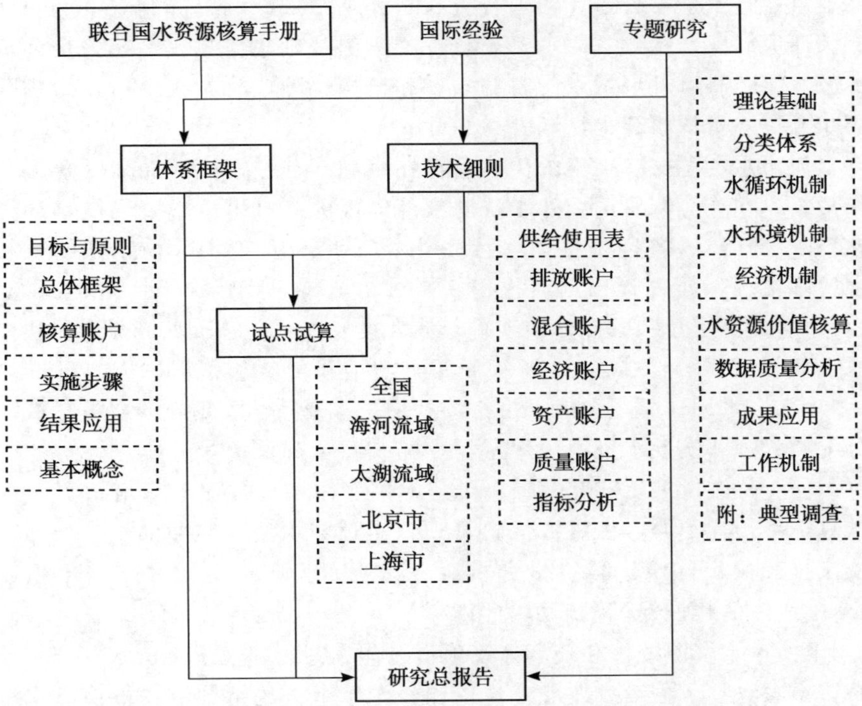

图 1-1 中国水资源环境经济核算成果

第二节 上海市水资源统计和核算体系研究项目的设计和实施

一、统计核算体系研究的目标和路线

2007 年 7 月，水利部和国家统计局在《关于水资源核算体系研究项目任务书的批复》（水规计〔2006〕368 号）中提出开展流域和区域的试点工作，随后确定上海市和北京市为全国开展水资源核算的两个试点核算行政区，这两个城市所在的太湖流域和海河流域被确定为试点核算流域。

上海市作为中国开展水资源核算试点的两个行政区之一，历年来十分注重水资源基础管理和调查统计工作，已经先后开展了全市水资源普查、供水管网普查、排水管网普查、河道普查、水环境污染源调查、能效手册的编制等相关研究和实践工作，与水资源核算相关的基础工作扎实，相关统计工作也比较完善，具有开展试点的有利条件和机构保障，核算成果可以为我国其他省市开展水资源核算提供经验和参考。

上海市水资源核算项目的关注点：在水利部、国家统计局和联合国专家的指导下，在充分调研国内外水资源核算体系的基础上，学习和借鉴联合国《综合环境与经济核算手册》和《水资源核算手册》，结合上海市水资源和水环境实际情况，研究提出适合上海市的水资源核算体系框架，并据此编制《上海市水资源统计和核算体系项目总体方案》和《上海市水资源统计和核算体系项目技术方案》，以此开展水资源实物量和价值量核算研究，重点关注"有多少水，水用在哪里，能否可持续利用，水及其输配设施的费效分析，水的分配和管理，实现水资源利用过程中的实物量和价值量分析，以科学认识水资源的可持续发展"问题，提出研究成果，并初步构建上海市水资源统计和核算体系，为上海市水资源综合管理、建设节水型社会提供技术指导，为节能减排和国民经济运行提供分析服务，从而为实现上海"四个率先"和"四个中心"的建设提供水资源的保障。

《上海市水资源统计和核算体系项目总体方案》和《上海市水资源统计和核算体系项目技术方案》在反复讨论和经专家审查的基础上，报请国家水资源核算项目组审核后，水利部以水规计〔2008〕201号文件批复了项目的审查意见。

针对上海市水资源特点、实际情况和现有数据资料，根据联合国《综合环境经济核算操作手册》和《水资源核算手册》，从2007年至今，我们通过实施上海市2005年试点试算工作，开展"上海市涉水对象分类名称及代码"、"上海市水资源统计和核算信息采集和应用体系"、"上海市水资源统计和核算混合账户技术规程"等专题研究，进行了上海市2007年水资源统计和核算的实物量账户、排放账户、混合和经济账户、资产账户、质量账户的研究和编制工作，并完成了"上海市水资源评估体系"、"上海市水资源白皮书"和"上海市水资源统计和核算信息系统"的统计和核算成果的应用研究。项目技术路线如图1-2所示。

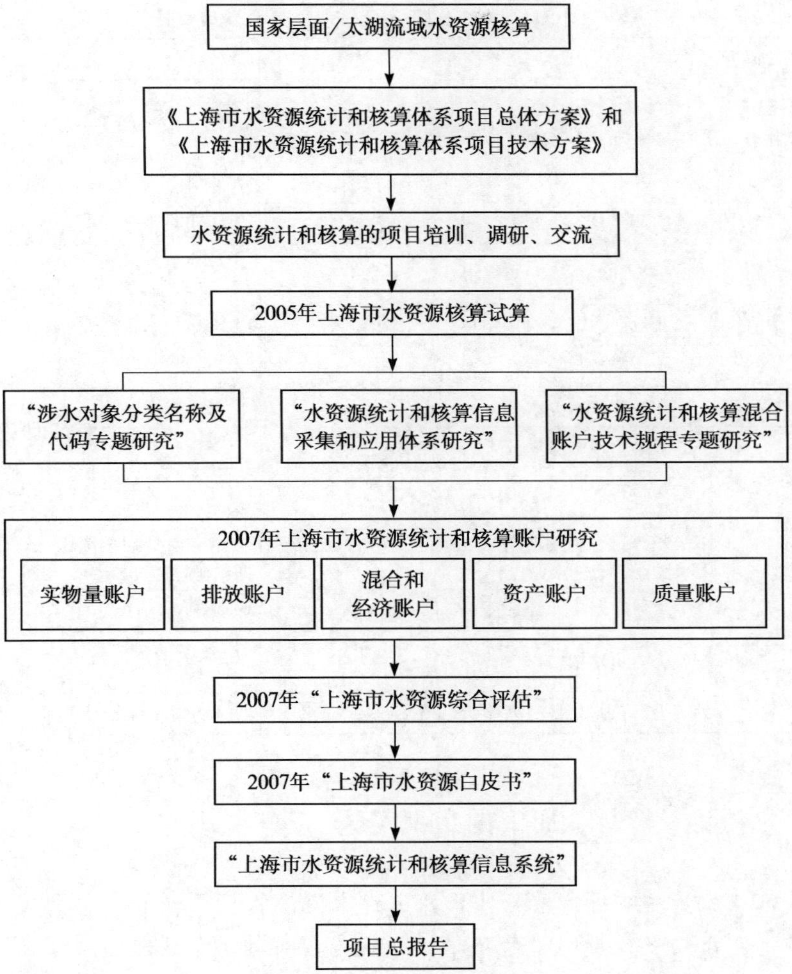

图 1-2　技术路线

二、统计核算体系研究的专题设置

根据“上海市水资源统计和核算体系研究”项目实施的总体方案和技术方案中明确的项目目标、主要任务、技术框架、工作成果、组织机构、时间和经费安排，为推进项目落实，我们设置了五个账户研究小组和六个专题研究小组，由各单位分工负责，协同推进，如表 1-1 所示。

表 1-1　五个账户核算小组和六个专题研究小组

<table>
<tr><th>工作任务</th><th>名称</th><th>牵头单位</th></tr>
<tr><td>总课题组</td><td>技术培训、会议组织、报告编写、汇报评审等</td><td>上海市水务局
上海市统计局
上海市水文总站
华东师范大学</td></tr>
<tr><td rowspan="5">五个账户</td><td>1. 实物量核算组</td><td>上海市供水管理处</td></tr>
<tr><td>2. 混合和经济账户核算组</td><td>上海市统计局核算处
华东师范大学</td></tr>
<tr><td>3. 排放账户核算组</td><td>上海市排水管理处</td></tr>
<tr><td>4. 资产账户核算组</td><td>上海市水文总站</td></tr>
<tr><td>5. 质量账户核算组</td><td>上海市水文总站</td></tr>
<tr><td rowspan="6">六个专题</td><td>1. 上海市涉水对象分类名称及代码</td><td>上海市供水管理处</td></tr>
<tr><td>2. 上海市水资源统计和核算信息采集和应用体系</td><td>上海市水务局水资源处
华东师范大学</td></tr>
<tr><td>3. 上海市水资源统计和核算混合和经济账户技术规程</td><td>上海市统计局核算处
华东师范大学</td></tr>
<tr><td>4. 上海市水资源评估体系</td><td>华东师范大学</td></tr>
<tr><td>5. 上海市水资源白皮书专题</td><td>上海市水务局水资源处
华东师范大学</td></tr>
<tr><td>6. 上海市水资源核算体系信息支持系统</td><td>上海市水务信息中心</td></tr>
</table>

三、统计核算体系研究的组织实施

上海市水资源统计和核算体系研究是水资源管理工作的一项大事，主要体现政府对涉水事务管理的指导性和控制力。项目在水利部和国家统计局的指导下，成立了领导小组和工作小组，按如下组织体系开展工作。

（一）领导小组

领导小组组长由上海市水务局和上海市统计局分管领导担任，成员由市水务局水资源处、计划财务处，市供水管理处，市排水管理处，市水利管理处，市水务信息中心，市水文总站，以及市统计局国民经济核算处（简称核算处）、能源资源统计处（简称能源处）、社会和科技统计处（简称社科处）等相关处领导组成，并邀请市经济和信息化委员会（简称市经信委）和市环境保护局（简称市环保局）相关领导参与。

（二）工作小组

工作小组负责项目具体工作，组长单位为市水务局水资源处、市统计局核算处和市水文总站。参与单位有市水务局、市统计局、市经信委和市环保局相关职能处室，市供水管理处、市排水管理处、市水利管理处、市水务信息中心、市城市建设投资开发总公司（简称市城投总公司）等相关部门和企业。

（三）课题组

工作小组下设总课题组和五个账户小组。按照账户分类，协同相关综合性报告的编制，各账户小组的牵头单位全面负责所承担账户和课题的研究任务。

1. 总课题组

牵头单位：市水务局水资源处、市统计局核算处、华东师范大学、市水文总站。

参加单位：市水务局、市统计局、市经信委和市环保局相关职能处室，市供水管理处、市排水管理处、市水利管理处、市水务信息中心、市城投总公司相关部门和企业。

2. 实物量核算组

牵头单位：市供水管理处。

参加单位：市排水管理处，市水利管理处，市水文总站，市水务信息中心，市水务局水资源处、计划财务处，市统计局能源处、核算处、社科处，市经信委节能环保处，市城投总公司生产管理部。

3. 混合和经济账户核算组

牵头单位：市统计局核算处、华东师范大学。

参加单位：市统计局能源处，市水务局计划财务处、水资源处，市水文总站，市供水管理处，市排水管理处，市水利管理处。

4. 排放账户核算组

牵头单位：市排水管理处。

参加单位：市水务局水资源处、市环保局综合处、市供水管理处、市水利管理处、市水文总站、华东师范大学。

5. 资产账户核算组

牵头单位：市水文总站。

参加单位：市供水管理处，市排水管理处，市水利管理处，市水务局水资源处、计划财务处。

6. 质量账户核算组

牵头单位：市水文总站。

参加单位：市供水管理处，市排水管理处，市水利管理处，市水务局水资源处、计划财务处。

（四）技术支持单位

华东师范大学和上海市水文总站作为技术支持单位，参与各个账户研究小组的工作，提供必要的技术支持，并在各单位工作基础上，进行总体平衡和汇总。同时，中国水利水电科学研究院也在技术上提供了大力的支持和指导。

第三节　上海市水资源统计和核算体系的主要特点

一、统计核算体系研究的主要内容和进展

主要成果包括以下七个方面。

(1) 建立了上海市水资源统计和核算体系。在联合国统计司和国内水利、统计、经济等方面的专家多次指导和反复研讨的基础上，根据上海市水资源特点、经济社会发展状况和上海市水务管理的实际，通过专题研究、账户试算和统计核算，在“中国水资源环境经济核算技术体系”的基础上，研究建立了以统计为基础、以核算为手段、以应用为目标的上海市水资源统计和核算体系。相关研究成果已经在上海市相关部门和水务系统进行推广和应用。

(2) 实施了上海市涉水对象分类名称及代码。涉水对象用水量及其社会经济数据分类统计是水资源统计和核算的最基础工作。本项目通过专题研究，制定和发布了《上海市涉水对象分类名称及代码（试行）》，并在 2009 年 10 月 26 日以上海市水务局、上海市统计局联合发布“关于印发《〈上海市涉水对象分类名称及代码（试行）〉实施意见》的通知”（沪水务〔2009〕716 号）的形式进行了明确，在全市涉水相关的政府部门和企事业单位进行了培训和推广，其成果也纳入了相关核算账户的编制过程。本项目建立了规范的上海市涉水对象分类名称及代码，统一了全市各行业的水量数据统计分类，提高

了水资源统计数据的科学性、准确性和适用性。

(3) 构建了上海市水资源统计和核算信息采集和应用体系。一套科学、规范、符合本地水资源管理需要的水资源信息采集和应用体系，是开展水资源统计和核算工作的重要基础，是保证水资源统计和核算的数据来源、数据质量、数据规范的前提。本项目以市统计局统计体系为基础，以现有市水务局水务行业统计为主体，结合市环保局、市经信委的相关涉水统计内容，建立了一套全行业、全覆盖、具规范、可操作的上海市水资源统计和核算的信息采集和应用体系，研究建立了包括“基础表、综合表和核算表”在内的三级报表体系，以及相应的附属表，覆盖了全市水资源信息产生、记录、传送、综合、汇总的信息流全过程，为全市水资源统计和核算奠定了技术基础。同时研究提出“关于《上海市水资源统计和核算信息采集和应用体系（试行）》的实施意见”（建议稿），对相关的5大类41张统计调查表依法进行了统计备案。此项目通过建立和完善统计调查和核算制度，有助于切实提高统计数据的准确性、及时性、科学性、权威性和适用性。

(4) 开展了2005年核算试算和2007年全口径核算工作。在国家层面试算的基础上，进行了上海市2005年水资源核算的试算，以及2007年水资源统计和核算的实物量账户、排放账户、混合和经济账户、资产账户、质量账户的研究和编制工作，建立了体系完整、数据完备的2007年上海市水资源核算成果表及相关的内容，从核算的技术方法和技术要求方面，进一步探索了核算的技术方案和我国核算数据计算的要求，并深刻揭示和反映了上海市水资源的自然和经济属性。

(5) 完成了混合和经济账户技术规程及水资源评估等相关专题研究。根据上海市开展水资源统计和核算工作的实际需要，完成了“上海市水资源统计和核算混合账户技术规程”、“上海市水资源评估体系”、“上海市水资源白皮书”等专题研究报告，就我国水资源管理中的技术经济指标研究和水资源状况的科学评估及其发布方式进行了探讨，为相关账户的编制及水资源统计和核算成果的应用提供了技术指导和依据。

(6) 形成了上海市水资源统计和核算信息系统。根据本项目研究成果，在上海市水务公共信息平台的框架下，通过研究建设完成了“上海市水资源统计和核算信息系统”，形成了一套信息化、网络化的全行业、全覆盖、可操作的上海市水资源统计和核算的信息系统，实现了全市水资源统计和核算信息的采集、核算和发布的全过程网上流程，确保了调查统计信息的规范化和制度化，为实现水资源统计和核算的长效化提供服务平台，也有助于上海市水资源统计和核算工作的年度开展和成果应用。

(7) 完成了国家下达的水资源核算的行政区试点任务。作为我国水资源统计核算试点的两个行政区之一，项目历时三年，从学习借鉴到研究拓展再到总结提炼，逐步构建了上海市水资源统计和核算体系，在此期间开展了一系列的账户研究和专题研究，形成一份总报告、五份账户研究报告、六份专题研究报告等一系列成果，为全国和流域的研究提供成果，为其他地区的研究提供借鉴。

二、统计核算体系研究的主要特点

本研究在以下六个方面取得了突破性和创新性进展。

(1) 立足于绿色国民经济核算体系及联合国统计司的要求，基于水资源社会循环的理论和方法，在国内率先建立了地区水资源统计和核算体系，成为全国和太湖流域水资源统计和核算的示范。

(2) 在国内首次制定和实施了涉水对象分类名称及代码，统一了上海市各行业的水量数据统计分类标准，提高了水资源统计数据的科学性、准确性和适用性，为水资源统计和核算提供了科学依据。

(3) 研究和建立了上海市水资源统计和核算的基础调查、综合统计、核算分析三级报表系统，并通过信息化平台的搭建，实现了统计和核算的规范化、信息化和制度化。

(4) 结合上海市特点开展了混合和经济账户技术规程研究，并以此为基础在国内首次完整编制了水资源混合和经济账户，拓展了我国水资源经济核算的深度和广度，为其他地区提供了范例。

(5) 以统计和核算成果为基础，研究建立了上海市水资源评估体系，为实行最严格水资源管理制度提供了技术支撑。

(6) 从水资源社会循环的全过程，应用水资源物质流和价值流的分析方法，整合水资源统计和核算成果，揭示和反映了上海市水资源社会循环中的“取—供—用—耗—排”特征和价值驱动特征。

三、统计核算体系研究的主要建议

尽管我国在水资源核算的研究与实践中取得了可喜的成果，已处于国际领先地位，但要建立规范的核算体系及相应的统计制度，使之成为国家资源环境经济核算体系的组成部分尚待时日。就上海市水资源统计和核算而言，立足于绿色国民经济核算体系及联合国统计司的要求，基于水资源社会循环的理论和方法，在国内率先建立了地区水资源统计和核算体系，成为全国和太湖流域水资源统计和核算的示范，但水资源核算统计和核算本身仍然处于研究、探索、实践和总结的过程。为此需要针对上海市国民经济发展和水资源管理的实际情况和突出问题，在水利部、国家统计局的总体部署下，进一步开展和深化水资源统计和核算工作。为此，提出六点具体建议。

第一，进一步完善水资源实物量统计和核算工作。建立健全用水和排水的计量设施，进一步提升上海市水资源实物量供给使用表数据的可靠性；充分利用上海市涉水对象分类名称及代码专题研究的成果，为编制更为准确可靠的上海市水的实物量供给使用表提供技术和信息支持；加强部门间协作，进一步完善各类型水量基础数据的统计分析。

第二，继续深入开展水资源排放账户的统计、核算工作及其技术方法专题研究。以切实解决排放账户的数据来源、数据准确性、数据可靠性为目标，加强对各行业污水排放量和排放系数、污水排放去向、雨水和污水统计、污水最终排放等问题的调查研究，提高排放账户编制的质量。

第三，继续深入研究上海市水经济核算工作。立足现有数据基础，完善混合和经济账户技术规程，根据上海市较好的涉水经济统计和核算条件，结合国家试点需求、地区实际及水资源管理要求拓展性地开展水经济核算工作。

第四，加强多部门的合作与沟通。水资源统计和核算横跨水务、统计、环保、经济等多个学科，资料来源涉及水务、统计、环保、城建等多个领域，所需信息数据量大、收集困难、涉及部门多，建议在水利部与国家统计局统一领导下，以市水务局和市统计局组织和协调各涉水部门和科研机构配合的方式进一步开展全市水资源统计和核算工作。

第五，在市水务部门和市统计部门的工作实践中，继续完善水资源统计和核算的基础调查、综合统计、核算分析三级报表系统，不断改进信息化平台，继续推进水资源统计和核算的规范化、信息化和制度化，深入研究上海市水资源评估体系，为实行最严格水资源管理制度提供了技术支撑。

第六，充分利用水资源统计和核算成果，利用物质流、价值流、信息流的理论和方法，开展上海市水资源社会循环研究。

第二章 2005年上海市水资源核算试算

本章主要通过对现有数据的收集和解析，采用国家的水资源核算分类统计标准和核算方法，对各类账户进行核算，以摸清现有数据采集体系、账户编制和核算过程存在的问题，以优化现有的核算技术体系，为建立科学、规范、符合各个领域实际的地区水资源核算体系提供依据。

第一节 试算目的与任务

根据“中国水资源环境经济核算”和“上海市水资源统计与核算体系研究”的要求，2005年上海市水资源统计和核算的主要目标是：① 为“中国水资源环境经济核算”项目提供行政试点的经验和建议，为其他省市区水资源环境经济核算工作提供参考；② 为“上海市水资源统计与核算体系研究”项目提供研究的工作基础，进而为上海市水资源统计和核算体系的研究和建立提供基础。

2005年试算在整理现有水资源基础管理和调查统计工作，整合相关国民经济统计工作的基础上，按照《中国水资源环境核算技术导则》的要求，编制完成了试算报告，包括供给使用表、排放账户、混合账户、资产账户和质量账户，并对数据来源、计算方法、试算成果、精度和问题进行分析。

第二节 试算账户内容

一、供给使用表试算

供给使用表是以经济体（包括各经济行业和住户）为核心，描述水资源在经济体内及在环境与经济体之间的水量流动关系。

2005 年试算的数据来源主要包括《2005 年上海市水资源公报》和有关部门的统计成果。

计算方法采用《中国水资源环境核算技术导则》中推荐的方法，部分缺失的数据根据相关经验进行估计和简化处理。

试算得到的 2005 年实物量供给使用表见表 2-1。其主要结论有以下四个方面。

（1）2005 年全市从环境到经济体的流量（即直接取自环境的水量）约为 125.48 亿米^3，其中，地表水取水量为 120.54 亿米^3，地下水取水量为 0.75 亿米^3，海水直接利用量为 4.19 亿米^3；经济体内部之间的流量（即取自其他经济单位的水量）为 40.92 亿米^3，其中，各行业取自供水业的自来水量为 25.66 亿米^3，污水处理业接纳的废污水量为15.26 亿米^3；从经济体到环境的流量（即回归及排入环境的水量）为 100.88 亿米^3，耗水量为 24.59 亿米^3。

（2）2005 年全市各行业中，火电工业使用量占总使用量的比重最大，达到 43.5%；供水业次之，为 17.7%；农业再次之，为 11.3%；其余依次为污水处理业（9.2%）、一般工业（6.8%）、居民（4.9%）、服务业（4.8%）、城镇环境（1.0%）、建筑业（0.8%）。

（3）若不计入行业间的重复使用量（即经济体内部之间的流量）和海水直接利用量，2005 年全市直接取自环境的水量为 121.28 亿米^3，其中，火电工业占 56.2%，供水业占 24.3%，农业占 15.5%，一般工业占 4.0%。在一般工业中，化学工业、金属冶炼及压延加工、石油加工及炼焦所占比重较大，分别为 45.4%、25.8%、10.4%。

（4）2005 年全市耗水总量的大部分为农业类的耗水，所占比重为 58.4%；其次为火电工业，占 8.9%。

表 2-1　2005 年实物量供给使用表

单位：万米^3

项目					农业	林业	牧业	渔业	牲畜饲养	水力发电	火力发电（循环式）	火力发电（直流式）	农副食品加工及食品、饮料制造业	纺织业	造纸及纸制品业	石油加工、炼焦及核燃料加工业	化学工业
					A	B	C	D	E	F	G	H	I	J	K	L	M
使用量（取水量）	直接取自环境的水量	按取水目的分类	自用取水量	1	169 000	5 000	0	10 600	3 000	0	1 561	721 830	495	1 995	631	5 009	21 850
			销售用取水量	2	0	0	0	0	0	0	0	0	0	0	0	0	0
		按水源分类	地表水量	3	169 000	5 000	0	10 600	3 000	0	1 561	679 914	262	1 695	631	5 009	21 429
			其中：河流	4	169 000	5 000	0	10 600	3 000	0	1 561	679 914	262	1 695	631	5 009	21 429
			水库	5	0	0	0	0	0	0	0	0	0	0	0	0	0
			湖泊	6	0	0	0	0	0	0	0	0	0	0	0	0	0
			地下水量	7	0	0	0	0	0	0	0	0	233	300	0	0	421
			其中：浅层水	8	0	0	0	0	0	0	0	0	0	0	0	0	0
			深层水	9	0	0	0	0	0	0	0	0	233	300	0	0	421
			微咸水	10	0	0	0	0	0	0	0	0	0	0	0	0	0
			土壤水	11	0	0	0	0	0	0	0	0	0	0	0	0	0
			雨水利用量	12	0	0	0	0	0	0	0	0	0	0	0	0	0
			城市径流量	13													
			淡化海水量	14	0	0	0	0	0	0	0	0	0	0	0	0	0
			海水直接利用量	15	0	0	0	0	0	0	0	41 916	0	0	0	0	0
		小计		16	169 000	5 000	0	10 600	3 000	0	1 561	721 830	495	1 995	631	5 009	2 185 0
	取自其他经济体的水量	自来水供水量		17	0	0	0	0	0	0	0	0	3 700	3 759	1 472	33 854	9 996
		污水处理回用量		18	0	0	0	0	0	0	0	0	0	0	0	0	0
		废污水量		19													
		小计		20	0	0	0	0	0	0	0	0	3 700	3 759	1 472	33 854	9 966
	总使用量（总取水量）			21	169 000	5 000	0	10 600	3 000	0	1 561	721 830	4 195	5 754	2 103	38 863	31 816
供给量	供给及排入其他经济体水量	对外供水量		22	0	0	0	0	0	0	0	0	0	0	0	0	0
		排入污水处理厂水量		23	0	0	0	0	0	0	0	0	2 832	2 589	946	6 218	10 738
		小计		24	0	0	0	0	0	0	0	0	2 832	2 589	946	6 218	10 738
	回归及排入环境的水量	输水回归到地表水水量		25	0	0	0	0	0	0	0	0	0	0	0	0	0
		入河排放量		26	4 900	0	0	2 100	1 800	0	47	6 595 167	315	1 726	631	24 872	13 124
		输水回归到地下水水量		27	29 500	0	0	0	0	0	0	0	0	0	0	0	0
		排放回归到地下水水量		28	4 700	1 000	0	0	0	0	0	0	0	0	0	0	0
		回归海洋水量		29	0	0	0	0	0	0	0	41 916	0	0	0	0	0
		小计		30	39 100	1 000	0	2 100	1 800	0	47	701 433	315	1 726	631	24 872	13 124
	总供给量			31	39 100	1 000	0	2 100	1 800	0	0	701 433	3 146	4 316	1 577	31 090	23 862
耗水量	输水消耗量			32	24 200	0	0	0	0	0	0	0	0	0	0	0	0
	用水消耗量			33	104 700	4 000	0	8 500	1 200	0	151	20 397	1 049	1 439	526	7 773	7 954
	排水消耗量			34	1 000	0	0	0	0	0	0	0	0	0	0	0	0
	小计			35	129 900	4 000	0	8 500	1 200	0	1 561	20 397	1 049	1 439	526	7 773	7 954

续表

项目					金属冶炼及压延加工业	采矿及其他制造业	供水业	污水处理业	建筑业	服务业	合计	城镇住户	农村住户	城镇环境	农村生态	核算区外经济体	合计
					经济行业分类												
					N	O	P	Q	R	S	T	U	V	W	X	Y	Z
使用量（取水量）	直接取自环境的水量	按取水目的分类	自用取水量	1	12 433	5 707	38 382	0	0	585	998 078	0	0	0	0		998 078
			销售用取水量	2	0	0	256 647	0	0	0	256 647	0	0	0	0		256 647
		按水源分类	地表水量	3	12 383	55 84	289 289	0	0	0	1 205 357	0	0	0	0		1 205 357
			其中：河流	4	12 383	5 584	289 289	0	0	0	1 205 357	0	0	0	0		1 205 357
			水库	5	0	0	0	0	0	0	0	0	0	0	0		0
			湖泊	6	0	0	0	0	0	0	0	0	0	0	0		0
			地下水量	7	50	123	5 740	0	0	585	7 452	0	0	0	0		7 452
			其中：浅层水	8	0	0	0	0	0	0	0	0	0	0	0		0
			深层水	9	50	123	5 740	0	0	585	7 452	0	0	0	0		7 452
			微咸水	10	0	0	0	0	0	0	0	0	0	0	0		0
			土壤水	11	0	0	0	0	0	0	0	0	0	0	0		0
			雨水利用量	12	0	0	0	0	0	0	0	0	0	0	0		0
			城市径流量	13				0			0	0	0	0	0		0
			淡化海水量	14	0	0	0	0	0	0	0	0	0	0	0		0
			海水直接利用量	15	0	0	0	0	0	0	41 916	0	0	0	0		41 916
		小计		16	12 433	5 707	295 029	0	0	585	1 254 725	0	0	0	0	0	1 254 725
	取自其他经济体的水量	自来水供水量		17	5 257	6 066	0	111	14 138	79 796	158 119	71 431	9 789	17 308	0	0	256 647
		污水处理回用量		18	0	0	0	0	0	0	0	0	0	0	0	0	0
		废污水量		19				152 592			152 509						152 509
		小计		20	5 257	6 177	0	152 620	14 138	79 796	310 627	71 431	9 789	17 308	0	0	409 155
	总使用量（总取水量）			21	17 690	11 773	295 029	152 620	14 138	80 381	1 565 352	71 431	9 789	17 308	0	0	1 663 880
供给量	供给及排入其他经济体水量	对外供水量		22	0	0	256 647	0	0	0	256 647	0	0	0	0	0	256 647
		排入污水处理厂水量		23	2 830	5 945	0	94	3 393	61 491	96 983	54 645	881	0	0	0	152 509
		小计		24	2 830	5 945	256 647	0	3 393	61 491	353 630	54 645	881	0	0	0	409 155
	回归及排入环境的水量	输水回归到地表水水量		25	0	0	0	0	0	0	0	0	0	0	0		0
		入河排放量		26	11 322	2 885	6 798	152 509	848	6 832	890 380	6 072	2 056	1 896	0		90 032
		输水回归到地下水水量		27	0	0	29 885	0	0	0	59 385	0	0	1 505	0		60 890
		排放回归到地下水水量		28	0	0	0	0	0	0	5 700	0	0	0	0		5 700
		回归海洋水量		29	0	0	0	0	0	0	41 916	0	0	0	0		41 916
		小计		30	322	2 885	36 683	152 620	848	6 832	997 310	6 072	2 056	3 401	0		1 008 838
	总供给量			31	14 152	8 830	293 330	152 620	4 241	68 324	1 350 939	60 716	2 937	3 401	0	0	1 417 994
耗水量	输水消耗量			32	0	0	0	0	0	0	24 200	0	0	0	0	0	24 200
	用水消耗量			33	3 538	2 943	1 699	28	9 897	12 057	189 213	10 715	6 852	13 907	0	0	2 206 087
	排水消耗量			34	0	0	0	0	0	0	1 000	0	0	0	0	0	1 000
	小计			35	3 538	2 943	1 699	28	9 897	12 057	214 413	10 715	6 852	13 907	0	0	245 887

注：灰底表示数据无意义，下同。

二、排放账户表试算

排放账户是记录经济体排入水环境中的污染物的核算工具。

2005年试算的数据来源主要包括《上海统计年鉴2005》、《上海统计年鉴2006》、《2005年上海市水资源公报》、《上海市水环境污染源和入河排污口调查报告》、《上海市环境质量报告书》(2001～2005年)。

计算方法采用《中国水资源环境核算技术导则》中推荐的方法，部分缺失的数据根据相关经验进行估计和简化处理。

试算得到的2005年排放账户表如表2-2～表2-5所示。其主要结论如下：①各经济体的污水总量和供给使用表的供给量一致，计算得到了各经济体的污染物(COD、氨氮)排放量；②污水处理厂共排放废污水122 747万吨，污水处理厂排放COD约为15.26万吨、氨氮约为2.33万吨；③需要说明的是排放账户针对点源污染，暂不考虑面源污染。

表2-2　2005年上海市各经济体污染物排放量　　单位：万吨

经济体	污水量	COD	氨氮
农副食品加工及食品、饮料制造业	3 146.00	1.57	0.09
纺织业	4 316.00	1.73	0.06
造纸及纸制品业	1 577.00	0.79	0.03
石油加工、炼焦及核燃料加工业	31 090.00	6.22	0.93
化学工业	23 862.00	11.93	0.60
金属冶炼及压延加工业	14 152.00	2.12	0.21
采矿及其他制造业	8 830.00	1.32	0.13
建筑业	4 241.00	1.27	0.04
服务业	68 324.00	47.83	1.16
城镇居民	6 072.00	1.82	0.18
农村居民	2 056.00	0.62	0.06
总计	167 666.00	77.22	3.49

三、混合和经济账户试算

由于上海市计划在2007年开展水资源实物量调查，2005年的试算工作主要依据水资源公报、投入产出表、国内生产总值(GDP)年报等部门资料完成，仅编制混合供给和使用表。

表 2-3 2005 年废污水总排放量和净排放量标准表

单位：米^3

省级行政区	水资源二级区	废污水排放量		经济行业分类																				城镇住户	农村住户	城镇环境	农村环境	总计
				农业	林业	牧业	渔业	牲畜饲养	火力发电（直流式）	火力发电（循环式）	水力发电	食品和饮料制造业	纺织业	造纸及纸制品业	石油加工、炼焦及核燃料加工业	化学工业	金属冶炼及压延加工业	采矿及其他制造业	供水业	污水处理业	建筑业	服务业	合计					
		废污水	t. 总排放量		1 000			1 800				3 146	4 316	1 577	31 090	23 862	14 512	8 830			4 241	68 324		60 716	2 937			1 376 078
			a. 直接排入水域		1 000			1 800				315	1 726	631	24 872	13 124	11 322	2 885			848	6 832		6 072	2 056			966 922
			a.1 未经源内处理		1 000			1 727				9	50	18	721	381	328	84			848	6 832		6 072	2 056			255 392
			a.2 经源内处理		0			73				306	1 676	613	24 151	12 744	10 993	2 801			0	0		0	0			711 530
			b. 进入污水处理系统		0			0				2 832	2 589	946	6 218	10 738	2 830	5 945			3 393	61 491		54 645	881			409 155
			b.1 排入内陆水中		1 000			1 800				315	1 726	631	24 872	13 124	11 322	2 885			848	6 832		6 072	2 056			966 922
			b.2 入海		0			0				0	0	0	0	0	0	0			0	0		0	0			0
			d. 分配污水处理厂排放的污染物		0			0				849	777	284	1 865	3 221	849	1 783			1 018	18 447		16 393	264			122 747
			n. 净排放		1 000			1 800				1 164	2 503	915	26 738	16 345	12 171	4 668			1 866	25 280		22 465	2 320			1 089 669
			r. 入河量		565			1 016				1 776	2 436	890	17 551	13 470	7 989	4 984			2 394	38 569		34 274	1 658			776 796

表 2-4　2005 年 COD 总排放量和净排放量标准表

单位:吨

地级行政区	水资源二级区	COD 排放量	经济行业分类																				城镇住户	农村住户	城镇环境	农村环境	总计
			农业	林业	牧业	渔业	牲畜饲养	水力发电	火力发电(循环式)	火力发电(直流式)	食品和饮料制造业	纺织业	造纸及纸制品业	石油加工、炼焦及核燃料加工业	化学工业	金属冶炼及压延加工业	采矿及其他制造业	供水业	污水处理业	建筑业	服务业	合计					
		t. 总排放量	1 485				180 000				17 220	17 980	9 070	51 028	132 735	18 878	13 938			25 449	446 859	914 642	192 864	20 556			1 128 062
		a. 直接排入水域	1485				180 000				7 909	8 258	4 166	23 437	60 965	8 671	6 402			7 426	130 393	439 112	24 561	20 556			484 229
		a. 1 未经源内处理																									
		a. 2 经源内处理																									
		b. 排入污水处理系统									9 311	9 722	4 904	27 591	71 770	10 207	7 536			18 023	316 466	475 530	168 303				643 833
		b. 1 排入内陆水域																									
		b. 2 排入海域																									
		d. 分配污水处理厂排放的污染物									2 207	2 304	1 162	6 539	17 009	2 419	1 786			4 271	75 002	112 699	39 888				152 587
		e. 净排放	1 485				180 000				10 116	10 562	5 328	29 976	77 975	11 090	8 188			11 697	205 396	551 813	64 449	20 556			636 816

注:空白处表示未收集数据,下同。

表 2-5　2005 年氨氮总排放量和净排放量标准表

单位：吨

地级行政区	水资源二级区	氨氮排放量	经济行业分类																			城镇住户	农村住户	城镇环境	农村环境	总计
			农业	林业	牧业	渔业	牲畜饲养	水力发电	火力发电(循环式)	火力发电(直流式)	食品和饮料制造业	纺织业	造纸及纸制品业	石油加工、炼焦及核燃料加工业	化学工业	金属冶炼及压延加工业	采矿及其他制造业	供水业	污水处理业	建筑业	服务业	合计					
		t. 总排放量	89				7 200				1 033	674	363	7 654	6 637	1 888	1 394			848	10 852	38 632	19 286	2 056			59 974
		a. 直接排入水域	89				7 200				474	310	167	3 515	3 048	867	640			247	3 167	19 724	2 456	2 056			24 236
		a.1 未经源内处理																									
		a.2 经源内处理																									
		b. 排入污水处理系统									559	364	196	4 139	3 589	1 021	754			601	7 685	18 908	16 830				35 738
		b.1 排入内陆水域																									
		b.2 排入海域																									
		d. 分配污水处理厂排放的污染物									364	238	128	2 699	2 341	666	492			392	5 012	12 332	10 976				23 308
		e. 净排放	89				7 200				839	547	295	6 215	5 389	1 533	1 132			639	8 179	32 057	13 433	2 056			47 544

（一）水资源实物量指标的说明

水资源实物量指标取自上海市实物量供给使用表（2005 年），说明如下。

（1）供水业的“对外供水量”是进入用户的净水量，也是有效供水量（等于售水量与免费供水量之和），供水管网漏损水量纳入供水业“输水回归到地下水水量”。2005 年，上海市有效供水量为 25.66 亿米^3，漏水量为 2.99 亿米^3，约占供水总量的 10.4%（表 2-6）。

表 2-6　2005 年上海市供水业情况　　单位：亿米^3

去向	水量
有效供水量	25.66
漏水量	2.99
供水总量	28.65

（2）“排入污水处理厂水量”是指各行业排入污水处理厂的水量，以进入污水处理厂的水量计算。2005 年，上海市各用户向污水处理厂排放 15.86 亿米^3 污水。

（二）水资源价值量核算的数据来源

国民经济核算可以按照产业分类（GDP 年报）和产品分类（投入产出表）进行，两者核算结果有所差别：在 GDP 核算中，货物和服务产出按生产者价格计算，货物和服务的使用（如中间使用、固定资本形成和最终消费支出）按照购买者价格估价；投入产出表以生产者价格为基础编制，表中所有数据都是按照生产者价格记录的，只包含货物或服务本身的市场价值，剔除了流通费用等价值。

由于水资源的产出价值已经包含输水成本，水价制定也考虑到输配、抄表等费用，所以混合供给和使用表的表式设计虽参考了投入产出表，但价值量数据核算更为适宜采用 GDP 年报数据。

（三）水资源价值量的核算方法

1. 全社会价值量的核算

总产出和供给即为国民经济核算中的“总产出”，中间消耗和使用即为“中间投入”，各行业增加值之和即为 GDP。上述数据取自生产法国内生产总值表；农村居民消费、城镇居民消费、政府消费支出资本形成总额取自支出法国内生产总值表。

2. 水资源价值量的核算

(1) 自来水、污水处理的总产出：①自来水的产出和供给等于“自来水的生产和供应业”总产出；②污水处理的产出和供给等于“污水处理及其再生利用”总产出。上述数据可以直接取自生产法国内生产总值表。

(2) 自来水、污水处理的中间消耗和使用：①自来水的中间消耗和使用＝水价×自来水的供给量，其中，水价标准取居民1.03元、工业1.3元、经营服务及其他用水2.0元，这里未考虑特种用水等情况，自来水的供给量来自实物量供给使用表中“使用量”——“自来水供水量”；②污水处理的中间消耗和使用＝排水费×污水排放量，其中，排水费标准取居民0.9元、工业1.2元，污水排放量来自实物量供给使用表中“供给量”——“排入污水处理厂水量”。

(四) 2005年上海市试算结果及评价

1. 试算结果及评价

2005年上海市水资源混合供给和使用表（表2-7）初步核算如下。

(1) 全社会总产出为30 375.69亿元，中间投入为21 221.51亿元，全市GDP为9154.18亿元。

(2) 自来水总产出为35.68亿元，总使用为28.82亿元；自来水总使用相当于总产出的80.8%，出现产销差的主要原因在于：①水价脱离市场供需调节，由政府定价且多年保持稳定；②自来水供应量和使用量存在差额，主要是存在输水损失、部分自来水是低价和免费提供给特定用户的情况。

(3) 污水处理总产出为1.62亿元，总使用为17.35亿元，污水处理的产出和使用严重不符，因此，需要进一步了解污水处理及排水费使用情况。

2. 改进的建议

(1) 混合供给和使用表（2005年）的分类标准和国民经济核算行业分类较为吻合，但分类较为粗略且不能充分体现水资源核算的特征，建议加强水资源核算分类标准的研究。

(2) 加强水资源价值量核算方法研究，解决污水处理产出和使用不符的技术问题。

表 2-7　上海市水资源混合供给和使用表(2005 年)

项目	农业	林业	牧业	渔业	牲畜饲养	农副食品加工、食品及饮料制造业	纺织业	造纸及纸制品业	石油加工、炼焦及核燃料加工业	化学工业
1. 总产出与供给/万元	1 163 000	111 100		516 400	543 400	5 319 410	4 191 858	1 644 773	8 688 287	14 357 856
1. a 自来水生产及供应										
1. b 污水处理及再生水利用										
2. 中间消耗及使用合计/万元	711 400	72 500		343 200	403 400	3 895 112	3 104 824	1 303 456	7 819 508	11 019 499
2. a 自来水生产及供应						4 810	4 887	1 914	44 010	12 956
2. b 污水处理及再生水利用						2 234	2 916	1 177	16 554	17 225
3. 增加值(=1−2)/万元	451 600	38 600		173 200	140 000	1 424 298	1 087 034	341 317	868 779	3 338 357
4. 水的总使用/万米^3	169 000	5 000		10 600	3 000	4 195	5 754	2 103	38 863	31 816
4. a 直接取自环境	169 000	5 000		10 600	3 000	495	1 995	631	5 009	21 850
4. b 来自其他经济单位的水量						3 700	3 759	1 472	33 854	9 966
4. b. 1 自来水供应						3 700	3 759	1 472	33 854	9 966
4. b. 2 水利工程供水										
4. b. 3 污水处理回用										
4. b. 4 废污水										
5. 水的总供给/万米^3	39 100	1 000		2 100	1 800	3 444	4 495	1 814	25 514	26 547
5. a 供水给其他经济单位						1 862	2 430	981	13 795	14 354
5. a. 1 对外供水量										
5. a. 2 排入污水处理厂						1 862	2 430	981	13 795	14 354
5. b 总排放量	39 100	1 000		2 100	1 800	1 582	2 065	833	11 719	12 193
5. b. 1 排到地表水体	4 900			2 100	1 800	1 582	2 065	833	11 719	12 193
5. b. 2 排到地下水体	34 200	1 000								
5. b. 3 排放到海洋										
6. COD 总排放量/万吨	1 485			0	180 000	17 220	17 980	9 070	51 028	132 735

续表

项目	金属冶炼及压延加工业	采矿及制造业	电力、燃气及水的生产和供应业	水力发电	火力发电（循环）	火力发电（直流）	供水业	污水处理业	建筑业	服务业小计
1. 总产出与供给/万元	17 117 772	115 702 044	6 756 000		2 199 909		356 772	16 161	18 892 500	108 752 500
1.a 自来水生产及供应			356 772				356 772			
1.b 污水处理及再生水利用								16 161		
2. 中间消耗及使用合计/万元	12 610 213	87 994 888	4 735 300		1 370 299		246 991	11 162	15 658 500	62 543 300
2.a 自来水生产及供应	6 834	7 886	144					144	18 379	102 756
2.b 污水处理及再生水利用	8 166	6 029	7 210				7 210		7 210	54 251
3. 增加值(=1−2)/万元	4 507 559	27 707 156	2 020 700		829 610		109 781	4 999	3 234 000	46 209 200
4. 水的总使用/万米^3	17 690	11 773	1 171 034		1 561	721 830	295 029	152 614	14 138	97 689
4.a 直接取自环境	12 433	5 707	1 018 420		1 561	721 830	295 029			585
4.b 来自其他经济单位的水量	5 257	6 066	152 614					152 614	14 138	97 104
4.b.1 自来水供应	5 257	6 066	111					111	14 138	97 104
4.b.2 水利工程供水										
4.b.3 污水处理回用										
4.b.4 废污水			152 503					152 503		
5. 水的总供给/万米^3	12 585	9 292	1 149 087		47	701 433	295 015	152 592	8 483	67 238
5.a 供水给其他经济单位	6 805	5 024	262 655				262 655		6 008	45 209
5.a.1 对外供水量			256 647				256 647			
5.a.2 排入污水处理厂	6 805	5 024	6 008				6 008		6 008	45 209
5.b 总排放量	5 780	4 268	886 432		47	701 433	32 360	152 592	2 475	22 029
5.b.1 排到地表水体	5 780	4 268	814 631		47	659 517	2 475	152 592	2 475	20 524
5.b.2 排到地下水体			29 885				29 885			1 505
5.b.3 排放到海洋			41 916			41 916				
6. COD 总排放量/万吨	18 878	13 938							25 449	446 859

续表

项目	水利管理业	产业合计	农村居民消费	城镇居民消费	居民消费支出	政府消费支出	资本形成总额	核算区外（流净出）	合计
1. 总产出与供给/万元	78 600	303 756 900							303 756 900
1.a 自来水生产及供应		356 772							356 772
1.b 污水处理及再生水利用		16 161							16 161
2. 中间消耗及使用合计/万元	38 400	212 215 100	1 840 200	30 876 200	32 716 400	11 473 500	41 868 600	5 483 300	303 756 900
2.a 自来水生产及供应		204 576	10 083	73 574	83 657				288 233
2.b 污水处理及再生水利用		122 972		50 491	50 491				1 734 63
3. 增加值(=1－2)/万元	40 200	91 541 800							91 541 800
4. 水的总使用/万米³		1 582 655	9 789	71 431	81 220				1 663 875
4.a 直接取自环境		1 254 725							1 254 725
4.b 来自其他经济单位的水量		327 930	9 789	71 431	81 220				409 150
4.b.1 自来水供应		175 427	9 789	71 431	81 220				256 647
4.b.2 水利工程供水									
4.b.3 污水处理回用									
4.b.4 废污水		152 503							152 503
5. 水的总供给/万米³		1 352 499	6 852	64 288	71 140				1 423 639
5.a 供水给其他经济单位		359 123		56 101	56 101				415 224
5.a.1 对外供水量		256 647							256 647
5.a.2 排入污水处理厂		102 476		56 101	56 101				158 577
5.b 总排放量		993 376	6 852	8 187	15 039				1 008 415
5.b.1 排到地表水体		884 870	6 852	8 187	15 039				899 909
5.b.2 排到地下水体		66 590							66 590
5.b.3 排放到海洋		41 916							41 916
6. COD总排放量/万吨		914 642	20 556	192 864	213 420				1 128 062

四、资产账户试算

水资源资产账户是指在核算区域范围内，存储于地表和地下的淡水或微咸水，它描述了水资源的存量及其在一段时期内的变化。

2005 年试算的数据来源主要包括《2005 年上海市水资源公报》和上海市水文总站的历年水文监测数据资料。

计算方法采用《中国水资源环境核算技术导则》中推荐的方法，部分缺失的数据根据相关经验进行估计和简化处理。

试算得到的 2005 年资产账户表见表 2-8。其主要结论有以下三点。①2005 年上海市水资源期初存量为 8217.50 万米^3，期末存量为 1 970 915 万米^3。②期初存量通过以下三种方式增加：经济体的排放量 90 032.00 万米^3，降水 14 996.80万米^3，入流 94 513 000.00 万米^3。③期初存量通过以下三种方式减少：取水 1 205 307 万米^3、出流 91 360 000.00 万米^3。

五、质量账户试算

质量账户是描述某一评价时段内水资源存量质量的账户，可反映每一水质类别的水资源期初、期末存量及在核算期内的存量变化情况。

2005 年试算的数据来源主要包括《2005 年上海市水资源公报》和上海市水文总站的历年水质监测数据资料。

计算方法采用《中国水资源环境核算技术导则》中推荐的方法，部分缺失的数据根据相关经验进行估计和简化处理。质量账户试算以全市 16 条骨干河道以及淀山湖为评价对象。

试算得到的 2005 年质量账户如表 2-9、表 2-10、图 2-1 所示。其主要结论有两点。①河流水质：劣Ⅴ类河流减少，但Ⅰ类和Ⅱ类河流仍较少；②湖泊水质：综合类别为Ⅱ类。

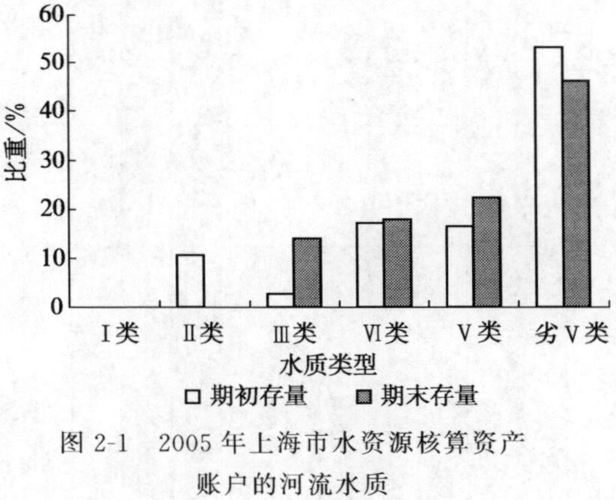

图 2-1　2005 年上海市水资源核算资产账户的河流水质

表 2-8　2005 年上海市水资源核算资产账户汇总表

单位：万米^3

去向来源	地表水					地下水	土壤水
	水库	湖泊	河流	冰川及融雪	合计		
1. 期初存量	0.00	8 217.50	—	0.00	8 217.50		
存量的增加	0.00	7 284.16	94 520 712.64	0.00	94 527 996.80	47 616	
2. 经济体的排放量	0.00	0.00	900 32.00	0.00	90 032.00	47 616	
3. 降水	0.00	7 284.16	7 712.64	0.00	14 996.80		664 251.12
4. 入流	0.00	0.00	94 513 000.00	0.00	94 513 000.00	0.00	
a. 从上游流入	0.00	0.00	94 513 000.00	0.00	94 513 000.00	0.00	
b. 区域内的其他水资源	0.00	0.00	0.00	0.00	0.00	0.00	
存量的减少	0.00	0.00	92 565 357.00	0.00	92 565 357.00	7 452.00	
5. 取水	0.00	0.00	1 205 357.00	0.00	1 205 357.00	7 452.00	
6. 蒸发/实际蒸发	0.00	0.00	0.00	0.00	0.00		
7. 出流	0.00	0.00	91 360 000.00	0.00	91 360 000.00	0.00	
a. 向下游流出	0.00	0.00	0.00	0.00	0.00	0.00	
b. 海洋	0.00	0.00	91 360 000.00	0.00	91 360 000.00	0.00	
c. 区域内的其他水资源	0.00	0.00	0.00	0.00	0.00	0.00	
8. 其他变化量	0.00	0.00	0.00	0.00	0.00	0.00	

表 2-9 2005 年上海市地级行政区(水资源二级区)河流水质状况评价统计表

地级行政区名称	存量	评价河长/千米	Ⅰ类		Ⅱ类		Ⅲ类		Ⅳ类		Ⅴ类		劣Ⅴ类	
			河长/千米	占评价河长比重/%	河长/千米	占评价河长比重/%	河长/千米	占评价河长比重/%	河长/千米	占评价河长比重/%	河长/千米	占评价河长比重/%	河长/千米	占评价河长比重/%
上海市	期初存量＝上年全年评价结果	590.7	0.0	0.00	61.9	10.50	15.4	2.60	101.8	17.20	96.3	16.30	315.3	53.40
	期末存量＝当年全年评价结果	612.9	0.0	0.00	0.0	0.00	85.6	14.00	108.5	17.70	136.3	22.20	282.6	46.10
	存量变化＝期末存量－期初存量	22.2	0.0	0.00	0.0	0.00	70.2	11.40	6.7	0.50	40.0	5.90	－32.7	－7.30

注:①使用《上海市水资源公报》数据,期初为 2004 年公报数据,期末为 2005 年公报数据。②期末存量评价河长相加为 613 千米。评价总河长及各类别河长数据均为公报数据。

表 2-10 2005 年上海市地级行政区(水资源二级区)湖泊水质状况统计表

地级行政区名称	存量	总面积/(千米)^2	评价面积/(千米)^2	Ⅰ类		Ⅱ类		Ⅲ类		Ⅳ类		Ⅴ类		劣Ⅴ类	
				面积/(千米)^2	占评价面积比重/%	面积/(千米)^2	占评价面积比重/%	面积/(千米)^2	占评价面积比重/%	面积/(千米)^2	占评价面积比重/%	面积/(千米)^2	占评价面积比重/%	面积/(千米)^2	占评价面积比重/%
上海市	期初存量＝上年全年评价结果	47.5	47.5	0.0	0.00	47.5	100.00	0.0	0.00	0.0	0.00	0.0	0.00	0.0	0.00
	期末存量＝当年全年评价结果	47.5	47.5	0.0	0.00	47.5	100.00	0.0	0.00	0.0	0.00	0.0	0.00	0.0	0.00
	存量变化＝期末存量－期初存量	0.0	0.0	0.0	0.00	0.0	0.00	0.0	0.00	0.0	0.00	0.0	0.00	0.0	0.00

注:湖泊总面积为各湖泊典型年水面面积的平均值或代表值,无法获得上述数据的可填写各湖泊多年平均值。

第三节　试算结论和建议

1. 供给使用表的问题与建议

试算过程中发现的问题有以下三方面。

（1）水资源核算统计分类不能凸显上海市的特点。水资源核算统计分类是适用全国的基本分类，是为全国的宏观统计资料汇总服务的，而且中国地域广阔，南北差异很大，导致该分类缺少地域特色，不能反映上海市经济发展和不同行业用水的特点，尤其是高用水行业、支柱产业和水资源管理决策关注行业的用水情况。

（2）各涉水统计环节行业分类少而且不统一。上海市取水、供水、用水、节水、排水等统计和管理部门均按照各自的管理需求采用或制定行业分类统计标准，分类少而且不统一，给全市水量数据统计、分析、汇总带来相当难度，不利于水资源核算和管理。

（3）部分数据由估算得到，可信度不高。由于废污水排放基本无计量，且工业各行业尚无合理的排水系数或耗水系数，所以工业各行业的排入污水处理厂的量、入河排放量、耗水量等均是根据经验大致估算的，可信度不高。

针对以上问题，在后续的课题研究中采取了以下四项对策措施。

（1）开展“上海市涉水对象分类名称及代码”专题研究，建立上海市涉水对象分类名称及代码，统一全市各行业的水量数据统计分类标准，以提高涉水数据的科学性、准确性和适用性。

（2）根据分类研究工作的成果，确立符合上海市特点的水资源核算统计分类，调整 2007 年及以后水的实物量供给使用表的格式，为上海市水资源统计和核算体系奠定基础。

（3）建立健全水量分类数据统计制度，将分类研究工作的成果应用于水量数据统计的实践当中，确保上海市水资源统计和核算工作的正确性、合理性、科学性。

（4）开展 2007 年用水情况典型调查，了解上海市典型行业各用水单位取水、供水、用水、耗水、排水特性，选择各行业相对合理的排水系数或耗水率。

2. 排放账户存在的问题

试算成果与统计年鉴、环境质量报告书中的数据的差距较大，主要的原因可能有以下三方面。

(1) 由于本次试算中统计了提取自地表水和地下水的量，环境质量报告书和统计年鉴中未统计这部分水量，造成试算成果的废水总量要大。

(2) 非工业污水的统计口径上的差异，造成在生活污水和工业污水的排放量上存在较大差异。市环保局在统计污水量时将未产生工艺废水的部分工业污水计入综合生活污水中，而水务部门则将这部分污水列入工业污水中。

(3) 另外废水排放系数和污染物排放系数均通过经验估算得到，缺乏典型污染源调查数据，这是造成污染排放量偏大的主要原因。

建议在下一步的工作中，通过重点行业的典型调查，结合各排水监测部门的污水水质监测数据和企业排水申报资料等，进一步估算各个行业的污水排放系数和污染物排放浓度。同时课题组应加强与市环保局等相关部门的沟通，实行数据共享，以进一步提高污水排放情况统计的科学性和准确性。

3. 混合和经济账户

混合和经济账户试算的主要结论有以下三方面：①本次核算的国民经济相关数据多来自上海市统计局，可靠性较高；②本次核算水价数据可以进一步细分研究，但目前的分类大抵可以满足研究要求；③本次试算只考虑了混合供给使用表，对于其他混合和经济账户没有计算，在下一步的工作中，需要研究与其他账户相关的基础统计工作和制度。

4. 资产账户

资产账户试算的主要结论有以下三方面：①本次核算的数据多来自上海市水文部门监测的历年资料，可靠性较高；②由于地下水不是上海市主要开采利用的水资源，地下水部分缺乏对应于水资源核算需要的统计资料；③土壤水虽填出了数据，但并不能反映上海城市化进程中大面积不透水下垫面的土壤水特征。

5. 质量账户

质量账户试算的主要结论有以下两方面：①本次核算的数据多来自上海市水文总站，可靠性较高；②各个水质监测点的具体地理位置以及经纬度等信息需要进一步统计、收集和汇总。

第三章　上海市水资源统计分类体系研究

本章主要针对现有上海市水务行业和管理部门对涉水指标统计中国民经济分类归并的不一致性，进行专题研究，结合上海市涉水事务统一管理和水资源核算分类研究的需要，以国民经济分类和供水企业分类为基础，研究提出了涉水行业的分类统计体系，并在全市进行推广，为水资源分类统计和账户核算奠定基础。

第一节　涉水对象分类名称及代码研究

一、涉水对象分类研究的目标和意义

本章主要针对 2005 年试算中提出的“水资源统计分类不能凸显上海特点”、“各涉水统计环节行业分类少而且不统一”的问题，结合“上海市涉水对象分类名称及代码专题研究”成果，研究确定了 2007 年核算所必需的涉水行业分类体系，以便更好地反映各涉水行业的用水情况。

目前，上海市取水、供水、用水、节水、排水等统计和管理部门均按照各自的管理需求制定行业分类统计标准，行业分类少、不全面、不统一，既不符合现行《国民经济行业分类》（GB/T4754—2002）标准，也无法满足上海市水资源统计和核算的要求。“上海市涉水对象分类名称及代码专题研究”是根据全市水量分类统计的需要，结合“上海市水资源统计和核算体系研究”项目开展的，旨在建立新时期上海市涉水对象分类名称及代码，统一全市各涉水行业的水量数据进行统计分类，以提高统计数据的科学性、准确性和适用性。

涉水对象是指具有取水、供水、用水、节水、排水、耗水特质的经济体，涉及农林牧渔业、工业、建筑业、服务业、生态环境和城乡居民生活等各个方面。本次分类研究以现行《国民经济行业分类》（GB/T4754—2002）为基础，结合上海市水资源统计和核算体系的分类要求，兼顾完善水价体系及当前取水、供水、节水、排水的管理需要，建立了一套全行业、全覆盖、全过程的涉水对象分类名称及代码。

二、上海市涉水对象分类现状分析

目前上海市各涉水管理部门根据各自管理需求对涉水对象进行了不同的分类统计。

1. 取水对象分类现状

水资源分地表水与地下水两大类。目前，上海市地表水日取水 2 万米^{3}以上的取水许可及取水管理由市水行政管理部门负责，日取水 2 万米^3 以下的取水许可及取水管理由区（县）水行政管理部门负责，地下水取水许可及取水管理统一由市水行政管理部门负责。

取水对象按取水用途分为农业用水、火电工业用水、一般工业用水、公共供水、生活用水五大类。根据统计和管理的需要在五大类取水用途的基础上，再细分为 21 类行业类别，见表 3-1。

表 3-1　取水对象行业分类

取水用途	行业类别
农业	农业
公共供水（制水工业）	市属供水
	区县供水
	乡镇供水
	农场供水
火电工业	火力发电
一般工业	冶金
	石化
	化工
	医药
	纺织
	造纸
	食品
	饮料
	电子
	其他工业

续表

取水用途	行业类别
生活	宾馆服务业
	分质供水
	部队
	战备
	其他生活

2. 自来水售水对象分类现状

公共供水企业是为社会提供重要公共产品和服务的企业，自来水售水量分类统计数据是供水企业开展科学管理与调度，制订售水计划，实现既定经营目标，确保企业正常运营，以及预测需水量，扩大再生产的依据；也是为政府建立科学的水价体系，制订合理的公共供水水价结构，保障供用水双方合法权益，促进节约用水提供数据支撑；同时，售水量分类统计能够反映各种性质用水的动态并分析用水发展趋势，为城市供水设施合理布置、城市供水安全应急保障体系的建立、城市可持续发展的科学规划提供必要的统计数据。

为使售水量的分类既能反映出社会各部门、各行业的用水情况，又便于按不同用水性质确定不同的用水价格，原上海市自来水公司参照《国民经济行业分类和代码》（GB/T 4754—1984），并结合上海市具体情况和有关部门意见于1993年8月修订完成《上海市自来水公司售水量用水性质分类标准》（1993年），并在企业内部实施至今。该分类标准共将售水量分为居民生活用水、非工业单位用水、工业单位用水、其他用水四大类别，然后再细分为69类，目前已演变为约73类（表3-2）。

表3-2 原上海市自来水公司用水性质分类（1993）

类别	简号	用水分类
居民生活用水	11	里弄住宅用水
	12	工房住宅总表和按层装表
	13	工房住宅按套室（按户）装表
	14	高级住宅
	15	花园住宅、别墅
	16	给水站
	17	船民用水
	18	其他用水

续表

类别	简号	用水分类
非工业单位用水	21	建筑业
	22	交通运输业
	23	物资供销、仓储业
	24	房地产管理业
	25	公用事业
	26	市政工程管理业
	27	绿化环卫业
	28	卫生、社会福利事业
	29	文化、艺术、广播电视体育及科研技术事业
	30	高等院校
	31	有住宿学校
	32	学校
	33	金融保险业
	34	邮电通信业
	35	主要旅游宾馆和饭店
	36	大中型商场
	37	一般商店
	38	公共饮食业
	39	居民服务业
	40	熟水店
	41	党政机关、部队团体及企业事业单位
	42	自来水工程施工用水
	43	其他非工业单位用水
工业单位用水	51	食品制造业
	52	饮料酿酒制造业
	53	饲料工业
	54	棉纺织业
	55	毛麻纺织业
	56	丝绢纺织业、针织品业
	57	其他纺织业
	58	缝纫业
	59	皮革、毛皮及其制品业
	60	木材加工及竹藤等制品业

续表

类别	简号	用水分类
工业单位用水	61	造纸及纸制品业
	62	文体艺术用品制造业
	63	能源工业
	64	化学工业
	65	医药工业
	66	化学纤维工业
	67	橡胶制品业
	68	塑料制品业
	69	建筑材料制造业
	70	玻璃陶瓷制品业
	71	金属冶炼、压延加工及金属制品业
	72	机械工业制造业
	73	交通运输设备制造业
	74	电气机械及器材制造业
	75	电子及通信设备制造业
	76	仪器仪表及其他计量器具制造业
	77	校办工业
	78	乡办工业
	79	其他工业
其他用水	91	校验用水
	92	本企业用水
	93	无表用水
	94	损坏管网赔偿水量
	95	深井灌水量
	96	馈水
	97	单位消防月费水量
	98	混水
	99	其他

（1）市属自来水公司售水对象分类现状。2000年原上海市自来水公司裂变重组为上海市自来水市南有限公司、上海市自来水市北有限公司、上海市浦东威立雅自来水有限公司、上海市自来水闵行有限公司四大自来水有限公司，各公司对售水对象的分类沿用了《上海市售水量用水性质分类标准》

(1993年)，并随着2001年供水水价结构的调整，各公司同步作了统一调整。但随着供水企业各自的发展，特别是供水集约化进程的不断推进，各供水企业的售水量用水性质分类已分别作了扩充，不再一致。

(2) 区（县）自来水公司售水对象分类现状。区（县）自来水公司售水对象分类基本根据当地供水价格结构，按居民生活、工业企业、机关事业、经营服务业、特种行业粗线条划分，仅浦东新区自来水公司、临港供排水公司基本参照《上海市售水量用水性质分类标准》(1993年）进行划分。

(3) 乡镇（农场）供水企业售水对象分类现状。乡镇（农场）供水企业售水对象分类基本根据当地供水价格结构，按居民生活、工业企业、机关事业、经营服务业、特种行业粗线条划分。

(4) 自来水供水价格分类现状。自来水供水价格是重要的公用事业价格，受到政府物价部门严格控制。上海市供水价格的分类根据用户分类分为居民生活、行政事业、工业、经营服务业、特种行业五大类，具体见表3-3。

表3-3　上海市市区自来水用户分类及水价　　单位：元/米^3

用户分类	现行水价（2009年4月1日起实行）
居民生活	1.03
行政事业	2.00
工业	2.00
经营服务业	2.00
特种行业：桑拿	10.60/15.60
洗车	5.60
饮料	3.10

3. 用水对象分类现状

为了解全市水资源供应、需求的基本情况，并为各级政府制定政策和规划，进行经济管理与调控提供依据，上海市统计局依照国家统计局《能源统计报表制度》的规定，结合上海市实际，开展了《工业企业水消费》调查，并从2008年起将调查范围从规模以上工业扩大到规模以上工业和部分重点耗能非工业企业，表名改为《企（事）业单位用水情况》。

该统计调查的对象分类完全按照《国民经济行业分类》(GB/T 4754—2002)，调查的对象为规模以上工业和部分重点耗能非工业企业法人单位，尽管调查范围未覆盖全部企业，但通过此调查能基本了解上海市规模以上各工业行业及部分重点耗能非工业行业的用水情况。由于调查对象为法人单位，存在法人单位所在地与实际用水地不一致的情况。

4. 节水对象分类现状

计划用水是节约用水管理的重要内容，也是促进节约用水的有效手段。目前，上海市计划用水办公室负责市属供水企业供水范围的计划用水管理，区（县）计划用水办公室负责郊区（县）属供水企业供水范围的计划用水管理。为加强节约用水管理，提高城市合理用水、科学用水水平，实现节水减污，推进资源节约型、环境友好型城市和节水型社会建设，发展循环经济，上海市计划用水办公室根据上海市用水特点，将计划用水考核户分为工业、非工业两大类，又将工业细分为火力发电、冶金（分钢铁、其他）、造纸、纺织、食品（非饮料）、饮料、电子元器件制造等，非工业细分为教育业、医院、宾馆、餐饮业、商业楼宇、桑拿浴场、洗车业等，详见表 3-4。而区（县）计划用水办公室仅将计划用水考核户分为工业、非工业两大类。

表 3-4 计划用水考核户行业分类

用水性质	行业类别
工业	火力发电
	冶金（分钢铁、其他）
	化工
	医药
	纺织
	造纸
	食品（非饮料）
	饮料
	电子元器件制造
	其他工业
非工业	住宿业（分三星、四星、五星、其他）
	教育业（分学前、初等、中等、高等、其他及其住宿、非住宿）
	卫生业（分一级、二级、三级、其他）
	餐饮业
	商业楼宇
	桑拿浴场
	洗车业
	部队
	社会福利业
	其他非工业

5．排水对象分类现状

污水处理设施是为保护水环境，减少人类生活、经济活动对水环境的污染而建设的设施。上海市排水主管部门对中心城区及各区（县）范围内的排水设施运行实行监管，依法对纳入市政排水管网的排水户实行行政许可，依法查处向城市排水管网超标排水的违法行为。行政许可和行政执法以规范排水行为，确保污水达标排放，从源头减少水环境污染为目的。核算排水费以排水户自来水使用量为排水量计算依据，没有全面的类似自来水一户一表的计量。目前各排水管理部门从水资源管理分工和目标出发，对排水对象实施分类。

上海市在对自来水用户收取自来水费的同时依据用水量收取排水费。上海市排水费收费对象的分类，根据用水性质分为居民用户和非居民用户两大类，非居民用户细分为机关事业单位、一般排水户和重点监测户等，排水费收费标准见表 3-5。排水费收费对象分类是自来水收费对象分类的简化和合并。

表 3-5　排水费收费标准　　　　单位：元/米^3

用水分类		价格
居民用户	基数内	0.90
	基数外	1.00
非居民用户	机关事业单位	1.70
	一般排水户	1.80
	重点监测户	2.60

注：①排水费收费标准适用范围：市属公共排水（包括污水处理）系统服务范围内的用户；②排水量按用水量的90%计量；③上海市居民排水费实行阶梯式计量制度，每户每表用水量基数为15米^3，按年累计用水量180米^3，对两户及多户合用水表的居民用户，因目前不具备阶梯式水价的计量条件，暂按0.90元/米^{3}收费；④重点监测户是指经测定所排放的污（废）水指标超过《上海市污水综合排放标准》（DB31/199—1997）的用户。

三、涉水对象分类的原则和方法

（一）涉水对象分类总体原则

涉水对象分类有以下四项原则。

（1）力求准确反映上海市现阶段经济活动的用水状况。上海市涉水对象分类应立足于我国国情，充分考虑上海市水资源统计的实际情况，结合水资源核算统计分类和上海市水资源统计的实际情况作进一步细分，反映出上海市高用水行业、支柱产业和水资源管理关注行业的用水状况，以便以全面、科学的统计数据为水资源管理决策服务。

（2）力求满足水资源管理各方的需求。上海市涉水对象分类的实施主体涉及上海市各供水企业、排水企业，涉及取水、供水、节水、排水等相关管理部门，以及其他相关的计划、规划、设计和工程建设等单位，应充分遵循满足水资源管理各方需求的原则。

（3）力求可操作性、可实施性。上海市涉水对象分类是一项重要的基础管理工作，涉及查勘、柜面、抄表、录入、统计、汇总、分析、报送等诸多环节，牵涉面广，技术性强，应力求分类的可操作性、可实施性。

（4）力求历史数据的延续性。兼顾上海市用水统计历年分类方法及供水企业售水量历年分类方法，使数据具有延续性。

（二）涉水对象分类方法

1. 分类、归类方法

《国民经济行业分类》（GB/T4754—2002）将涉水对象分为 20 门类、95 大类、396 中类、913 小类；上海市自来水公司售水量用水性质分类标准分四大类别，73 类；中国水资源核算统计分类共有 25 类。

为便于行业用水统计，上海市涉水对象分类名称及代码以《国民经济行业分类》（GB/T4754—2002）的 95 大类为基础，结合水资源核算统计分类，兼顾科学水价体系建立的要求、供水企业售水量统计需求及涉水管理各个环节的统计需求，基本参照国民经济行业分类的归类方法，将上海市涉水对象分类划分为 5 大类、10 中类、91 小类，并由此制定出“上海市涉水对象用水量分类统计表”（共 91 项），以及“上海市涉水对象水量分类统计表（简表）”（共 43 项）。

2. 不同情况说明

上海市涉水对象分类名称及代码结合上海市的实际情况，对《国民经济行业分类（GB/T4754—2002》中所列门类与有关类别进行了必要的调整，使本标准进一步达到类别减少、归属合理、简单适用、易于操作、统计简捷、效率提高的目的，如表 3-6 所示。具体说明有以下六个方面。

（1）为兼顾上海市用水统计历年分类方法及供水企业售水量历年分类方法，使数据分析具有延续性，将农业用水、建筑业用水、服务业用水、生态环境用水统一归为非工业用水，从而将全市涉水对象分为 5 大类：居民生活、非工业、工业、其他用水、外售水量。

（2）结合水资源核算统计分类的要求将全市涉水对象分为 10 中类：居民生活、农业、建筑业、服务业、生态环境用水、一般工业、火电工业、水工业、其他用水、外售水量。

（3）根据水资源核算统计分类的要求而增加或细分的小类：农村居民用

水（小类代码1010），城市环境卫生管理业（小类代码5010），城市园林绿化管理业（小类代码5020），深井回灌（小类代码5030），直流式火力发电业（小类代码7010），循环式火力发电业（小类代码7020），其他能源发电业（小类代码7030），电力供应业（小类代码7040），热力生产和供应业（小类代码6280），原水及自来水的生产和供应业（小类代码8010），污水处理及其再生利用业（小类代码8020），其他水的处理，利用与分配（小类代码8030），外售水量（市属供水企业间）（小类代码0010），外售水量（非市属供水企业间）（小类代码0020）。结合上海供水业的实际情况，将自来水生产和供应业改名为原水及自来水生产和供应业（小类代码8010）。

（4）根据供水企业售水量统计需求，兼顾进一步理顺分类供水价格的要求而增加或将国民经济行业大类作细分的小类：居民生活用水（小类代码1010～1070）、学校（有住宿）（小类代码4130）、学校（无住宿）（小类代码4140）、高等院校（有住宿）（小类代码4150）、高等院校（无住宿）（小类代码4160）、托儿所（小类代码4210）、部队生活（小类代码4230）、桑拿浴场（高档）（小类代码4240）、桑拿浴场（中低档）（小类代码4250）、足浴服务（小类代码4260）、洗车服务（无循环装置）（小类代码4270）、饮料制造业（不含软饮料制造）（小类代码6030）、软饮料制造业（小类代码6040）、其他用水（小类代码9010～9060）。

（5）根据上海市实情而添加或细分的小类：①根据供水集约化产生的新情况而添加小类馈水（小类代码1080）；②为加强对具有上海市特点的高用水行业节水管理而细分小类电子元器件制造业（小类代码6260）；③为加强商业楼宇的管理而细分小类商业楼宇（小类代码4110）；④为加强旅游饭店的节水管理而细分小类，即旅游饭店（小类代码4060）、一般旅馆及其他住宿服务（小类代码4070）；⑤为满足水资源资产核算要求而细分的小类，即水利管理、水污染治理及排水设施管理业（小类代码4280）；⑥为加强消防用水管理而细分小类消防用水（小类代码9050）。

（6）在满足用水分类统计需求，同时充分利用原有公共供水企业售水量分类的前提下，为简便基础管理工作而将国民经济行业分类的56大类合并为14小类：①建筑业（小类代码3010），将房屋和土木工程建筑业（47）、建筑安装业（48）、建筑装饰业（49）、其他建筑业（50）共四个大类合并为3010；②交通运输业（小类代码4010），将铁路运输业（51）、道路运输业（52）、城市公共交通业（53）、水上运输业（54）、航空运输业（55）、管道运输业（56）、装卸搬运和其他运输服务业（57）共七个大类合并为4010；

③信息传输、计算机服务和软件业（小类代码 4040），将电信和其他信息传输服务业（60）、计算机服务业（61）、软件业（62）共三个大类合并为 4040；④批发和零售业（小类代码 4050），将批发业（63）和零售业（65）共两个大类合并为 4050；⑤金融业（小类代码 4090），将银行业（68）、证券业（69）、保险业（70）、其他金融活动（71）共四个大类合并为 4090；⑥科学研究、技术服务和地质勘查业（小类代码 4120），将研究与试验发展（75）、专业技术服务业（76）、科技交流和推广服务业（77）、地质勘查业（78）共四个大类合并为 4120；⑦文化、体育业（小类代码 4180），将新闻出版业（88），广播、电视、电影和音像业（89），文化艺术业（90），体育业（91）共四个大类合并为 4180；⑧公共管理和社会组织（不包括部队生活）（小类代码 4200），将中国共产党机关（93），国家机构（不包括部队生活）（94），人民政协和民主党派（95），群众团体、社会团体和宗教组织（96），基层群众自治组织（97）共五个大类合并为 4200；⑨其他非经营性服务业（小类代码 4510），将环境管理业（不包括城市环境卫生管理、水污染治理）（80）、市政公共设施管理（不包括污水、雨水排放设施）（811）、社会保障业（86）、国际组织（98）及其他未列明的非经营性服务业合并为 4510；⑩其他经营性服务业（小类代码 4520），将租赁业（73）、商务服务业（74）、居民服务（不包括托儿所、桑拿浴场、足浴）（82）、其他服务业（不包括无循环装置的洗车服务）（83）、农林牧渔服务业及其他未列明的经营性服务业合并为 4520；⑪木材加工及木、竹、藤、棕、草制品业，家具制造业（小类代码 6090），将木材加工及木、竹、藤、棕、草制品业（20），家具制造业（21）共两个大类合并为 6090；⑫印刷业和记录媒介的复制及文教体育用品制造业（小类代码 6110），将印刷业和记录媒介的复制（23）、文教体育用品制造业（24）共两个大类合并为 6110；⑬通用及专用设备制造业（小类代码 6220），将通用设备制造业（35）、专用设备制造业（36）共两个大类合并为 6220；⑭其他工业（小类代码 6500），将采矿业中 06～11 共六个大类及工艺品及其他制造业（42）、废弃资源和废旧材料回收加工业（43）共八个大类合并为 6500。

（三）代码编制原则及说明

涉水对象分类的代码是各用水行业的数字性说明，对其合理的编制是实现数据信息共享和资源整合的一项基础工作。为推进水量数据分类统计标准化工作，本次代码的编制遵循了以下五个原则。

（1）唯一性原则：代码唯一表示某一中类、小类代表的特定涉水对象，同时某一中类、小类特定的涉水对象有专一的代码，这样就建立了代码与涉水对象之间一一对应的关系。

（2）完整性原则：分类代码涉及经济社会发展过程中各类涉水对象，具有完整性。

（3）可扩充性原则：分类的容量和数据的类别留有适当的余地，以便随着用水行业的需求发展而扩充新的类别代码，且不影响已有的分类和代码。

（4）规范性原则：统一规范代码的结构、类型及编写的格式，便于数据统计系统的检索和调用。

（5）实用性原则：分类代码的编制简洁明了、便于使用，并尽可能便于记忆。

涉水对象分类参照《国民经济行业分类》的编码方法，采用层次编码法，分类的中类、小类依据等级制和完全十进制，第一位代表中类，第二、第三位代表小类，末尾“0”允许小类自主扩展，从而形成三层四位数字码的涉水对象类别标志系统。末尾“0”允许小类自主扩展，指最后一位“0”可由供水企业等根据自身的特点或需求进一步扩展，但在汇总上报时统一合计到该小类的总类别“0”上，即将扩充后的小类别累加至标准小类数据上报。

四、上海市涉水对象分类名称及代码及应用

本研究将上海市涉水对象分类划分为居民生活、非工业、工业、其他用水、外售水量5大类，再细分为居民生活、农业、建筑业、服务业、城市生态环境用水、一般工业、电力工业、水工业、其他用水、外售水量10个中类，然后根据中类的影响范围设定了91个小类（附详细说明和解释），并据此制定出《上海市涉水对象用水量分类统计表》（共91项）及《上海市涉水对象水量分类统计表（简表）》（共43项），最终使本标准达到类别清晰、归属合理、简捷适用、易于操作的目的。

2009年10月26日，上海市水务局、上海市统计局联合出台了“关于印发《〈上海市涉水对象分类名称及代码（试行）〉实施意见》的通知”（沪水务〔2009〕716号）。

2009年11月13日，上海市水务局召开《上海市涉水对象分类名称及代码（试行）实施意见》贯彻落实会议。各区（县）水务局、供水管理部门、水资源管理部门，以及各供水企业分管领导和相关负责人参加会议。会议提出，加强全社会水量统计是水资源管理最基础的工作，数据采集和质量控制

表 3-6　上海市涉水对象分类名称及代码

涉水对象分类名称			代码	对应《国民经济行业分类》代码	对应《自来水售水量分类》简号（仅供参考）	描述
大类	中类	小类				
居民生活	居民生活	农村居民	1010	—	—	指不论从事何种职业，居住在农村的居民用水（一般无市政排水道）
		里弄住宅	1020	—	11	指旧式弄堂、新式弄堂和简屋用水
		工房住宅总表和按层装表	1030	—	12	指按幢和按层装表的公寓、大楼、多层和高层住宅
		工房住宅按套室(按户)装表	1040	—	13、14	指按套式(按户)装表的公寓、大楼、多层和高层住宅
		花园住宅、别墅	1050	—	15	指独立一幢房屋，外观造型和内部结构好，有花园的住宅和别墅(包括以新式里弄形式出现的花园住宅和别墅)
		学校宿舍	1060	—	16	指单独装表的学校宿舍
		属居民用水的其他用水	1070	—	18	指居民与单位合用一表而按居民用水水价收费的混用户用水
		馈水	1080	—	96 部分	指按馈水单价结算的非外售水量对象
非工业	农业	农业(种植业)	2010	01	—	指对各种农作物的种植活动
		林业	2020	02	—	指林木的培育和种植，木材和竹材的采运，林产品的采集
		畜牧业(牲畜饲养)	2030	03	—	指为了获得各种畜禽产品而从事的动物饲养活动
		渔业	2040	04	—	指对各种水生动植物的养殖活动
	建筑业	建筑业	3010	47～50	21、42	指房屋和土木工程建筑业、建筑安装业、建筑装饰业、其他建筑业(包括工程准备、提供施工设备服务、其他未列明的建筑活动)
	服务业	交通运输业	4010	51～57	22	指铁路运输业、道路运输业、城市公共交通业、水上运输业、航空运输业、管道运输业、装卸搬运和其他运输服务业
		仓储业	4020	58	23 部分	指专门从事货物仓储、货物运输中转仓储，以及以仓储为主的物流送配活动
		邮政业	4030	59	34 部分	指国家邮政及国家邮政系统以外的单位所提供的寄递服务

续表

涉水对象分类名称			代码	对应《国民经济行业分类》代码	对应《自来水售水量分类》简号（仅供参考）	描述
大类	中类	小类				
非工业	服务业	信息传输、计算机服务和软件业	4040	60～62	34 部分、其他	指电信和其他信息传输服务业（包括电信——通过电缆、光缆、无线电波、光波等传输的通信服务，广播电视传输服务，卫星传输服务），计算机服务业（包括计算机系统服务——提供计算机系统的设计、集成、安装等方面的服务；数据处理——为用户提供数据的录入、加工、存储等方面的服务，以及使用用户指定的软件加工数据，并将结果返回给用户的活动；计算机维修——对计算机硬件及系统环境的维护和修理服务；其他计算机服务——计算机咨询和其他未列明的计算机服务），软件业（指专门从事计算机软件的设计、程序编制、分析、测试、修改、咨询；为互联网和数据库提供软件设计与技术规范；为软件所支持的系统及环境提供咨询、协调和指导；为硬件嵌入式软件及系统提供咨询、设计、鉴定等活动）
		批发和零售业	4050	63、65	23 部分、36、37	指商品在流通环节中的批发活动和零售活动
		旅游饭店	4060	661	35	指按照国家有关规定评定的旅游饭店或具有同等质量、水平的饭店活动
		一般旅馆及其他住宿服务	4070	662、669	39 部分	指不具备评定旅游饭店和同等水平饭店的一般旅馆及其他住宿服务的活动
		餐饮业	4080	67	38	指正餐服务、快餐服务、饮料及冷饮服务、其他餐饮服务
		金融业	4090	68～71	33	指银行业、证券业、保险业、其他金融活动（包括金融信托与管理、金融租赁、财务公司、邮政储蓄、典当、其他未列明的金融活动）
		房地产业	4100	72 部分	24 部分、其他	指房地产开发经营（包括房地产开发企业进行的基础设施建设、房屋建设，并转让房地产开发项目或者销售、出租商品房的活动）、物业管理（不含商业楼宇）（指物业管理企业依照合同约定，对物业进行专业化维修、养护、管理，以及对相关区域内的环境、公共秩序等进行管理，并提供相关服务的活动）、房地产中介服务（包括指房地产咨询、房地产价格评估、房地产经纪等活动）、其他房地产活动

续表

涉水对象分类名称			代码	对应《国民经济行业分类》代码	对应《自来水售水量分类》简号（仅供参考）	描述
大类	中类	小类				
非工业	服务业	商业楼宇	4110	72 部分	24 部分	指内含批发、零售、餐饮、娱乐、办公等活动的综合性商业楼宇
		科学研究、技术服务和地质勘查业	4120	75～78	28 部分	指科学研究与试验发展、专业技术服务业、科技交流和推广服务业、地质勘查业
		学校（有住宿）	4130	84 部分	20、30、31、32 部分	包括有住宿的幼儿园、小学、初中、高中、中专、职校、技校、成人扫盲教育、职业技能培训、特殊教育（指为残障儿童提供的特殊教育活动）、党政教育和上述未列明的非高等院校教育活动
		学校（无住宿）	4140	84 部分	20、30、31、32 部分	包括无住宿的幼儿园、小学、初中、高中、中专、职校、技校、成人扫盲教育、职业技能培训、特殊教育（指为残障儿童提供的特殊教育活动）、党政教育和上述未列明的非高等院校教育活动
		高等院校（有住宿）	4150	84 部分	20、30、31、32 部分	指有住宿的普通高等教育、成人高等教育
		高等院校（无住宿）	4160	84 部分	20、30、31、32 部分	指无住宿的普通高等教育、成人高等教育
		卫生业	4170	85	28 部分	指医院（包括疗养院）、卫生院及社区医疗活动，门诊部医疗活动（指门诊部、诊所、医务室、卫生站、护理院等卫生机构的活动），计划生育技术服务活动，非医院的妇幼保健活动，疾病防治及防疫活动，其他医疗卫生活动
		文化、体育业	4180	88～91	28 部分	包括新闻出版业，广播、电视、电影和音像业，文化艺术业（文艺创作与表演、艺术表演场馆、图书馆与档案馆、文物及文化保护、博物馆、保护烈士陵园、纪念馆、群众文化活动、文化艺术经纪代理、其他文化艺术），体育业（体育组织、体育场馆、其他体育）
		娱乐业	4190	92	29	指室内娱乐活动、游乐园、休闲健身娱乐活动、其他娱乐活动（包括各种形式的彩票活动，以及公园、海滩和旅游景点内小型设施的娱乐活动）

续表

涉水对象分类名称			代码	对应《国民经济行业分类》代码	对应《自来水售水量分类》简号(仅供参考)	描述
大类	中类	小类				
非工业	服务业	公共管理和社会组织(不包括部队生活)	4200	93、94(不含部队生活)、95～97	41	指中国共产党机关、国家机构(不包括部队生活)、人民政协和民主党派、群众团体(包括工会、妇联、共青团、其他群众团体)、社会团体(包括专业性团体、行业性团体、其他社会团体)、宗教组织(指经批准的宗教组织的活动和寺庙、清真寺、教堂等的宗教活动)、基层群众自治组织(指城市、镇的居民或农村村民通过选举产生的群众性自治组织,该组织为本地区提供一般性管理、调解、治安、优抚、计划生育等服务)
		托儿所	4210	8220	50 部分	指社会、街道、个人办的面向不足三岁幼儿的看护服务
		社会福利业	4220	87	50 部分	指提供住宿的社会福利业(包括干部休养所、养老院、老年福利院、老年公寓、敬老院、光荣院、儿童福利院、社会福利院、精神病人福利院、收容遣送站、流浪儿童救助保护中心、安置农场、其他提供住宿的福利、收容活动)、不提供住宿的社会福利业(指为老人、军烈属、五保户、残疾人、弃婴、孤儿、弱智儿童及其他弱势群体提供不住宿的看护、帮助活动,以及其他社会福利活动)
		部队生活	4230	94 部分	50 部分	部队生活
		桑拿浴场(高档)	4240	825 部分	47	桑拿浴场(含宾馆、娱乐场所等附设的桑拿浴场用水)(高档)
		桑拿浴场(中低档)	4250	825 部分	40	桑拿浴场(含宾馆、娱乐场所等附设的桑拿浴场用水)(中低档)
		足浴服务	4260	825 部分	49	指专门从事足部按摩的门店
		洗车服务(无循环装置)	4270	83 部分	48	指无循环装置的洗车服务
		水利管理业	4280	79、8023	26 部分、43 部分	指防洪管理(指对河流、湖泊、行蓄洪区和沿海的防洪设施的管理及防涝管理活动),水库等水利设施管理,调水、引水管理(指对运河、河渠、渠道、水利枢纽、水闸的管理活动),节水及其他水资源管理,水土保持、保护及其他水利管理活动,水污染治理(指对江、河、湖泊、水库及地下水、地表水的污染综合治理活动)

续表

涉水对象分类名称			代码	对应《国民经济行业分类》代码	对应《自来水售水量分类》简号（仅供参考）	描述
大类	中类	小类				
非工业	服务业	其他非经营性服务业	4510	80(除8022、8023)、811部分、86、98	26部分、41部分、43部分、其他	指上述未列明的非经营性服务业，包括环境管理业（不包括城市环境卫生管理、水污染治理）、市政公共设施管理（不包括污水、雨水排放设施）、社会保障业、国际组织等上述未列明的其他非经营性服务业
		其他经营性服务业	4520	05、73、74、82部分、83部分	39部分、43部分、其他	指上述未列明的经营性服务业，包括租赁业、商务服务业、居民服务（不包括托儿所、桑拿浴场、足浴）、其他服务业（不包括无循环装置的洗车服务）等上述未列明的其他经营性服务业，以及农、林、牧、渔服务业（指对农、林、牧、渔业生产活动进行的各种支持性服务活动，但不包括各种科学技术和专业技术服务活动）
	城市生态环境用水	城市环境卫生管理业	5010	8022	27部分	指城市垃圾的清扫、收集、运输、处理、处置和综合利用活动，以及对公共厕所、化粪池的清扫、收集、运输和管理活动
		城市园林绿化管理业	5020	812、813	27部分	包括城市园林、绿化、公园的管理活动等
		深井回灌	5030	—	95	指将经处理后符合国家生活饮用水卫生标准的地表水通过人工方式引入地下承压含水层的活动
工业	一般工业	农副食品加工业	6010	13	51部分、53	指直接以农、林、牧、渔业产品为原料进行的谷物磨制、饲料加工、植物油和制糖加工、屠宰及肉类加工、水产品加工，以及蔬菜、水果和坚果等食品的加工活动
		食品制造业	6020	14	51部分	指焙烤食品制造，糖果、巧克力及蜜饯制造，方便食品制造，液体乳及乳制品制造，罐头制造，调味品、发酵制品制造，其他食品制造（包括营养及保健食品制造、冷冻饮品及食用冰制造、盐加工、食品及饲料添加剂制造、其他未列明的食品制造）
		饮料制造业（不含软饮料制造）	6030	151、152、1535、154	52部分	指酒精制造、酒的制造、固体饮料制造、精制茶加工
		软饮料制造业	6040	153（不含1535）	52部分	软饮料制造指碳酸饮料、瓶（罐）装饮用水、果菜汁及果菜汁饮料、含乳饮料和植物蛋白饮料、茶饮料及其他软饮料制造，但不包括固体饮料制造

续表

涉水对象分类名称			代码	对应《国民经济行业分类》代码	对应《自来水售水量分类》简号（仅供参考）	描述
大类	中类	小类				
工业	一般工业	烟草制品业	6050	16	79 部分	指烟叶复烤、卷烟制造、其他烟草制品加工
		纺织业	6060	17	54、55、56、57	指棉、化纤纺织及印染精加工，毛纺织和染整精加工，麻纺织，丝绢纺织及精加工，纺织制成品制造（指以棉、化纤、毛以及各种麻和丝纺织制成品的生产活动），针织品、编织品及其制品制造（指纯粹由手工织成或钩成，或由机器针织、钩针编织成形的制品制造）
		纺织服装、鞋、帽制造业	6070	18	58	指纺织服装制造，纺织面料鞋的制造，制帽
		皮革、毛皮、羽毛（绒）及其制品业	6080	19	59	指皮革鞣制加工，皮革制品制造，毛皮鞣制及制品加工，羽毛（绒）加工及制品制造
		木材加工及木、竹、藤、棕、草制品业，家具制造业	6090	20、21	60	包括木材加工（指锯材、木片加工，人造板制造），木制品制造，竹、藤、棕、草制品制造，家具制造（指用木材、金属、塑料、竹、藤等材料制作的，具有坐卧、凭倚、储藏、间隔等功能，可用于住宅、旅馆、办公室、学校、餐馆、医院、剧场、公园、船舰、飞机、机动车等任何场所的各种家具的制造）
		造纸业及纸制品业	6100	22	61	包括造纸（指纸及纸板的制造活动）及纸制品业（指用纸及纸板为原料，进一步加工制成纸制品的生产活动）
		印刷业和记录媒介的复制及文教体育用品制造业	6110	23、24	62、79 部分	包括印刷（书、报、刊印刷、本册印制、包装装潢及其他印刷）、装订及其他印刷服务活动、记录媒介的复制（将母带、母盘上的信息进行批量翻录的生产活动）、文化用品制造（办公、学习等使用的文具、笔、教具、墨水、墨汁及其他文化用品制造）、体育用品制造（球类、体育器材及配件、训练健身器材、运动防护用具及其他体育用品制造）、乐器制造、玩具制造、游艺器材及娱乐用品制造
		石油加工、炼焦及核燃料加工业	6120	25	63 部分	包括原油加工及石油制品制造、人造原油生产、炼焦（指主要从硬煤和褐煤中生产焦炭、干馏炭及煤焦油或沥青等副产品的炼焦炉的操作活动）及核燃料加工

续表

涉水对象分类名称			代码	对应《国民经济行业分类》代码	对应《自来水售水量分类》简号（仅供参考）	描述
大类	中类	小类				
工业	一般工业	化学原料及化学制品制造业	6130	26	64	指基础化学原料制造，肥料制造，农药制造，涂料、油墨、颜料及类似产品制造
		医药制造业	6140	27	65	指化学药品原药制造，化学药品制剂制造，中药饮片加工，中成药制造，兽用药品制造，生物、生化制品的制造，卫生材料及医药用品制造
		化学纤维制造业	6150	28	66	指纤维素纤维原料及纤维制造，合成纤维制造
		橡胶制品业	6160	29	67	指以天然及合成橡胶为原料生产各种橡胶制品的活动，还包括利用废橡胶再生产的橡胶制品
		塑料制品业	6170	30	68	指以合成树脂（高分子化合物）为主要原料，经采用挤塑、注塑、吹塑、压延、层压等工艺加工成型的各种制品的生产，以及利用回收的废旧塑料加工再生产塑料制品的活动
		非金属矿物制品业	6180	31	69、70	指水泥、石灰和石膏的制造，水泥及石膏制品制造，砖瓦、石材及其他建筑材料制造，玻璃及玻璃制品制造，陶瓷制品制造，耐火材料制品制造，石墨及其他非金属矿物制品制造
		黑色金属冶炼及压延加工业	6190	32	71 部分	指炼铁、炼钢、钢压延加工、铁合金冶炼
		有色金属冶炼及压延加工业	6200	33	71 部分	指有色金属冶炼、有色金属合金制造、有色金属压延加工
		金属制品业	6210	34	71 部分	指金属结构制造，金属门窗制造，金属工具制造，集装箱及金属包装容器制造，金属丝绳及其制品的制造，建筑、安全用金属制品制造，金属表面处理及热处理加工，搪瓷制品制造，不锈钢及类似日用金属制品制造，铸币及贵金属制实验室用品制造、其他金属制品制造
		通用及专用设备制造业	6220	35、36	72	指锅炉及原动机制造（包括锅炉、除同位素分离器以外的各种核反应堆、内燃机及配件、汽轮机及辅机、水轮机及辅机及其他原动机的制造），金属加工机械制造（包括金属切削机床、金属成形机床、铸造机械、金属切割及焊接设备、机床附件及其他金属加工机械的制造），起重运输设备制造，泵、阀门、压缩机

续表

涉水对象分类名称			代码	对应《国民经济行业分类》代码	对应《自来水售水量分类》简号（仅供参考）	描述
大类	中类	小类				
工业	一般工业	通用及专用设备制造业	6220	35、36	72	及类似机械的制造（包括泵及真空设备、气体压缩机械、阀门和旋塞、液压和气压动力机械及元件的制造），轴承、齿轮、传动和驱动部件的制造，烘炉、熔炉及电炉制造，风机、衡器、包装设备等通用设备制造（包括风机、风扇、气体、液体分离及纯净设备、制冷、空调设备、风动和电动工具、喷枪及类似器具、包装专用设备、衡器、其他通用设备制造），通用零部件制造及机械修理（包括金属密封件、紧固件、弹簧制造，机械零部件加工及设备修理，以及其他通用零部件制造），金属铸、锻加工（包括钢铁铸件制造、锻件及粉末冶金制品制造），矿山、冶金、建筑专用设备制造（采矿、采石设备、石油钻采专用设备、建筑工程用机械、建筑材料生产专用机械、冶金专用设备的制造），化工、木材、非金属加工专用设备制造（炼油、化工生产专用设备、橡胶加工专用设备、塑料加工专用设备、木材加工机械、模具制造、其他非金属加工专用设备的制造），食品、饮料、烟草及饲料生产专用设备制造（包括食品、饮料、烟草工业、农副食品加工、饲料生产专用设备），印刷、制药、日化生产专用设备制造（包括制浆和造纸、印刷、日用化工、制药、照明器具生产、玻璃、陶瓷和搪瓷制品生产、其他日用品生产的专用设备），纺织、服装和皮革工业专用设备制造，电子和电工机械专用设备制造（包括电工机械专用设备、电子工业专用设备、武器弹药、航空、航天及其他专用设备制造），农、林、牧、渔专用机械制造，医疗仪器设备及器械制造，环保、社会公共安全及其他专用设备制造（包括环境污染防治专用设备，地质勘查专用设备，邮政专用机械及器材，商业、饮食、服务业专用设备，社会公共安全设备及器材，交通安全及管制专用设备，水资源专用机械，其他专用设备的制造）

续表

涉水对象分类名称			代码	对应《国民经济行业分类》代码	对应《自来水售水量分类》简号（仅供参考）	描述
大类	中类	小类				
工业	一般工业	交通运输设备制造业	6230	37	73、79部分	指铁路运输设备制造及设备修理（含工矿有轨专用车辆制造），汽车、电车制造及专业汽车修理，摩托车制造，自行车制造，船舶及浮动装置制造及修理（含拆船），航空航天器制造及修理，交通器材及其他交通运输设备制造
		电气机械及器材制造业	6240	39	74	指电机制造，输配电及控制设备制造，电线、电缆、光缆及电工器材制造，电池制造，家用电力器具制造，非家用电力器具制造，照明器具制造，其他电气机械及器材制造
		通信设备、计算机及其他电子设备制造业（不包括电子元器件制造）	6250	40（不含405、406）	75部分	包括通信设备制造（通信设备、雷达及配套设备、广播电视设备制造），电子计算机制造（整机、网络设备、外部设备制造），家用影视、音响设备制造，电子（气）物理设备及其他未列明的电子设备的制造
		电子元器件制造业	6260	405、406	75部分	指电子器件制造（包括电子真空器件制造、半导体分立器件制造、集成电路制造、光电子器件及其他电子器件制造），电子元件制造（包括电子元件及组件制造、印制电路板制造）
		仪器仪表及文化、办公用机械制造业	6270	41	76	指通用仪器仪表制造，专用仪器仪表制造，钟表与计时仪器制造，光学仪器及眼镜制造，文化、办公用机械制造（包括电影机械制造，幻灯及投影设备制造，照相机及器材制造，复印及胶印设备制造，计算器及货币专用设备制造，以及其他文化、办公用机械制造）
		热力生产和供应业	6280	443	63部分	指利用煤炭、油、燃气等能源，通过锅炉等装置生产蒸汽和热水，或外购蒸汽、热水进行供应销售、供热设施的维护和管理的活动
		燃气生产和供应业	6290	45	63部分	指利用煤炭、油、燃气等能源生产燃气，或外购液化石油气、天然气等燃气，并进行输配，向用户销售燃气的活动，以及对煤气、液化石油气、天然气输配及使用过程中的维修和管理活动，但不包括专门从事罐装液化石油气零售业务的活动

续表

涉水对象分类名称			代码	对应《国民经济行业分类》代码	对应《自来水售水量分类》简号（仅供参考）	描述
大类	中类	小类				
工业	一般工业	其他工业	6500	06～11、42、43	63 部分、79 部分、其他	指采矿业（包括煤炭开采和洗选业、石油和天然气开采业、金属矿采选业、非金属矿采选业、其他采矿业）及上述未列明的其他制造业（包括工艺美术品制造、日用杂品制造、煤制品制造、核辐射加工、其他未列明制造业、废弃资源和废旧材料回收加工业）
	电力工业	直流式火力发电业	7010	4411 部分	63 部分	指冷却系统采用直流排放工艺，利用煤炭、石油、天然气等燃料燃烧产生的热能，通过火电动力装置转换成电能的生产活动
		循环式火力发电业	7020	4411 部分	63 部分	指冷却系统采用循环工艺，利用煤炭、石油、天然气等燃料燃烧产生的热能，通过火电动力装置转换成电能的生产活动
		其他能源发电业	7030	4412、4413、4419	63 部分	指利用水力、核力、风力、地热、太阳能、潮汐能、生物能及其他未列明的发电活动
		电力供应业	7040	442	63 部分	指利用电网出售给用户电能的输送与分配活动，以及供电局的供电活动
	水工业	原水及自来水的生产和供应业	8010	461	92（原水无对应简号）	指将天然水（地下水、地表水）经过蓄积、净化达到生活饮用水或其他用水标准，并向居民家庭、企业和其他用户供应的活动
		污水处理及其再生利用业	8020	462、811 部分	26 部分	指对（雨）污水的收集、污水处理及净化后的再利用活动
		其他水的处理、利用与分配业	8030	469	—	指将海水淡化处理，达到可以使用标准的生产活动，以及对雨水、微咸水等类似水进行收集、处理和利用活动
其他用水	其他用水	工房配套水	9010	—	91	
		排管冲洗水	9020	—		
		无表用水	9030	—	93	
		损坏管网赔偿水	9040	—	94	
		消防用水	9050	—	97、98、其他	指消火栓及其他消防设施发生的水量（包括消防正常抄表用量及无表用水量）

续表

涉水对象分类名称			代码	对应《国民经济行业分类》代码	对应《自来水售水量分类》简号（仅供参考）	描述
大类	中类	小类				
其他用水	其他用水	其他	9060	—	99	包括工房水箱冲洗水量、内管漏水减免水量，以及因爆管和用水困难临时供水的用水量
外售水量	外售水量	外售水量（市属供水企业间）	0010	—	—	指销往本供水企业服务区域外的自来水成品量（市属供水企业之间）
		外售水量（非市属供水企业间）	0020	—	96部分	指销往本供水企业服务区域外的自来水成品量（非市属供水企业之间）

注：对应表格中“部分”是按原分类体系中的某类的部分行业用水纳入涉水对象新分类的对应小类。

是管理的关键。《上海市涉水对象分类名称及代码（试行）实施意见》的实施，是落实最严格水资源管理制度的迫切需求，是上海市水务管理统一口径、统一标准、统一方法从而确保数据统计权威性的迫切需求，是国民经济行业分类调整后供水企业管理需要新标准的迫切需求，也是水资源统计和核算的迫切需求。会议要求，各单位要高度重视，要从加强水资源管理的迫切需求充分认识实施涉水对象分类名称及代码的重要性，要从提高上海市行业管理水平、企业管理水平充分认识实施涉水对象分类名称及代码的重要性。要精心组织，落实责任、完善措施、明确节点、多方配合、协调推进，确保涉水对象分类工作收到实效。

第二节　涉水对象分类统计及统计表设计

一、《涉水对象用水量分类统计表》及填报说明

为使分类研究工作的成果合理地应用于水量数据统计的实践当中，建立健全水量分类数据统计制度，基于上海市涉水对象分类名称及代码表，研究制定了《涉水对象用水量分类统计表》（表 3-7）及其实施要求。本表为涉水对象水量分类统计的基础报表，主要由供水企业、供水管理部门统计汇总。

表 3-7　涉水对象用水量分类统计表

统计登记号：□□□□□□□□□　　　　表　　号：水资源 02

制表机关：上海市水务局

组织机构代码：□□□□□□□□－□　　　　备案机关：上海市统计局

备案文号：沪统审字［2010］3 号

单位名称（盖章）：　　　　有效期至：2012 年 4 月

水资源四级区：　　　　行政区：　　　　计量单位：米^3

序号	涉水对象分类		本月水量	1～本月水量	备注
	名称	代码			
	总计	—			
	（一）居民生活用水合计	—			
1	1. 农村居民	1010			
2	2. 里弄住宅	1020			
3	3. 工房住宅总表和按层装表	1030			

续表

序号	涉水对象分类		本月水量	1～本月水量	备注
4	4. 工房住宅按套室（按户）装表	1040			
5	5. 花园住宅、别墅	1050			
6	6. 学校宿舍	1060			
7	7. 属居民用水的其他用水	1070			
8	8. 馈水	1080			
	（二）非工业用水合计	—			
	1. 农业用水合计	—			
9	（1）农业（种植业）	2010			
10	（2）林业	2020			
11	（3）畜牧业（牲畜饲养）	2030			
12	（4）渔业	2040			
	2. 建筑业用水合计	—			
13	建筑业	3010			
	3. 服务业用水合计	—			
14	（1）交通运输业	4010			
15	（2）仓储业	4020			
16	（3）邮政业	4030			
17	（4）信息传输、计算机服务和软件业	4040			
18	（5）批发和零售业	4050			
19	（6）旅游饭店	4060			
20	（7）一般旅馆及其他住宿服务	4070			
21	（8）餐饮业	4080			
22	（9）金融业	4090			
23	（10）房地产业	4100			
24	（11）商业楼宇	4110			
25	（12）科学研究、技术服务和地质勘查业	4120			
26	（13）学校（有住宿）	4130			
27	（14）学校（无住宿）	4140			
28	（15）高等院校（有住宿）	4150			
29	（16）高等院校（无住宿）	4160			
30	（17）卫生业	4170			
31	（18）文化、体育业	4180			
32	（19）娱乐业	4190			
33	（20）公共管理和社会组织（不包括部队生活）	4200			

续表

序号	涉水对象分类		本月水量	1～本月水量	备注
34	（21）托儿所	4210			
35	（22）社会福利业	4220			
36	（23）部队生活	4230			
37	（24）桑拿浴场（高档）	4240			
38	（25）桑拿浴场（中低档）	4250			
39	（26）足浴服务	4260			
40	（27）洗车服务（无循环装置）	4270			
41	（28）水利管理业	4280			
42	（29）其他非经营性服务业	4510			
43	（30）其他经营性服务业	4520			
	4. 城市生态环境用水合计	—			
44	（1）城市环境卫生管理业	5010			
45	（2）城市园林绿化管理业	5020			
46	（3）深井回灌	5030			
	（三）工业用水合计	—			
	1. 一般工业用水合计	—			
47	（1）农副食品加工业	6010			
48	（2）食品制造业	6020			
49	（3）饮料制造业（不含软饮料制造）	6030			
50	（4）软饮料制造业	6040			
51	（5）烟草制品业	6050			
52	（6）纺织业	6060			
53	（7）纺织服装、鞋、帽制造业	6070			
54	（8）皮革、毛皮、羽毛（绒）及其制品业	6080			
55	（9）木材加工及木、竹、藤、棕、草制品业，家具制造业	6090			
56	（10）造纸业及纸制品业	6100			
57	（11）印刷业和记录媒介的复制及文教体育用品制造业	6110			
58	（12）石油加工、炼焦及核燃料加工业	6120			
59	（13）化学原料及化学制品制造业	6130			
60	（14）医药制造业	6140			
61	（15）化学纤维制造业	6150			

续表

序号	涉水对象分类		本月水量	1～本月水量	备注
62	（16）橡胶制品业	6160			
63	（17）塑料制品业	6170			
64	（18）非金属矿物制品业	6180			
65	（19）黑色金属冶炼及压延加工业	6190			
66	（20）有色金属冶炼及压延加工业	6200			
67	（21）金属制品业	6210			
68	（22）通用及专用设备制造业	6220			
69	（23）交通运输设备制造业	6230			
70	（24）电气机械及器材制造业	6240			
71	（25）通信设备、计算机及其他电子设备制造业（不包括电子元器件制造）	6250			
72	（26）电子元器件制造业	6260			
73	（27）仪器仪表及文化、办公用机械制造业	6270			
74	（28）热力生产和供应业	6280			
75	（29）燃气生产和供应业	6290			
76	（30）其他工业	6500			
	2. 电力工业用水合计	—			
77	（1）直流式火力发电业	7010			
78	（2）循环式火力发电业	7020			
79	（3）其他能源发电业	7030			
80	（4）电力供应业	7040			
	3. 水工业用水合计	—			
81	（1）原水、自来水生产和供应业	8010			
82	（2）污水处理及其再生利用业	8020			
83	（3）其他水的处理、利用与分配业	8030			
	（四）其他用水合计	—			
84	1. 工房配套水	9010			
85	2. 排管冲洗水	9020			
86	3. 无表用水	9030			
87	4. 损坏管网赔偿水	9040			
88	5. 消防用水	9050			

续表

序号	涉水对象分类		本月水量	1～本月水量	备注
89	6. 其他	9060			
	（五）外售水量合计	—			
90	1. 外售水量（市属供水企业间）	0010			
91	2. 外售水量（非市属供水企业间）	0020			

单位负责人：　　　　填表人：　　　　联系电话：　　　　报出日期：

二、涉水对象水量分类统计表（简表）

表 3-8 是根据上海市水资源核算统计分类需求编制的，适用但不局限于上海市水资源统计和核算体系项目，主要由取水、供水、水利、排水管理部门及相关排水管理单位但不局限于上述部门（单位）汇总统计，可根据统计需要选择水量类别，演变为取水量分类统计表或用水量分类统计表或排水量分类统计表，也可根据统计需要将水量类别改为地表水量、地下水量、自来水量、雨水量、海水量或重复利用水量等涉水对象统计表格，将本报表演变为相应水量分类统计表。

表 3-8　涉水对象水量分类统计表（简表）

统计登记号：□□□□□□□□　　　　表　　号：水资源 01 表

制表机关：上海市水务局

组织结构代码：□□□□□□□□—□　　　　批准机关：上海市统计局

批准文号：沪统审字［2010］3 号

单位名称（盖章）：　　　　有效期至：2012 年 4 月

水量类别：□取水量　　□用水量　　□排水量

水资源四级区：　　　　行政区：　　　　计量单位：米^3

序号	分类	对应分类代码	本月水量	1～本月水量	备注
	总计	—			
	（一）居民生活水量合计	—			
1	1. 农村居民	1010、1080			
2	2. 城镇居民	1020～1070			
	（二）农业水量合计	—			
3	1. 农业（种植业）	2010			
4	2. 林业	2020			
5	3. 畜牧业（牲畜饲养）	2030			
6	4. 渔业	2040			

续表

序号	分类	对应分类代码	本月水量	1～本月水量	备注
	（三）工业水量合计	—			
	1. 一般工业水量合计	—			
7	（1）农副食品加工业	6010			
8	（2）食品制造业	6020			
9	（3）饮料制造业	6030、6040			
10	（4）纺织业	6060			
11	（5）造纸业及纸制品业	6100			
12	（6）石油加工炼焦及核燃料加工业	6120			
13	（7）化学原料及化学制品制造业	6130			
14	（8）医药制造业	6140			
15	（9）化学纤维制造业	6150			
16	（10）橡胶制品业	6160			
17	（11）塑料制品业	6170			
18	（12）黑色金属冶炼及压延加工业	6190			
19	（13）有色金属冶炼及压延加工业	6200			
20	（14）电子元器件制造业	6260			
21	（15）采矿业及其他制造业	6050、6070～6090、6110、6180、6210～6250、6270～6290、6500			
	2. 电力工业水量合计	—			
22	（1）直流式火力发电业	7010			
23	（2）循环式火力发电业	7020			
24	（3）其他电力工业	7030、7040			
	3. 水工业水量合计	—			
25	（1）原水及自来水的生产和供应业	8010			
26	（2）污水处理及其再生利用业	8020			
27	（3）其他水的处理、利用与分配业	8030			
	（四）建筑业水量合计	—	—	—	—
28	建筑业	3010			
	（五）服务业水量合计	—			

续表

序号	分类	对应分类代码	本月水量	1～本月水量	备注
29	1. 交通运输业	4010			
30	2. 批发和零售业	4050			
31	3. 住宿业	4060、4070			
32	4. 餐饮业	4080			
33	5. 金融业	4090			
34	6. 教育业	4130～4160			
35	7. 卫生业	4170			
36	8. 水利管理业	4280			
37	9. 其他服务业	4020～4040、4100～4120、4180～4270、4510、4520			
	(六) 城市生态环境水量合计	—			
38	1. 城市环境卫生管理业	5010			
39	2. 城市园林绿化管理业	5020			
40	3. 深井回灌	5030			
	(七) 其他水量合计	—	—	—	—
41	其他水量	9010～9060			
	(八) 外售水量合计	—			
42	1. 外售水量(市属供水企业间)	0010			
43	2. 外售水量(非市属供水企业间)	0020			

单位负责人：　　填表人：　　联系电话：　　报出日期：

三、全市水资源核算统计分类表设计

1.《上海市水资源核算统计分类表》

对《涉水对象水量分类统计表(简表)》所包含的项目作了相应的调整后，得到了包含40项分类的上海市水资源核算统计分类表，见表3-9。需要指出的是，《涉水对象水量分类统计表(简表)》中第41项“其他水量”是指公共供水企业用于工房配套水、排管冲洗水、无表用水、损坏管网赔偿水及消防用水等的水量，水资源核算统计分类时将这一部分水量纳入“其他服务业”中；而第42项“外售水量(市属供水企业间)”及第43项“外售水量(非市属供水企业间)”在全市层面的汇总计算中相互抵扣，故在上海市水资源核算统计分类表中不反映 41、42、43 三项。

表 3-9　上海市水资源核算统计分类表

序号	分类	对应分类代码
1	农村居民	1010、1080
2	城镇居民	1020～1070
3	农业（种植业）	2010
4	林业	2020
5	畜牧业（牲畜饲养）	2030
6	渔业	2040
7	农副食品加工业	6010
8	食品制造业	6020
9	饮料制造业	6030、6040
10	纺织业	6060
11	造纸业及纸制品业	6100
12	石油加工炼焦及核燃料加工业	6120
13	化学原料及化学制品制造业	6130
14	医药制造业	6140
15	化学纤维制造业	6150
16	橡胶制品业	6160
17	塑料制品业	6170
18	黑色金属冶炼及压延加工业	6190
19	有色金属冶炼及压延加工业	6200
20	电子元器件制造业	6260
21	采矿业及其他制造业	6050、6070～6090、6110、6180、6210～6250、6270～6290、6500
22	直流式火力发电业	7010
23	循环式火力发电业	7020
24	其他电力工业	7030、7040
25	原水及自来水的生产和供应业	8010
26	污水处理及其再生利用业	8020
27	其他水的处理、利用与分配业	8030
28	建筑业	3010
29	交通运输业	4010
30	批发和零售业	4050
31	住宿业	4060、4070
32	餐饮业	4080

续表

序号	分类	对应分类代码
33	金融业	4090
34	教育业	4130～4160
35	卫生业	4170
36	水利管理业	4280
37	其他服务业	4020～4040、4100～4120、4180～4270、4510、4520
38	城市环境卫生管理业	5010
39	城市园林绿化管理业	5020
40	深井回灌	5030

2.2007年水的实物量供给使用表表式设计

根据《上海市水资源核算统计分类表》的40项分类，得到2007年水资源的实物量供给使用表表式，可见本书第五章实物量账户中的相关内容。

第四章　上海市水资源统计和核算信息采集和应用体系

本章通过对现有的水资源相关信息采集过程中存在的问题进行分析和梳理，以构建全社会、全覆盖、权威性的水资源统计体系为目标，对水资源信息的采集对象、采集主体、采集内容、采集时间进行规范和明确，并对统计表表式依法进行统计登记，以确保水资源统计和核算信息的准确性、及时性、科学性、权威性和适用性。

本章以水资源管理为主线，以现有上海市水务局水务行业统计为主体，以市统计局统计体系为龙头，融入了市环保局、市经信委的相关涉水统计内容，建立了一套全社会、全行业、全覆盖、具规范、可操作的上海市水资源统计和核算的信息采集和应用体系，完善了统计调查制度，有助于切实提高统计数据的可靠性。

本章建立了包括“基础表、综合表和核算表”的全市水资源统计和核算信息采集的三级报表体系，以及相应的附属表，其中，基础表 48 张、综合表 32 张、核算表 10 张、附属表 12 张，覆盖了全市水资源信息产生、记录、传送、综合、汇总的信息流全过程，为全市水资源统计和核算奠定了技术基础。

本章制定、调整和规范了各水务部门基础报表的填写责任单位、数据来源、填写要求，以及涉及的水资源指标与经济指标的匹配性，提出了市环保局、市经信委、市统计局等部门相关涉水表格的初步形式，将不同部门的报表综合成为一个体系。

为顺利推进信息采集和应用体系建设，提出相应的保障措施，本研究提出“关于《上海市水资源统计和核算信息采集和应用体系（试行）》的实施意见”（建议稿），为市水务局、市统计局、市环保局、市经信委制定和发布指导性规范文件提供参考。

第一节　信息采集和应用体系的现状和系统设计

一、信息采集现状分析

目前，水资源信息统计是以水务部门、统计部门为主体，多部门参与的管理模式，涉及水资源信息的主要部门及其工作描述，见表 4-1。

表 4-1　上海市水资源核算的信息收集主体

信息收集主体		主要工作描述
水务部门	市水文总站	水文水资源信息，如降雨、地表水资源量、水质等
	市水务受理中心	企事业单位取水许可信息等
	市堤防处	水利工程信息等
	市水利管理处	河道信息、农业用水信息等
	市供水管理处	取水信息、供水信息、节水信息等
	市排水管理处	排水信息、污染物信息等
	市水务局计财处	水利投资、资产信息等
	市水务局水资源处	水资源综合信息
	市水务信息中心	水资源信息电子化
统计部门	市统计局能源处	各行业、企业用水信息及相关经济信息
	市统计局核算处	与水资源相关的经济社会核算信息
其他政府部门	市经信委节能处	企业用水信息及相关经济信息
	市环保局总量处	重点企业用水、排水信息及相关经济信息
	市发改委	与水资源相关的综合经济社会信息
企业部门	一般用水企事业单位	用水信息、产品/服务信息、经济社会信息
	自备用水企事业单位	用水信息、产品/服务信息、经济社会信息
	自来水厂	取水信息、供水信息、用水户用水信息
	污水处理厂	污水收集信息、处理信息、排放信息
	市城投总公司	自来水、排水的综合信息

二、信息采集体系的信息流分析

水资源核算的主要内容是研究水资源系统和相关经济体之间的相互关系和影响，其内容如图 4-1 所示。

水资源核算从水资源（这里表现为一种水流）在经济社会系统中流动的全过程的角度，描述、分析和核算了水资源利用情况及其对经济社会发展的贡献。可见，水资源核算首先描述了水资源的物质流动过程（也可称为水资

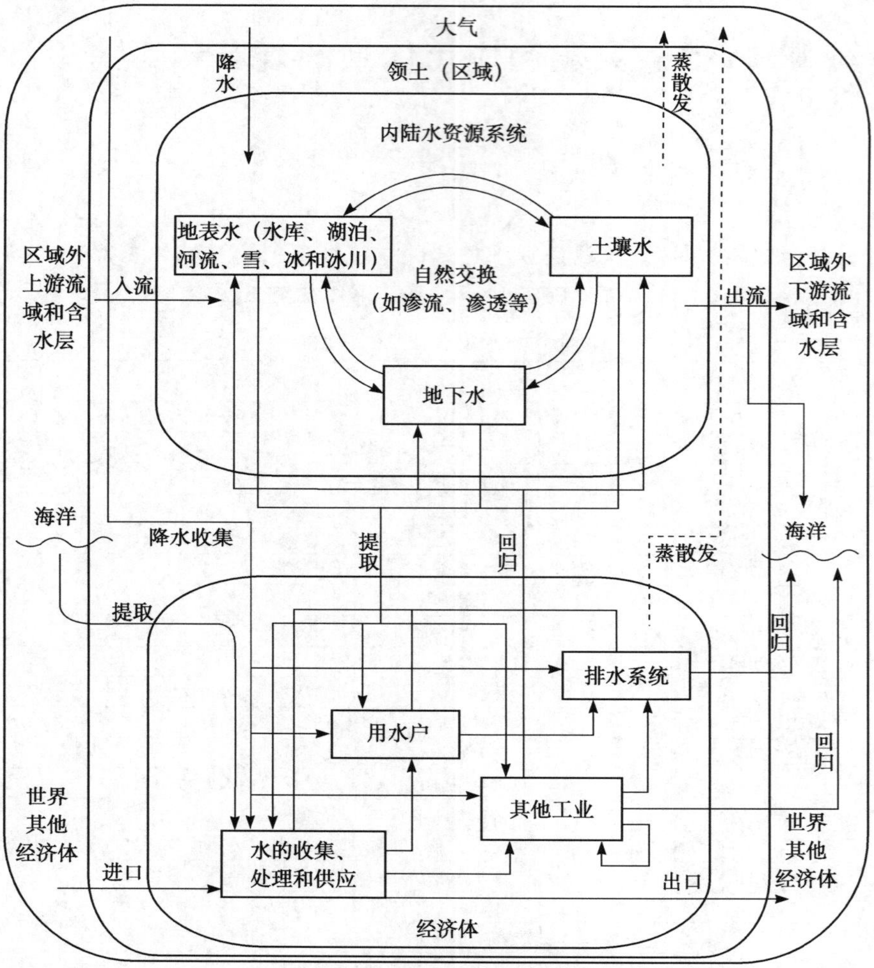

图 4-1 水资源系统和经济体之间主要流动图

源的社会循环过程，是相对于水的自然循环过程而言的)，然后在物质流的基础上，总结出水资源信息流的过程（即各个部门利用水资源的信息及其记录、传递、汇总、分析、统计、报告的全过程)，进而进行水资源的核算。

按照水资源的自然循环和社会循环，采用物质流分析方法，根据上海市2007年水资源相关数据，建立了上海市水资源循环物质流模型，如图 4-2所示。

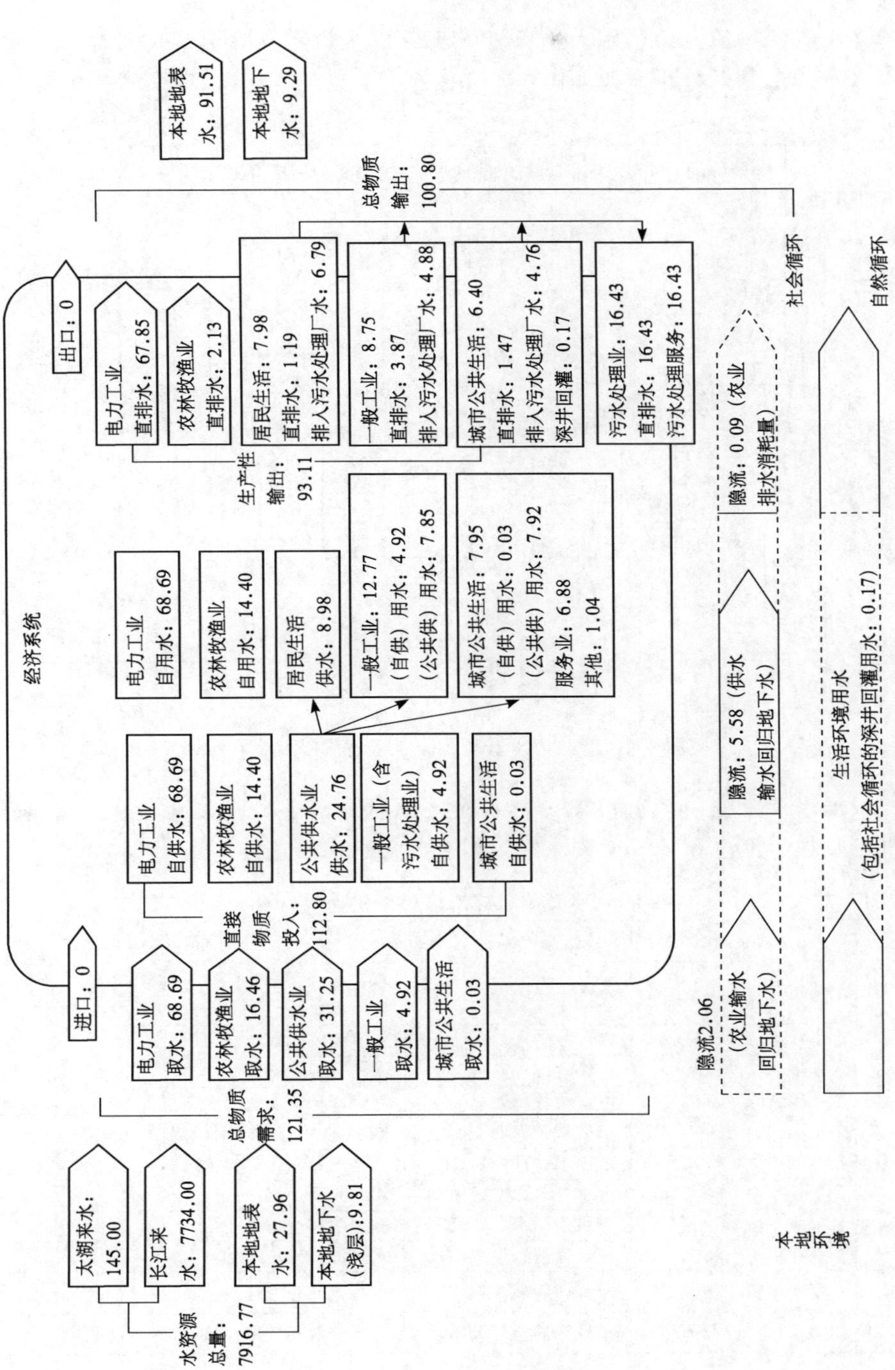

图4-2　上海市水资源社会循环物质流模型
（单位：亿米³）

在水资源物质流的基础上，可进一步分析水资源社会循环的信息流。上海市水资源信息流分析框架如图 4-3 所示。

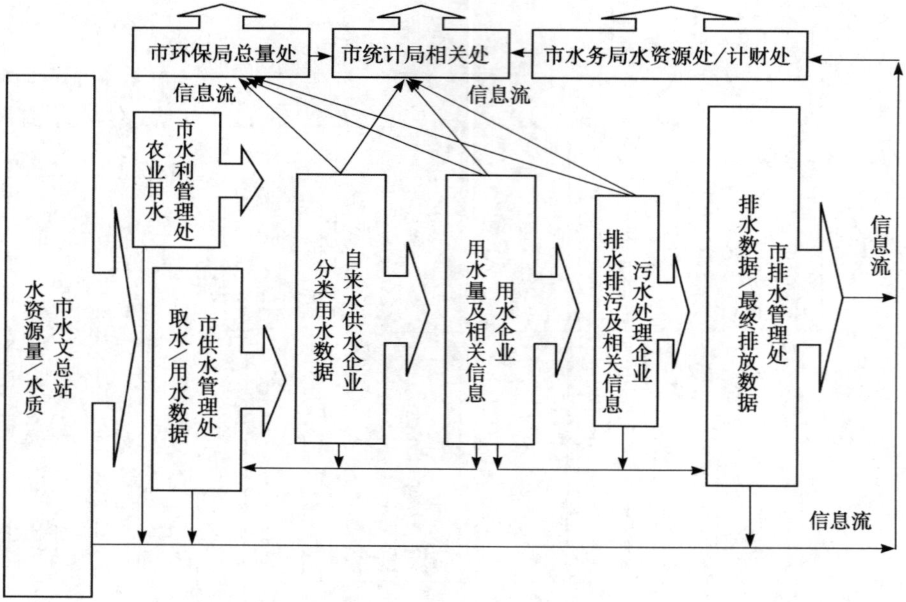

图 4-3　上海市水资源信息流及其采集路径

根据水资源物质流循环图，其各个环节都会产生相应的信息流。目前，提供、收集、汇总和分析相关水资源信息的信息采集主体如表 4-2 所示。

表 4-2　水资源核算的信息源和收集主体

部门	信息源	信息收集主体	信息描述
水务部门	水环境	市水文总站	水文水资源信息，如降雨、地表水资源量、水质等
	企事业单位	市水务受理中心	企事业单位取水许可信息等
	水环境、水利工程	市堤防处	水利工程信息等
	水环境、农业部门	市水利管理处	河道信息、农业用水信息等
	企事业单位	市供水管理处	取水信息、供水信息、节水信息等
	企事业单位	市排水管理处	排水信息、污染物信息等
	企事业单位、相关部门	市水务局计财处	水利投资、资产信息等
	企事业单位、相关部门	市水务局水资源处	水资源综合信息
	企事业单位、相关部门	市水务信息中心	水资源信息电子化
统计部门	企事业单位、相关部门	市统计局能源处	各行业、企业用水信息及相关经济信息
	企事业单位、相关部门	市统计局核算处	与水资源相关的经济社会核算信息

续表

部门	信息源	信息收集主体	信息描述
其他政府部门	企事业、相关部门	市经信委节能处	企业用水信息及相关经济信息
	企事业	市环保局总量处	重点企业用水、排水信息及相关经济信息
	相关部门	市发改委	与水资源相关的综合经济社会信息
企业部门	本单位	一般用水企事业单位	用水信息、产品/服务信息、经济社会信息
	本单位	自备用水企事业单位	用水信息、产品/服务信息、经济社会信息
	本单位、用水户	自来水厂	取水信息、供水信息、用水户用水信息
	本单位、排水户	污水处理厂	污水收集信息、处理信息、排放信息
	本单位	市城投总公司	综合信息

信息采集过程包括三种方式。

(1) 水务管理部门直接采集、汇总，如河流、湖泊统计表，河流、湖泊水质统计表。

(2) 市政府相关部门采集汇总，提供给水务管理部门。例如，市环保局直接采集环保监管直排水体企业的排水、排污情况；市统计局直接采集和统计各涉水对象行业的年度产值、增加值。

(3) 用水企业、供水排水企业采集汇总，再上报水务管理部门。例如，公共供水企业采集、汇总各涉水对象年度用水数据；排水企业采集、汇总各涉水对象年度排水数据。

三、信息采集的三级报表体系框架

三级报表体系的目标是以水资源管理为主线，在现有水务行业统计的基础上，建立一套全行业、全覆盖、可操作的上海市水资源统计和核算的信息采集和应用体系，完善统计调查制度，切实提高统计数据的准确性、及时性、科学性、权威性和适用性。

三级报表体系设计的原则有三个方面。

(1) 三级报表体系要按全市水资源统计和核算的账户分类体系，设计所需要填写的内容和表式；总体上要参照水资源核算的总体思路、技术路线、表述方式、成果形式进行报表体系的设计，将水资源核算工作纳入实际工作中，使水资源核算能够成为加强和改善全市水资源管理的重要手段。

(2) 三级报表体系要能够适用于全市水资源的管理实践，有充分的实用性和可操作性。要按照全市水资源日常管理的分工组织，按“取—供—用—

排—耗”及“水量、水质”的各部门管理现状，落实报表体系的责任单位、人员，以及相应的填报工作流程。

(3) 三级报表体系要根据水资源核算和日常管理的需要，不断地进行改进和完善，形成动态、持续、可更新的系统。

全市水资源三级报表体系框架如表4-3所示。

表4-3 全市水资源三级报表体系框架

序号	层次	内容与作用	举例
1	基础表	各账户、各部门为完成汇总表所需要的调查表	企业用水调查表 供水企业调查表 污水处理企业调查表
2	综合表	各账户、各部门为完成核算表所需要的汇总表	全市河道统计表 全市用水统计表
3	核算表	为全市水资源核算的最终成果表达形式	实物量供给使用表 混合供给使用表
4	附属表	为各部门、各账户涉及的带有专业性、规范性、标准性的相关内容，作为技术依据和支撑	全市涉水对象分类简表 水功能区划表

体系逻辑关系包括以下四方面内容。

(1) 从“水资源核算核心问题”到“核算表”。为了回答“水资源核算核心问题”，本研究参考联合国水资源核算体系框架、中国国家水资源核算体系框架，设计上海市水资源核算的“核算表”(也称为“最终成果表”)，其主要内容如表4-4所示。

表4-4 水资源核算核心问题与核算表对应关系

序号	核心问题	核算表（最终成果表）共八张
1	有多少水、水在哪里	水资源资产账户表
2	水质如何	河流水质评价表 湖泊水质评价表 全市水功能区达标评价表
3	取供用排水过程中的水量 水量在各个行业分配（用到哪里）	实物量供给使用表
4	排放多少 排在哪里 污染物排放量如何	总排放量和净排放量标准表
5	水的价值量如何、成本多少、效益如何 政府投资多少、资产多少、效益如何	混合供给使用表 经济账户表

（2）从“核算表”到“综合表”。为了完整、准确地填写“核算表”，需要有一系列的各部门、各账户的“综合表”作为其支撑，本研究参考联合国水资源核算体系框架、中国国家水资源核算体系框架，设计上海市水资源核算的“综合表”，其主要内容如表4-5所示。

表4-5　核算表与综合表对应关系

序号	核算表	综合表
1	水资源资产账户表	降水量统计表 地表水资源统计表 地下水资源统计表 水资源总量统计表 主要河流统计表 主要湖泊统计表
2	河流水质评价表 湖泊水质评价表 全市水功能区达标评价表	河流水质评价表 湖泊水质评价表 全市水功能区达标评价表 （注：其综合表同核算表）
3	实物量供给使用表	供水行业月报 供水行业月报（续） 供水行业年报 供水行业年报（续一） 供水行业年报（续二） 供水行业年报（续三） 城市供水统计表 取水情况表 用水情况表 公共供水主要原水工程取水情况表 重要水源地取水情况表 主要用水指标 涉水对象水量分类统计表（简表）（水资源01表） 涉水对象用水量分类统计表（水资源02表）
4	总排放量和净排放量标准表	城镇排水管道设施量情况（排水01表） 污水输送情况（排水02表） 防汛排水情况（排水03表） 污水处理企业生产运行情况（排水04表） 排水管道维修保养情况（排水05表） 排水管道基建、维修、代办完成情况（排水06表） 排水管道维修保养人工情况（排水07表） 临时封堵排水管道审批情况（排水08表） 排水泵站设施情况（排水09表） 污水处理厂设施情况（排水10表）

续表

序号	核算表	综合表
5	混合供给使用表 经济账户表	固定资产投资完成情况（水务01表） 涉水对象行业涉水活动费用汇总表（二） 涉水对象行业涉水活动费用1——水资源费 涉水对象行业涉水活动费用2——供水排水补贴 涉水对象行业涉水活动费用3——节水补贴 涉水对象行业涉水活动费用4——计划外加价水费 涉水对象行业涉水活动费用5——水务行政罚款 涉水对象行业涉水活动费用6——环保征收排污费

（3）从“综合表”到“基础表”。为了各部门、各账户能够完整、准确地填写“综合表”，需要有一系列的“基础表”（也称为“调查表”或“原始报表”）作为支撑，本研究参考联合国水资源核算体系框架、中国国家水资源核算体系框架，设计上海市水资源核算的“基础表”，其主要内容如表4-6所示。

表4-6　综合表与基础表对应关系

序号	核算表	综合表	基础表
1	资产账户表	降水量统计表 地表水资源统计表 地下水资源统计表 水资源总量统计表 主要湖泊统计表 主要河流统计表	无基础表，直接填写综合表
2	质量账户表	河流水质评价表 湖泊水质评价表 全市水功能区达标评价表	无基础表，直接填写综合表
3	供给使用账户表	市供水管理处、市水利管理处负责的综合表	市供水管理处、市水利管理处负责的基础表
4	排放账户表	市排水管理处、市水利管理处负责的综合表	市排水管理处、市水利管理处负责的基础表
5	混合和经济账户表	市水务局综合规划处和计划财务处、市统计局负责的综合表	市水务局综合规划处和计划财务处、市统计局负责的基础表

（4）附属表。为了各部门、各账户能够完整、准确地填写“基础表”、“综合表”、“核算表”，需要将涉及的带有专业性、规范性、标准性的相关内容作为附属表，为三级报表体系提供技术依据和支撑，如表4-7所示。

表 4-7　附属表对应关系

序号	账户	附属表	责任单位
1	资产账户表	上海市水资源分区表	市水文总站
2	质量账户表	上海市水质测站基础信息表 水功能区划表	市水文总站
3	供给使用账户表	上海市涉水对象分类名称及代码 上海市涉水对象分类简表 上海市水资源核算统计分类表	市供水管理处
4	排放账户表	各行业污水排放系数表 各行业 COD 污染物排放系数表 各行业氨氮污染物排放系数表 环保部门监管直接排放水体企业汇总表	市排水管理处 市环保局总量处
5	混合和经济账户表	水资源费价格表 自来水价格表 深井水价格表 排水价格表	市水务局计划财务处、市统计局

第二节　信息采集和应用体系的表式和采集规范

一、基础表

基础表以水资源管理的各个相关管理部门为统计责任单位，是相关行业的基础统计表。相关统计报表如表 4-8～表 4-11 所示。

表 4-8　供水统计报表目录

表 号	表 名	报告期别	填报范围	报送单位	报送日期及方式
供水 01 表	用水单位用水情况表	月报	本市用水单位	市供水管理处、区（县）计划用水主管部门抄送区（县）水资源管理部门	次月 10 日前报送 邮寄或传真
供水 02 表	区（县）计划用水情况	月报	本市区（县）计划用水主管部门	市供水管理处	次月 15 日前报送 邮寄或传真
供水 03 表	用水利用情况	月报	本市区（县）计划用水主管部门	市供水管理处	次月 15 日前报送 邮寄或传真

续表

表号	表名	报告期别	填报范围	报送单位	报送日期及方式
供水04表	供水情况月报(一)	月报	本市自来水公司、乡镇及农场供水企业	市供水管理处区(县)供水管理部门	次月10日、15日前报送，邮寄或传真、电子邮件
供水05表	供水情况月报(二)	月报	本市自来水公司、乡镇及农场供水企业	市供水管理处区(县)供水管理部门	次月10日、15日前报送，邮寄或传真、电子邮件
供水06表	原水供水情况表	月报	本市独立核算的原水供水企业	市供水管理处区(县)供水管理部门	次月10日、15日前报送，邮寄或传真、电子邮件
供水07表	供水量日报	日报	本市自来水公司、乡镇及农场供水企业	市供水管理处区(县)供水管理部门	6月15日至9月15日次日9：00、9：30前电话或传真
供水08表	供水情况年报(一)	年报	本市各自来水公司、乡镇及农场供水企业	市供水管理处区(县)供水管理部门	次年1月10日、15日前报送，邮寄或传真、电子邮件
供水09表	供水情况年报(二)	年报	本市自来水公司、乡镇及农场供水企业	市供水管理处区(县)供水管理部门	次年1月10日、15日前报送，邮寄或传真、电子邮件
供水10表	自建设施供水企业供水情况表	月报	本市自建设施供水企业	市供水管理处	次月10日前报送，邮寄或传真、电子邮件
供水11表	自建设施取水单位地表水取水情况月报	月报	本市自建设施取用地表水的单位	市供水管理处区(县)水资源管理部门	次月10日前报送，邮寄或传真、电子邮件
供水12表	公共供水行业地表水取水情况月报	月报	本市公共供水行业取用地表水的单位	市供水管理处区(县)水资源管理部门	次月10日前报送，邮寄或传真、电子邮件
供水13表	自建设施取水单位地表水取水情况年报	年报	本市自建设施取用地表水的单位	市供水管理处区(县)水资源管理部门	次年1月10日、15日前报送，邮寄或传真、电子邮件
供水14表	公共供水行业地表水取水情况年报	年报	本市公共供水行业取用地表水的单位	市供水管理处区(县)水资源管理部门	次年1月10日、15日前报送，邮寄或传真、电子邮件

续表

表号	表名	报告期别	填报范围	报送单位	报送日期及方式
水资源01表	涉水对象水量分类统计表（简表）	月报	本市区（县）水资源管理部门、市水利管理处、区（县）供水管理部门、区（县）排水管理部门、排水管理单位	市供水管理处、市排水管理处	次年1月15日前报送，邮寄或传真、电子邮件
水资源02表	涉水对象用水量分类统计表	月报	本市自来水公司、乡镇及农场供水企业	市供水管理处区（县）供水管理部门	次年1月10日、15日前报送，电子邮件

注：第二个日期为区（县）供水管理部门汇总后上报市供水管理部门时间。

表 4-9　排水行业部门的基础表目录

表号	表名	报告期别	填报范围	报送单位	报送日期及方式
排水01表	城镇排水管道设施量情况	年报	市政管网管理部门	本市各区县市政管道管理部门	次年3月底前报送纸质和电子格式
排水02表	污水输送情况	月报	输送泵站管理单位	本市输送干线运行管理部门和污水处理厂外泵站运行管理部门	次月12日前报送纸质和电子格式
排水03表	防汛排水情况	月报	防汛排水管理部门	本市各防汛排水管理部门	次月12日前报送纸质和电子格式
排水04表	污水处理企业生产运行情况	月报	各污水处理企业	各污水处理企业	次月12日前报送纸质和电子格式
排水05表	排水管道维修养护工程完成情况	月报	市政管网管理部门	本市各区县市政管网管理部门	次月5日前报送纸质和电子格式
排水06表	排水管道基建、维修、代办完成情况	月报	市政管网管理部门	本市各区县市政管网管理部门	次月5日前报送纸质和电子格式
排水07表	排水管道维修保养人工情况	月报	市政管网管理部门	本市各区县市政管网管理部门	次月5日前报送纸质和电子格式
排水08表	临时封堵排水管道审批情况	月报	市政管网管理部门	本市各区县市政管网管理部门	次月5日前报送纸质和电子格式
排水09表	排水泵站设施情况	年报	市政泵站管理部门	本市各区县市政泵站管理运行部门	次年3月底前报送纸质和电子格式
排水10表	污水处理厂设施纸质情况	年报	污水处理厂运行部门	本市各区县污水处理厂运行或管理部门	次年3月底报送前纸质和电子格式

表 4-10 水利统计报表目录

表号	表名	报告期别	填报范围	报送单位	报送日期及方式
水利 01 表	水利主要指标	年报	区（县）水利管理部门	区（县）水利管理部门	次年 3 月底前报送纸质和电子格式
水利 02 表	水闸情况	年报	区（县）水利管理部门	区（县）水利管理部门	次年 3 月底前报送纸质和电子格式
水利 03 表	水利工程情况	年报	区（县）水利管理部门	区（县）水利管理部门	次年 3 月底前报送纸质和电子格式
水利 04 表	低洼地及水灾情况	年报	区（县）水利管理部门	区（县）水利管理部门	次年 3 月底前报送纸质和电子格式
水利 05 表（甲）	水利专项工程完成情况	年报	区（县）水利管理部门	区（县）水利管理部门	次年 3 月底前报送纸质和电子格式
水利 05 表（乙）	水利基建工程完成情况	年报	区（县）水利管理部门	区（县）水利管理部门	次年 3 月底前报送纸质和电子格式
水利 06 表	郊区堤防及管理情况	年报	区（县）水利管理部门	区（县）水利管理部门	次年 3 月底前报送纸质和电子格式
水利 07 表	灌溉及排涝设施情况	年报	区（县）水利管理部门	区（县）水利管理部门	次年 3 月底前报送纸质和电子格式
水利 08 表	郊区渠道、水闸工程拥有量	年报	区（县）水利管理部门	区（县）水利管理部门	次年 3 月底前报送纸质和电子格式
水利 09 表	船闸运行情况	年报	区（县）水利管理部门	区（县）水利管理部门	次年 3 月底前报送纸质和电子格式
水利 10 表	引清调水情况	年报	区（县）水利管理部门	区（县）水利管理部门	次年 3 月底前报送纸质和电子格式

表 4-11 综合规划统计报表目录

表号	表名	报告期别	填报范围	报送单位	报送日期及方式
水务 01 表	固定资产投资完成情况	年报	区（县）水务工程和管理部门	区（县）水务管理部门	次年 3 月底前报送纸质和电子格式

统计部门基础表如表 4-12 所示。

表 4-12　除水务以上的市政府部门的涉水统计报表制度——报表目录

表号	表名	报告期别	填报范围	报送单位	报送日期及方式
统计 01 表	生产法地区生产总值表	年报	市统计部门	市水务部门	次年 3 月底前报送纸质和电子格式
统计 02 表	收入法地区生产总值表	年报	市统计部门	市水务部门	次年 3 月底前报送纸质和电子格式
统计 03 表	支出法地区生产总值表	年报	市统计部门	市水务部门	次年 3 月底前报送纸质和电子格式
统计 04 表	投入产出表	年报	市统计部门	市水务部门	次年 3 月底前报送纸质和电子格式

二、综合表

综合表以水资源管理的各个相关管理部门为统计责任单位，是对基础表的统计汇总，如表 4-13～表 4-18 所示。

表 4-13　供水管理部门的综合表目录

表号	表名	报告期别
1	供水行业月报	月报
2	供水行业月报（续）	月报
3	供水行业年报	年报
4	供水行业年报（续一）	年报
5	供水行业年报（续二）	年报
6	供水行业年报（续三）	年报
7	城市供水统计表	年报
8	取水情况表	年报
9	用水情况表	年报
10	公共供水主要原水工程取水情况表	年报
11	重要水源地取水情况表	年报
12	主要用水指标	年报
13	涉水对象水量分类统计表（简表）（水资源 01 表）	年报
14	涉水对象用水量分类统计表（水资源 02 表）	年报
15	水资源统计和核算取水量分类汇总表	年报

表 4-14　排水行业管理部门的综合表目录

表号	表名	报告期别
1	上海市公共排水管道设施量总表	年报
2	上海市公共排水管道设施量详表	年报
3	上海市公共排水泵站设施量总表	年报
4	上海市公共排水泵站设施量详表	年报
5	上海市城镇污水处理情况	年报
6	上海市城镇污水处理厂设施量总表	年报
7	上海市城镇污水处理厂设施量详表	年报
8	水资源统计和核算排水量分类汇总表	年报

表 4-15　水利管理部门的综合表目录

表号	表名	报告期别
1	农业用水统计表	年报
2	农业灌溉污水及污染物排放情况调查统计表	年报
3	水利主要指标（水利 01 表）	年报
4	水闸情况（水利 02 表）	年报
5	低洼地及水灾情况（水利 04 表）	年报
6	灌溉及排涝设施情况（水利 07 表）	年报
7	郊区渠道、水闸工程拥有量（水利 08 表）	年报

表 4-16　水文专业部门的综合表目录

表号	表名	报告期别
1	降水量统计表	年报
2	地表水资源统计表	年报
3	地下水资源统计表	年报
4	水资源总量统计表	年报

表 4-17　涉水经济和财务信息部门的综合表目录

表号	表名	报告期别
1	固定资产投资完成情况（水务 01 表）	年报
2	涉水对象行业涉水活动费用汇总表（二）	年报
3	水资源统计和核算行政事业性收费分类汇总表	年报
4	水资源统计和核算供水节水补贴分类汇总表	年报
5	涉水对象行业涉水活动费用——水务行政罚款	年报
6	涉水对象行业涉水活动费用——环保征收排污费	年报

表 4-18 除水务部门以外的市政府部门综合表目录

表号	表名	报告期别
1	涉水对象行业总产出和增加值汇总表	年报
2	涉水对象行业涉水活动费用汇总表（一）	年报
3	环保部门监管直接排放水体企业排水量分类汇总表（一）	年报
4	环保部门监管直接排放水体量在1000吨/天以上的企业排水量分类汇总表	年报

三、核算表

核算表共10张，表格见各账户研究部分的核算成果表（表4-19）。

表 4-19 核算表一览表

序号	核算表	账户	责任单位
1	水资源资产账户表	资产账户	市水文总站
2	河流水质评价表	质量账户	市水文总站
3	湖泊水质评价表	质量账户	市水文总站
4	全市水功能区达标评价表	质量账户	市水文总站
5	实物量供给使用表	实物量账户	市供水管理处
6	总排放量和净排放量标准表	排放账户	市排水管理处
7	混合供给使用表	混合和经济账户	市水务局计划财务处 市统计局
8	经济账户表	混合和经济账户	市水务局计划财务处 市统计局

四、附属表

附属表由各个行业管理部门、专业部门提出，由市水务局水资源处、计划财务处，市统计局核算处统一发布。附属表共16张，今后可视实际需要进行增减，如表4-20所示。

表 4-20　附属表一览表

表号	表名	责任单位
1	上海市涉水对象分类名称及代码	市供水管理处
2	上海市涉水对象分类简表	市供水管理处
3	上海市水资源核算统计分类表	市供水管理处
4	各行业污水排放系数表	市排水管理处
5	各行业 COD 污染物排放系数表	市排水管理处
6	各行业氨氮污染物排放系数表	市排水管理处
7	上海市水资源分区名称及代码表	市水文总站
8	全市水质测站基础信息表	市水文总站
9	水功能区域表	市水文总站
10	主要湖泊统计表	市水利管理处
11	主要河流统计表	市水利管理处
12	水资源费价格表	市水务局计划财务处
13	自来水价格表	市水务局计划财务处
14	地下水价格表	市水务局计划财务处
15	排水价格表	市水务局计划财务处
16	环保部门监管直接排放水体企业汇总表	市环保局

第五章　实物量账户

本章主要以 2005 年水的实物量试算成果和上海市涉水对象分类名称及代码专题研究成果为基础，针对用水数据存在的缺陷，开展多部门共同参与的 2007 年用水情况全面调查，以确定相关行业相对合理的取水、供水、用水、耗水、排水的关系；开展了 2007 年全口径水的实物量数据核算，并依此完成 2007 年水的实物量供给使用表，为 2007 年水资源统计和核算研究工作提供基础信息。

第一节　实物量供给使用表概述

一、相关概念

水的实物量供给使用表的编制以经济体（包括经济行业和居民）为核心，以水的体积为单位，描述水在经济体内及水在环境与经济体之间的水量流动关系。经济体使用的所有水量为使用量，而从经济体供出和排出的水量则为供给量。实物量供给使用表主要包括三部分水量：①从环境到经济体的水量；②经济体内部之间的水量；③从经济体到环境的水量。

该表主要包括三部分内容：使用量、供给量和耗水量。

使用量分为直接取自环境的水量和取自其他经济体的水量。直接取自环境的水量可以详细地描述环境到经济体的水量流动，流量的起点是环境，终点是经济体（经济行业、住户）。取自其他经济体的水量则反映经济体内部的水量流动。直接取自环境的水量，扣除海水直接利用量就等于水资源公报中总的用水量。

供给量分为供给及排入其他经济体的水量和回归及排入环境的水量。供给及排入其他经济体的水量描述经济体内部相互供应的水量，包括自来水量、污水处理回用量及排入污水处理厂的水量。回归及排入环境的水量描述从经济体到环境的水量。流量的起点是经济体（经济行业、住户），终点是环境。

耗水量指输配水过程、用水过程及排水过程中由于各种原因（蒸发、蒸腾、进入产品、饮用等）消耗掉，不能回归到环境的水量。

二、指标解释

（1）使用量。①直接取自环境的水量指各行业直接取自各种自然水体的水量，包括取水户自己使用的水量和供给其他用户的水量。按照取水水源的不同，可细分为地表水、地下水、雨水利用、海水淡化、海水直接利用等。②取自其他经济体的水量指由其他行业供给的水量。按照来源的不同，可分为自来水供水量、污水处理回用量、废污水量（污水处理业接纳的废污水量）。③总使用量（取水量）指直接取自环境的水量与取自其他经济体的水量之和。“取自其他经济体的水量”是行业间的供给和使用量，对于一个核算区来说是重复计算量。与目前使用的用水量、供水量和取水量概念相比，整个核算区的总使用量中重复计算了自来水供水量和污水处理量。④新水取用量指各行业直接取自环境的地表水、地下水、集雨工程雨水利用量及取自自来水的水量。为避免自来水供水量的重复计算，在计算供水业新水总取用量时，应扣除对外供水量。⑤直接取自长江、钱塘江的水量指流域内以长江、钱塘江为水源地的工矿企业自备水源及自来水厂直接从长江、钱塘江取的水量。

（2）供给量。供给量为各行业回归到各种自然水体的水量，以及各行业对外供水量和排放到污水处理业的水量。①对外供水量指各行业供给其他行业的水量。②排入污水处理厂水量（净）指各行业排入污水处理业的水量，以进入污水处理厂的水量计算。③排入内陆水域水量（净）指各行业直接排入内陆江河湖库等水体的水量，以进入水体的水量计算。④排入海洋水量（净）指各行业直接排入海洋的水量，以进入海洋的水量计算。⑤输水回归水量指各行业在取水及输配水的过程中由于渗漏等原因回归到地表水体、地下水体和海洋的水量之和。

(3) 耗水量。耗水量包括输配水过程、用水过程及排水过程中由于各种原因（蒸发、蒸腾、进入产品、饮用等）消耗掉，不能回归到地表水体、地下水体的这部分水量。

(4) 各行业水量应满足水量平衡要求：总使用量＝总供给量＋总耗水量。

(5) 各行业的自来水取水量与污水处理回用量之和应等于各行业对外供水总量各行业排入污水处理业的废污水之和应等于污水处理业的废污水接纳量。

第二节 2007年用水情况典型调查

一、调查概况

本次典型调查行业为供水业、污水处理业、火力发电业及一般工业中的高用水行业（包括食品、纺织、造纸、石油加工及炼焦、化工、冶金、电子元器件等行业）。调查采用全行业调查与重点调查相结合的方式：一是对供水行业、污水处理业、火力发电业进行全行业调查；二是对一般工业中各高用水行业的典型企业进行重点调查。调查的详细情况请参见2007年用水情况典型调查报告。

1. 供水业

供水业调查对象包括原水供水企业和自来水供水企业，其中自来水供水企业分中心城区自来水公司、郊区（县）自来水公司及乡镇（农场）自来水厂三个层次。

中心城区自来水公司共四家，是本市主要供水企业，无论制水工艺、出厂水质、供水量及服务供应范围均为业内标杆单位。2007年，中心城区供水总量为20.26亿米^3（已扣外售至郊区（县）公共供水企业水量），占全市供水总量的66.8%。

郊区（县）自来水公司共计八家，分别位于上海市八个郊区（县），是负责中心城区以外地区供水的骨干企业，其制水工艺、出厂水质、供水量及服务供应范围均优于各乡镇（农场）自来水厂。2007年，郊区（县）自来水公司供水总量为6.63亿米^3（已扣外售至乡镇水厂水量），占全市供水总量的21.9%，为郊区（县）供水总量的71.4%。

由于乡镇（农场）自来水厂在供水水质和服务等方面都相对落后，所以近年来上海市全面启动集约化供水，逐步缩小了郊区供水服务保障能力与中心城区的差距。2007 年，乡镇（农场）自来水厂已减至 84 座，供水总量为 3.43 亿米^3，为郊区（县）供水总量的 29.6%，仅占全市供水总量的 11.3%。

原水供水企业主要为上海城投控股股份有限公司和上海城投原水有限公司，分别通过黄浦江原水系统和长江原水系统向上海市自来水市南有限公司、市北有限公司、浦东威立雅自来水有限公司提供所需的原水。

2. 火力发电业

上海市的火力发电业用水量一直是全市工业用水量的主要部分。2007 年全市火力发电业用水为 68.13 亿米^3，占工业用水总量的 86%。

火力发电业的调查对象包括循环冷却发电及直流冷却发电共 20 家企业。循环冷却火电企业的自用取水中的绝大部分在冷却发电机组的闭路循环过程中由于蒸发、飞溅等原因被消耗了，最后只有小部分排出企业。这就造成了此类火电企业的耗水率都普遍较高，而排水量就显得相对较低。直流冷却火电企业需要大量的冷却水，故其取、排水量都相当可观，再加上一些新工艺的运用（如电除灰），使得此类火电企业耗水率大大低于循环冷却式的火电企业。

3. 污水处理业

污水处理业的调查对象为 2007 年正式运行的 43 座城镇污水处理厂，其中，市区 16 座，郊区（县）27 座。调查显示，污水处理业的平均厂自来水耗水率为 0.39%，最高为青浦区，达到 2.61%，总体来说污水处理厂的自来水耗水量普遍较低，为方便计算，以 1%计。污水处理业的平均厂自来水使用量为每万吨处理水量 20.25 吨，最高为化工区污水处理厂，化工区污水处理厂与城镇污水处理厂有其特殊的辖区服务性，若扣除化工区，全市污水处理业的平均厂自来水使用量为每万吨处理水量 17.30 吨。

4. 高用水行业

本次一般工业行业典型调查对象主要为高用水行业（包括食品、纺织、造纸、石油加工及炼焦、化工、冶金、电子元器件等 14 个行业）中的重点企业。选取调查企业遵循的原则是：①选取各行业中取水量所占比重较大的企业进行调查；②针对本次涉水对象分类中细分的行业进行重点调查（如电子元器件制造业调查企业总数达 50 家，是各行业中调查企业数量最多的）；③在取水量不够集中的行业，主要选取水量前 20 位左右的企业进行调查。

根据上述原则选取的调查企业合计 303 家，反馈企业 267 家，去除部分统计数据不完整的 40 家，调查数据合理并可以采用的企业 227 家。

在对各高用水行业调查的过程中发现：首先，个别企业的调查数据与统计部门提供的数据存在差异，一部分调查数据未包含在其上报统计部门的数据中；其次，由于个别企业是从原单位厂区中独立出来的法人单位，与原单位仍存在着串联用水、合并排放的情况，所以在汇总时将此类企业合并计算。

二、调查结果

2007 年用水情况典型调查得到以下四方面结论。

（1）自来水供水业的平均管网漏损率为 18.4%，平均厂用水率为 4.0%，平均排水率为 2.5%，平均耗水率为 1.5%。原水公司平均管网漏损率为 2.9%。

（2）火力发电业的平均排水率为 99.0%，平均耗水率为 1.0%。

（3）污水处理业的平均厂耗水率为 0.39%，为方便计算以 1%计。

（4）一般工业中高用水行业平均排水系数为 0.53，平均耗水率为 46.6%，平均污水纳管率 67.1%。各高用水行业情况详见表 5-1。

表 5-1　高用水行业耗水率、排水率、污水纳管率情况

行业名称	平均耗水率/%	平均排放系数	平均污水纳管率/%
农副食品加工业	45.9	0.54	89.6
食品制造业	18.7	0.81	80.2
饮料制造业	35.2	0.65	75.9
纺织业	36.6	0.63	48.1
造纸及纸制品业	22.7	0.77	93.6
石油加工、炼焦及核燃料加工业	30.4	0.70	81.9
化学原料及化学制品制造业	44.4	0.56	63.2
医药制造业	33.1	0.67	81.0
化学纤维制造业	44.7	0.55	83.4
橡胶制品业	29.9	0.70	74.2

续表

行业名称	平均耗水率/%	平均排放系数	平均污水纳管率/%
塑料制品业	48.4	0.52	92.5
黑色金属冶炼及压延加工业	74.8	0.25	9.1
有色金属冶炼及压延加工业	22.6	0.77	72.8
电子元器件制造业	20.8	0.79	91.4
合 计	46.6	0.53	67.1

第三节　账户编制过程

一、主要资料来源

主要资料来源是《上海市水资源公报》和有关部门的统计成果，以及对用水情况典型调查结果进行分析汇总而得的有关参数。

（1）2007 年上海市水的实物量供给使用表中直接取自环境不同水源的水量总和来源于《2007 年上海市水资源公报》中“上海市分区供水量”数据，详见表 5-2；农业、火力发电业、建筑业、城镇环境用水量总和，来源于《2007 年上海市水资源公报》中“上海市分区用水量”数据，详见表 5-3；由于供给使用表中“取自其他经济体的水量”指进入经济体的净水量，而“上海市分区用水量”中各行业用水量为包括输水损失在内的毛水量，所以一般工业与服务业用水未选用“上海市分区用水量”数据；各行业直接取自环境的水量采用市供水管理处的统计成果，详见表 5-4；深井回灌量 1668 万米^{3}同样由市供水管理处提供。

表 5-2　2007 年上海市分区供水量　　单位：亿米^3

项目	地表水	地下水	总供水量	海水直接利用量（未计入总供水量）
水量	119.79	0.4	120.19	5.97

表 5-3　2007 年上海市部分行业用水量　　单位：亿米^3

项目	农田灌溉	林牧渔畜	火电工业	建筑业	城镇环境
水量	15.3	1.15	68.13	1.08	1.04

表 5-4　2007 年上海市直接取自环境的水量情况表　　单位：万米³

涉水对象	地表水量	地下水量	海水直接利用量
农副食品加工业	50	14	
食品制造业	68	43	
饮料制造业	287	87	
纺织业	1 759	235	
造纸及纸制品业	1 050		
石油加工、炼焦及核燃料加工业	9 565	3	11 664
化学原料及化学制品制造业	9 401	55	
医药制造业	76	40	
化学纤维制造业	5		
橡胶制品业	139		
塑料制品业	113	7	
黑色金属冶炼及压延加工业	10 545		
有色金属冶炼及压延加工业	294	27	
采矿及其他制造业	3 632	32	
直流式火力发电业	685 335		48 069
循环式火力发电业	1 602		
原水及自来水的生产和供应业	309 428	3 113	
住宿业		8	
其他服务业		334	
合计	1 033 349	3 998	59 733

（2）2007 年上海市水的实物量供给使用表中自来水供水量中的一般工业用水量合计、居民用水量合计来源于《2007 年上海市水资源公报》中“上海市公共供水企业供水情况表”，详见表 5-5；供给使用表中供水业直接取自环境的水量小计采用供水处提供的统计成果 312 541 万米³，该数据与编制《2007 年上海市水资源公报》的供水业取水量数据一致；一般工业各主要行业的总使用量采用市统计局工业交通统计处（简称市统计局工交处）对全市国有及规模以上非国有工业企业用水量的统计成果，详见表 5-6。

表 5-5　2007 年上海市公共供水企业供水情况表　　单位：万米³

项目	供水总量	售水总量			
		一般工业用水量	城市公共用水量	居民生活用水量	合计
水量	303 403	67 775	81 343	89 833	238 951

表 5-6 2007 年上海市一般工业各主要行业用水情况表 单位：万米³

涉水对象	总使用量（总取水量）
农副食品加工业	961
食品制造业	1 551
饮料制造业	1 629
纺织业	4 720
造纸及纸制品业	1 978
石油加工、炼焦及核燃料加工业	21 954
化学原料及化学制品制造业	11 365
医药制造业	2 107
化学纤维制造业	384
橡胶制品业	1 099
塑料制品业	1 602
黑色金属冶炼及压延加工业	12 629
有色金属冶炼及压延加工业	979
电子元器件制造业	3 103

（3）根据 2007 年中心城区市属自来水公司售水量统计，其服务业中各主要行业（包括交通运输业、批发零售业、住宿业、餐饮业、金融业、教育业、卫生业）的售水量数据详见表 5-7。此数据用于推算全市服务业各行业的“自来水供水量”。

表 5-7 2007 年市属自来水公司服务业各主要行业售水量 单位：万米³

涉水对象	售水量
交通运输业	2647
批发零售业	6235
住宿业	3232
餐饮业	1453
金融业	321
教育业（高等院校）	2426
教育业（非高等院校）	2994
卫生业	3076

（4）2007 年上海市水的实物量供给使用表中一般工业的高用水行业、非工业行业及居民用水的排水系数、各排放去向所占比重使用排放账户的研究成果，详见表 5-8；污水处理业接纳的“废污水量”指各污水处理单位通过污

水管网系统收集的废物水量。2007 年上海市水的实物量供给使用表中污水处理业的数据为市排水管理处的统计成果，详见表 5-9。

表 5-8　2007 年上海市一般工业各排水系数及排放去向比例表

行业类别	污水排放系数	污水纳管率/%	直接进入河道比重/%
城镇居民	0.9	95.3	4.7
农村居民	0.8	0.0	100.0
建筑业	0.9	76.4	23.6
交通运输业	0.9	76.4	23.6
批发零售业	0.9	76.4	23.6
住宿业	0.9	76.4	23.6
餐饮业	0.9	76.4	23.6
金融业	0.9	76.4	23.6
教育业	0.9	76.4	23.6
卫生业	0.9	76.4	23.6
其他服务业	0.9	76.4	23.6
农副食品加工业	0.8	67.1	32.9
食品制造业	0.8	63.8	36.2
饮料制造业	0.7	70.4	29.6
纺织业	0.7	52.5	47.5
造纸及纸制品业	0.9	67.0	33.0
石油加工、炼焦及核燃料加工业	0.7	81.7	18.3
化学原料及化学制品制造业	0.7	59.2	40.8
医药制造业	0.8	60.9	39.1
化学纤维制造业	0.7	69.1	30.9
橡胶制品业	0.9	57.1	42.9
塑料制品业	0.8	60.6	39.4
黑色金属冶炼及压延加工业	0.3	20.4	79.6
有色金属冶炼及压延加工业	0.8	62.1	37.9
电子元器件制造业	0.9	81.5	18.5
采矿及其他制造业	0.8	54.9	45.1
污水处理业	0.8	100.0	0.0

注：石油加工业扣除了海水利用量。石油加工业排放进入海洋的量直接按海水利用量计算；其他行业排放进入海洋的量较小，在此一并计入排放进入河道的量中。

表 5-9　2007 年上海市水实物量供给使用表（污水处理业部分）　　单位：万米^3

项目					污水处理及其再生利用量
使用量（取水量）	直接取自环境的水量	按取水目的分类	自用取水量	1	18 564
			销售用取水量	2	
		按水源分类	地表水量	3	
			其中：河流	4	
			水库	5	
			湖泊	6	
			地下水量	7	
			其中：浅层水	8	
			深层水	9	
			微咸水	10	
			土壤水	11	
			雨水利用量	12	
			城市径流量	13	18 564
			淡化海水量	14	
			海水直接利用量	15	
		小计		16	18 564
	取自其他经济体的水量	自来水供水量		17	393
		污水处理回用量		18	
		废污水量		19	164 615
		小计		20	165 008
	总使用量（总取水量）			21	183 572
供给量	供给及排入其他经济体的水量	对外供水量		22	
		排入污水处理厂水量		23	
		小计		24	
	回归及排入环境的水量	输水回归到地表水水量		25	
		入河排放量		26	183 493
		输水回归到地下水水量		27	
		排放回归到地下水水量		28	
		回归海洋水量		29	
		小计		30	183 493
		总供给量		31	183 493
耗水量	输水消耗量			32	
	用水消耗量			33	79
	排水消耗量			34	
	小计			35	79

（5）2007年上海市水的实物量供给使用表中农业各行业供给使用数据采用市水利管理处提供的统计数据，详见表5-10。此类数据由市水利管理处根据统计局提供的农业基础数据（包括水田、旱田、林果地等面积数据）经定额计算而得。

表5-10 2007年上海市水的实物量供给使用表（农业部分） 单位：万米^3

项目					农业（种植业）	林业	畜牧业（牲畜饲养）	渔业
使用量（取水量）	直接取自环境的水量	按取水目的分类	自用取水量	1	153 000	4 100	2 500	5 000
			销售用取水量	2				
		按水源分类	地表水量	3	153 000	4 100	2 500	5 000
			其中：河流	4	153 000	4 100	2 500	5 000
			水库	5				
			湖泊	6				
			地下水量	7				
			其中：浅层水	8				
			深层水	9				
			微咸水	10				
			土壤水	11				
			雨水利用量	12				
			城市径流量	13				
			淡化海水量	14				
			海水直接利用量	15				
		小计		16	153 000	4 100	2 500	5 000
	取自其他经济体的水量	自来水供水量		17				
		污水处理回用量		18				
		废污水量		19				
		小计		20				
	总使用量（总取水量）			21	153 000	4 100	2 500	5 000
供给量	供给及排入其他经济体的水量	对外供水量		22				
		排入污水处理厂水量		23				
		小计		24				
	回归及排入环境的水量	输水回归到地表水水量		25				
		入河排放量		26	4 000		1 600	900
		输水回归到地下水水量		27	20 600			
		排放回归到地下水水量		28	14 100	700		
		回归海洋水量		29				
		小计		30	38 700	700	1 600	900
	总供给量			31	38 700	700	1 600	900

续表

项目			农业（种植业）	林业	畜牧业（牲畜饲养）	渔业
耗水量	输水消耗量	32	19 100			
	用水消耗量	33	94 300	3 400	900	4 100
	排水消耗量	34	900			
	小计	35	114 300	3 400	900	4 100

以上各数据资料相互补充，能够反映水资源核算中环境与经济体、经济体之间及经济体与环境之间的水量交换。但是，由于各种数据在统计口径上存在一定的差别，所以，在编制水的实物量供给使用表时，需要考虑各种数据之间的衔接，并需要通过必要的分析研究才能确定。

二、计算方法

上海市处于水资源核算体系研究的起步阶段，缺乏精细的调查统计资料，因此，上海市水的实物量供给使用表是根据典型调查所得数据，同时结合现有资料来进行计算的。计算方法如下。

第一，农业各行业“自用取水量”与农业各行业“直接取自环境的水量”一致，采用市水利管理处的统计成果。

第二，除农业外的“直接取自环境的水量”（包括各行业地表水量、地下水量、海水直接利用量）采用市供水管理处的统计成果，其中石油加工、炼焦及核燃料加工业的“地表水量”为市供水管理处的统计成果减去典型调查所得的中国石化上海石油化工股份有限公司热电事业部相应数据，并将其加入直流式火力发电业的“地表水量”中。

第三，一般工业各主要行业（包括农副食品加工业、食品制造业、饮料制造业、纺织业、造纸及纸制品业、化学原料及化学制品制造业、医药制造业、化学纤维制造业、橡胶制品业、塑料制品业、黑色金属冶炼及压延加工业、有色金属冶炼及压延加工业）的“总使用量”为市统计局工交处的统计成果，其中石油加工、炼焦及核燃料加工业的“总使用量”为市统计局工交处的统计成果减去典型调查所得的中国石化上海石油化工股份有限公司热电事业部相应数据；一般工业各主要行业的“自来水供水量”按“总使用量”减去“直接取自环境的水量”计算得到。忽略一般工业各主要行业“销售用取水量”（等于其“对外供水量”），则一般工业各主要行业“自用取水量”等于其“直接取自环境的水量”。

第四，供水业的“总使用量”，即“直接取自环境的水量”小计，为市供水管理处的统计成果，该数据与编制《2007年上海市水资源公报》时使用的供水业取水量数据一致；供水业的“销售用取水量”，取供水总量与漏损水量之差，而漏损水量则根据用水情况典型调查所得平均供水管网漏损率18.4%推算而得。

第五，供水业的“对外供水量”等于“销售用取水量”。各行业的“自来水供水量”合计按供水业的“对外供水量”进行总量控制。服务业的“自来水供水量”合计则根据“自来水供水量”合计减去其他行业“自来水供水量”得到。

第六，一般工业的“自来水供水量”合计按《2007年上海市水资源公报》中“公共供水企业供水情况表”的一般工业用水量进行总量控制。农村居民、城镇居民的“自来水供水量”合计按《2007年上海市水资源公报》中“公共供水企业供水情况表”的居民生活用水量进行总量控制，而各分量则按《2007年上海市水资源公报》的农村居民与城镇居民毛用水量的比例推算而得。

第七，建筑业、生态环境类的用水按取用自来水统计，为市供水管理处的统计成果，该数据与《2007年上海市水资源公报》数据一致。

第八，服务业中各主要行业（交通运输业、批发零售业、住宿业、餐饮业、金融业、教育业、卫生业）的“自来水供水量”，是根据市供水管理处对市属自来水公司2007年售水量统计数据及市统计局提供的全市与中心城区（包括市区及宝山、浦东、闵行）各相关行业的有关数据（表5-11）所得的比例推算而得的（表5-12）。

表5-11　服务业各主要行业相关统计数据

交通运输业			批发零售业			住宿业			餐饮业		
全市从业人数/人	中心城区从业人数/人	中心城区占全市比重/%	全市从业人数/人	中心城区从业人数/人	中心城区占全市比重/%	全市从业人数/人	中心城区从业人数/人	中心城区占全市比重/%	全市从业人数/人	中心城区从业人数/人	中心城区占全市比重/%
374 913	342 203	91.28	1 598 464	1 045 569	65.41	1 039 537	938 471	90.28	2 348 711	2 051 276	87.34

金融业			教育业			卫生业		
全市从业人数/人	中心城区从业人数/人	中心城区占全市比重/%	全市从业人数/人	中心城区从业人数/人	中心城区占全市比重/%	全市从业人数/人	中心城区从业人数/人	中心城区占全市比重/%
135 186	132 857	98.28	1 365 000	934 900	68.49	95 939	70 560	73.55

注：①交通运输业、批发零售业、住宿业、餐饮业和金融业数据为第一次经济普查（2004年）数据；教育业（非高等院校）和卫生业数据为《上海统计年鉴2007》数据。②经济普查得到的数据作为经验系数可沿用五年，到下一次经济普查年度再调整经验系数，故部分2007年用水量按照第一次经济普查（2004年）数据推算。

表 5-12　2007 年服务业各主要行业自来水供水量情况表

涉水对象	市属水司售水量/万米^3	中心城区占全市比重/%	全市自来水供水量/万米^3
交通运输业	2647	91.28	2900
批发零售业	6235	65.41	9532
住宿业	3232	90.28	3580
餐饮业	1453	87.34	1664
金融业	321	98.28	327
教育业（高等院校）	2426	—	2683
教育业（非高等院校）	2994	68.49	4372
卫生业	3076	73.55	4182

注：教育业（高等院校）的全市自来水供水量取市属自来水公司相应售水量与松江大学城及南汇大学城用水量之和。

推算的依据如下。

(1) 交通运输业的企业多存在“跨地区”的状况，且各种运输工具的用水特征不一，从市统计局第一次经济普查的交通运输业从业人员区（县）分布来看，主要集中在浦东、虹口、徐汇和宝山等中心城区，这些都在市属自来水公司的统计范围，占 91.3%，所以，用水量较为合理的推算依据为“从业人数”。

(2) 批发零售业、金融业由于生产经营单位无论效益高低，维持日常生产和管理活动都需要用水，所以，用水量较为合理的推算依据为“从业人数”。

(3) 住宿和餐饮业在生产经营活动中都需要耗费大量的水资源，故分别采用“床位数”和“餐位数”来推算用水量。

(4) 教育业全市用水量推算采用“在校人数”（包括在校学生和教职员工数）较为合理。教育业的统计范围包括幼儿园、普通小学、普通中学、职业高中、高等院校。由于幼儿园、特殊教育无分区（县）在校人数数据，鉴于该部分人数所占比重较小，在推算全市教育业（非高等学校）用水量过程中该部分人数的影响不作考虑。又由于高等院校无分区（县）的在校人数数据，故教育业用水量分两步计算：①高等院校，上海市的大学分校主要集中在松江和南汇，故将市属自来水公司供水的中心城区大学的用水量加上松江大学城（210.5 万米^3，由上海市松江区计划用水办公室提供）和南汇大学城的用水量（46 万米^3，由上海市南汇区给水管理所提供）；②非高等院校，采用

“在校人数”（包括在校学生和教职员工数）推算全市用水量。

(5) 卫生业的统计范围包括医院、社区服务中心、专科疾病防治院（所）、妇幼保健院（所）、疗养院、门诊部、诊所、卫生所、医务室、急救中心（站）、其他医疗机构、疾病预防控制中心、卫生监督所、医学科学研究机构、采供血机构、其他卫生机构等。卫生业全市用水量采用“床位数”进行推算。

第九，“海水直接利用量”指企业直接利用未经淡化处理的海水量，按提取的海水量统计，使用2007年用水情况典型调查的数据，其合计与《2007年上海市水资源公报》数据一致。

第十，各行业的“自用取水量”为“直接取自环境的水量”与“销售用取水量”之差，即当“销售用取水量”为零时，该行业的“自用取水量”等于“直接取自环境的水量”。

第十一，污水处理业接纳的“废污水量”、“城市径流量”及取用的“自来水供水量”为市排水管理处提供的统计成果；污水处理业的“入河排放量”、“用水消耗量”参考2007年用水情况典型调查结果。

第十二，供水管网漏损水量纳入供水业的“输水回归到地下水水量”；供水业的“入河排放量”、“用水消耗量”由2007年用水情况典型调查所得参数计算而得。

第十三，其他各类“供给量”及“耗水量”由市排水管理处及市水利管理处根据使用量，参考2007年用水情况典型调查结果，以及排放账户研究所得的系数计算而得。

需要说明的是：水的实物量供给使用表与水资源公报数据存有差异，是由于公报中各行业用水量为包括输水损失在内的毛水量，供水管网漏损水量是分摊到各个行业中的，而水的实物量供给使用表中“取自其他经济体的水量”应是进入用户的净水量，供水管网漏损水量计做供水业的自用取水量的一部分，所以自来水使用量行业的“总使用量”小于水资源公报中相应的用水量。

第四节　核算成果及分析

一、核算成果表

汇总以上各部分数据，最终得到了2007上海市水的实物量供给使用表及水资源供给使用矩阵表，见表5-13和表5-14。

表 5-13　2007 年上海市水的实物量供给使用表

单位：万米³

项目					农村居民	城镇居民	农业（种植业）	林业	畜牧业（牲畜饲养）	渔业	农副食品加工业	食品制造业	饮料制造业	纺织业	造纸及纸制品业	石油加工、炼焦及核燃料加工业	化学原料及化学制品制造业
					1	2	3	4	5	6	7	8	9	10	11	12	13
使用量（取水量）	直接取自环境的水量	按取水目的分类	自用取水量	1			153 000	4 100	2 500	5 000	64	111	374	1 994	1 050	21 232	9 456
			销售用取水量	2													
		按水源分类	地表水量	3			153 000	4 100	2 500	5 000	50	68	287	1 759	1 050	9 565	9 401
			其中：河流	4			153 000	4 100	2 500	5 000	50	68	287	1 759	1 050	9 565	9 401
			水库	5													
			湖泊	6													
			地下水量	7							14	43	87	235		3	55
			其中：浅层水	8													
			深层水	9							14	43	87	235		3	55
			微咸水	10													
			土壤水	11													
			雨水利用量	12													
			城市径流量	13													
			淡化海水量	14													
			海水直接利用量	15												11 664	
		小计		16			153 000	4 100	2 500	5 000	64	111	374	1 994	1 050	21 232	9 456
	取自其他经济体的水量	自来水供水量		17	10 657	79 176					897	1 440	1 255	2 726	928	722	1 909
		污水处理回用量		18													
		废污水量		19													
		小计		20	10 657	79 176					897	1 440	1 255	2 726	928	722	1 909
	总使用量（总取水量）			21	10 657	79 176	153 000	4 100	2 500	5 000	961	1 551	1 629	4 720	1 978	21 954	11 365
供给量	供给及排入其他经济体的水量	对外供水量		22													
		排入污水处理厂水量		23		67 896					516	792	803	1 734	1 192	5 882	4 711
		小计		24		67 896					516	792	803	1 734	1 192	5 882	4 711
	回归及排入环境的水量	输水回归到地表水水量		25													
		入河排放量		26	8 526	3 362	4 000		1 600	900	253	449	337	1 570	588	1 321	3 244
		输水回归到地下水水量		27			20 600										
		排放回归到地下水水量		28			14 100	700									
		回归海洋水量		29											11 664		
		小计		30	8 526	3 362	38 700	700	1 600	900	253	449	337	1 570	588	12 985	3 244
	总供给量			31	8 526	71 258	38 700	700	1 600	900	769	1 241	1 140	3 304	1 780	18 867	7 956
耗水量	输水消耗量			32			19 100										
	用水消耗量			33	2 131	7 918	94 300	3 400	900	4 100	192	310	489	1 416	198	3 087	3 410
	排水消耗量			34			900										
	小计			35	2 131	7 918	114 300	3 400	900	4 100	192	310	489	1 416	198	3 087	3 410

续表

项目					医药制造业	化学纤维制造业	橡胶制品业	塑料制品业	黑色金属冶炼及压延加工业	有色金属冶炼及压延加工业	电子元器件制造业	采矿及其他制造业	直流式火力发电业	循环式火力发电业	其他电力工业	原水及自来水的生产和供应业	污水处理及其再生利用业
					14	15	16	17	18	19	20	21	22	23	24	25	26
使用量（取水量）	直接取自环境的水量	按取水目的分类	自用取水量	1	116	5	139	120	10 545	321		3 664	733 404	1 602		64 964	18 564
			销售用取水量	2												247 577	
		按水源分类	地表水量	3	76	5	139	113	10 545	294		3 632	685 335	1 602		309 428	
			其中：河流	4	76	5	139	113	10 545	294		3 632	685 335	1 602		309 428	
			水库	5													
			湖泊	6													
			地下水量	7	40			7	0	27		32				3 113	
			其中：浅层水	8													
			深层水	9	40			7	0	27		32				3 113	
			微咸水	10													
			土壤水	11													
			雨水利用量	12													
			城市径流量	13													18 564
			淡化海水量	14													
			海水直接利用量	15									48 069				
		小计		16	116	5	139	120	10 545	321		3 664	733 404	1 602		312 541	18 564
	取自其他经济体的水量	自来水供水量		17	1 991	379	960	1 482	2 084	658	3 103	46 848					393
		污水处理回用量		18													
		废污水量		19													164 615
		小计		20	1 991	379	960	1 482	2 084	658	3 103	46 848					165 008
	总使用量（总取水量）			21	2 107	384	1 099	1 602	12 629	979	3 103	50 512	733 404	1 602		312 541	183 572
供给量	供给及排入其他经济体的水量	对外供水量		22												247 577	
		排入污水处理厂水量		23	1 027	186	565	777	772	486	2 276	22 181					
		小计		24	1 027	186	565	777	772	486	2 276	22 181				247 577	
	回归及排入环境的水量	输水回归到地表水水量		25													
		入河排放量		26	659	83	424	505	3 017	297	517	18 229	678 482	80		5 711	183 493
		输水回归到地下水水量		27												55 826	
		排放回归到地下水水量		28													
		回归海洋水量		29									48 069				
		小计		30	659	83	424	505	3 017	297	517	18 229	726 551	80		61 537	183 493
	总供给量			31	1 686	269	989	1 282	3 789	783	2 793	40 410	726 551	80		309 114	183 493
耗水量	输水消耗量			32													
	用水消耗量			33	421	115	110	320	8 840	196	310	10 102	6 853	1 522		3 427	79
	排水消耗量			34													
	小计			35	421	115	110	320	8 840	196	310	10 102	6 853	1 522		3 427	79

续表

项目					其他水的处理、利用与分配业	建筑业	交通运输业	批发零售业	住宿业	餐饮业	金融业	教育业	卫生业	水利管理业	其他服务业	城市环境卫生管理业	城市园林绿化管理业	深井回灌	总计
					27	28	29	30	31	32	33	34	35	36	37	38	39	40	
使用量(取水量)	直接取自环境的水量	按取水目的分类	自用取水量	1					8						334				1 032 667
			销售用取水量	2															247 577
		按水源分类	地表水量	3															1 197 949
			其中：河流	4															1 197 949
			水库	5															
			湖泊	6															
			地下水量	7					8						334				3 998
			其中：浅层水	8															
			深层水	9					8						334				3 998
			微咸水	10															
			土壤水	11															
			雨水利用量	12															
			城市径流量	13															184 564
			淡化海水量	14															
			海水直接利用量	15															78 297
			小计	16					8						334				1 280 244
	取自其他经济体的水量		自来水供水量	17		10 767	2 900	9 532	3 580	1 664	327	7 054	4 182		39 591		8 704	1 668	247 577
			污水处理回用量	18															
			废污水量	19															164 615
			小计	20		10 767	2 900	9 532	3 580	1 664	327	7 054	4 182		39 591		8 704	1 668	412 192
	总使用量（总取水量）			21		10 767	2 900	9 532	3 588	1 664	327	7 054	4 182		39 925		8 704	1 668	1 692 436
供给量	供给及排入其他经济体的水量		对外供水量	22															247 577
			排入污水处理厂水量	23		4 935	1 994	6 554	2 467	1 144	225	4 851	2 876		27 774				164 615
			小计	24		4 935	1 994	6 554	2 467	1 144	225	4 851	2 876		27 774				412 192
	回归及排入环境的水量		输水回归到地表水水量	25															
			入河排放量	26		1 525	616	2 025	762	353	69	1 498	888		8 159				933 542
			输水回归到地下水水量	27														1 668	78 094
			排放回归到地下水水量	28															14 800
			回归海洋水量	29															59 733
			小计	30		1 525	616	2 025	762	353	69	1 498	888		8 159			1 668	1 086 169
	总供给量			31		6 460	2 610	8 579	3 229	1 497	294	6 349	3 764		35 932			1 668	1 498 361
耗水量	输水消耗量			32															19 100
	用水消耗量			33		4 307	290	953	359	166	33	705	418		3 992		8 704		174 075
	排水消耗量			34															900
	小计			35		4 307	290	953	359	166	33	705	418		3 992		8 704		194 075

表 5-14　2007 年上海市水资源供给使用矩阵表

单位：万米^3

供给＼使用		农村居民	城镇居民	农业（种植业）	林业	畜牧业（牲畜饲养）	渔业	农副食品加工业	食品制造业	饮料制造业	纺织业	造纸及纸制品业	石油加工、炼焦及核燃料加工	化学原料及化学制品制造业	医药制造业
		1	2	3	4	5	6	7	8	9	10	11	12	13	14
农村居民	1														
城镇居民	2														
农业（种植业）	3			153 000											
林业	4				4 100										
畜牧业（牲畜饲养）	5					2 500									
渔业	6						5 000								
农副食品加工业	7							64							
食品制造业	8								111						
饮料制造业	9									374					
纺织业	10										1 994				
造纸及纸制品业	11											1 050			
石油加工、炼焦及核燃料加工业	12												21 232		
化学原料及化学制品制造业	13													9 456	
医药制造业	14														116
化学纤维制造业	15														
橡胶制品业	16														
塑料制品业	17														
黑色金属冶炼及压延加工业	18														
有色金属冶炼及压延加工业	19														
电子元器件制造业	20														
采矿及其他制造业	21														
直流式火力发电业	22														
循环式火力发电业	23														
其他电力工业	24														
原水及自来水的生产和供应业	25	10 657	79 176					897	1 440	1 255	2 726	928	722	1 909	1 991
污水处理业	26														
其他水的处理、利用与分配业	27														
建筑业	28														
交通运输业	29														
批发零售业	30														
住宿业	31														
餐饮业	32														
金融业	33														
教育业	34														
卫生业	35														
水利管理业	36														
其他服务业	37														
城市环境卫生管理业	38														
城市园林绿化管理业	39														
深井回灌	40														
合计		10 657	79 176	153 000	4 100	2 500	5 000	961	1 551	1 629	4 720	1 978	21 954	11 365	2 107

续表

供给 \ 使用		化学纤维制造业	橡胶制品业	塑料制品业	黑色金属冶炼及压延加工业	有色金属冶炼及压延加工业	电子元器件制造业	采矿及其他制造业	直流式火力发电业	循环式火力发电业	其他电力工业	原水及自来水的生产和供应业	污水处理业	其他水的处理、利用与分配业	建筑业
		15	16	17	18	19	20	21	22	23	24	25	26	27	28
农村居民	1														
城镇居民	2												67 896		
农业（种植业）	3														
林业	4														
畜牧业（牲畜饲养）	5														
渔业	6														
农副食品加工业	7												516		
食品制造业	8												792		
饮料制造业	9												803		
纺织业	10												1 734		
造纸及纸制品业	11												1 192		
石油加工、炼焦及核燃料加工业	12												5 882		
化学原料及化学制品制造业	13												4 711		
医药制造业	14												1 027		
化学纤维制造业	15	5											186		
橡胶制品业	16		139										565		
塑料制品业	17			120									777		
黑色金属冶炼及压延加工业	18				10 545								772		
有色金属冶炼及压延加工业	19					321							486		
电子元器件制造业	20												2 276		
采矿及其他制造业	21							3 664					22 181		
直流式火力发电业	22								733 404						
循环式火力发电业	23									1 602					
其他电力工业	24														
原水及自来水的生产和供应业	25	379	960	1 482	2 084	658	3 103	46 848				312 541	393		10 767
污水处理业	26												18 564		
其他水的处理、利用与分配业	27														
建筑业	28												4 935		
交通运输业	29												1 994		
批发零售业	30												6 554		
住宿业	31												2 467		
餐饮业	32												1 144		
金融业	33												225		
教育业	34												4 851		
卫生业	35												2 876		
水利管理业	36														
其他服务业	37												27 774		
城市环境卫生管理业	38														
城市园林绿化管理业	39														
深井回灌	40														
合计		384	1 099	1 602	12 629	979	3 103	50 512	733 404	1 602		312 541	183 572		10 767

续表

供给＼使用		交通运输业 29	批发零售业 30	住宿业 31	餐饮业 32	金融业 33	教育业 34	卫生业 35	水利管理业 36	其他服务业 37	城市环境卫生管理业 38	城市园林绿化管理业 39	深井回灌 40	合　计
农村居民	1													
城镇居民	2													67 896
农业（种植业）	3													153 000
林业	4													4 100
畜牧业（牲畜饲养）	5													2 500
渔业	6													5 000
农副食品加工业	7													580
食品制造业	8													903
饮料制造业	9													1 177
纺织业	10													3 728
造纸及纸制品业	11													2 242
石油加工、炼焦及核燃料加工业	12													27 114
化学原料及化学制品制造业	13													14 167
医药制造业	14													1 143
化学纤维制造业	15													191
橡胶制品业	16													704
塑料制品业	17													897
黑色金属冶炼及压延加工业	18													11 317
有色金属冶炼及压延加工业	19													807
电子元器件制造业	20													2 276
采矿及其他制造业	21													25 845
直流式火力发电业	22													733 404
循环式火力发电业	23													1 602
其他电力工业	24													
原水及自来水的生产和供应业	25	2 900	9 532	3 580	1 664	327	7 054	4 182		39 591		8 704	1 668	560 118
污水处理业	26													18 564
其他水的处理、利用与分配业	27													
建筑业	28													4 935
交通运输业	29													1 994
批发零售业	30													6 554
住宿业	31			8										2 467
餐饮业	32													1 144
金融业	33													225
教育业	34													4 851
卫生业	35													2 876
水利管理业	36													
其他服务业	37									334				28 108
城市环境卫生管理业	38													
城市园林绿化管理业	39													
深井回灌	40													
合　计		2 900	9 532	3 588	1 664	327	7 054	4 182		39 925		8 704	1 668	1 692 436

二、成果分析

(1) 2007年全市从环境到经济体的流量(即直接取自环境的水量)为128.02亿米^3,其中,地表水取水量为119.79亿米^3,地下水取水量为0.40亿米^3,海水直接利用量为7.83亿米^3,如图5-1所示;经济体内部之间的流量(即取自其他经济单位的水量)为41.22亿米^3,其中,各行业取自供水业的自来水量为24.76亿米^3,污水处理业接纳的废污水量为16.46亿米^3;从经济体到环境的流量(即回归及排入环境的水量)为108.62亿米^3,耗水量为19.41亿米^3。

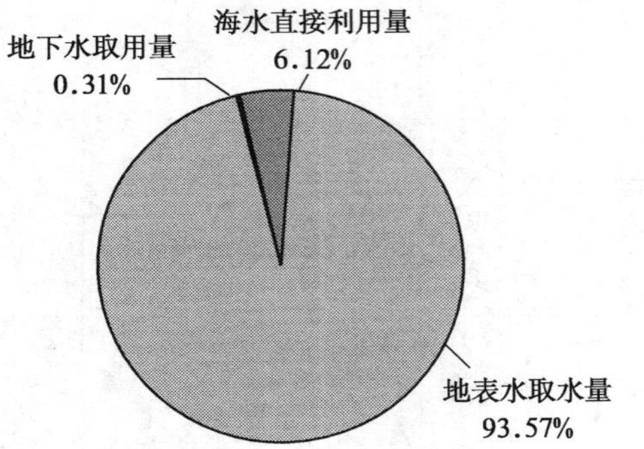

图5-1 2007年上海市"直接取自环境的水量"组成

(2) 2007年全市除供水业和污水处理业的各行业中,"总使用量"中火电工业使用量占的比重最高,达到66.4%,其次为农业类,达14.9%,再次为一般工业,达10.5%,其余行业见图5-2;"总供给量"中所占比重最大的是火电工业,达78.5%,其余行业见图5-3;"总耗水量"中绝大部分为农业类的耗水,所占比重达到68.0%,其次为一般工业,占16.4%,其余行业见图5-4。

(3) 若不计入行业间的重复使用量(即经济体内部之间的流量)和海水直接利用量,2007年全市直接取自环境的水量为122.05亿米^3,其中,火电工业占56.28%,供水业占25.61%,农业占13.49%,一般工业占3.07%,详见图5-5。在一般工业中,金属冶炼及压延加工业,化学工业,石油加工、炼焦及核燃料加工业所占比重较大,分别为28.9%、26.2%、25.5%,详见图5-6。

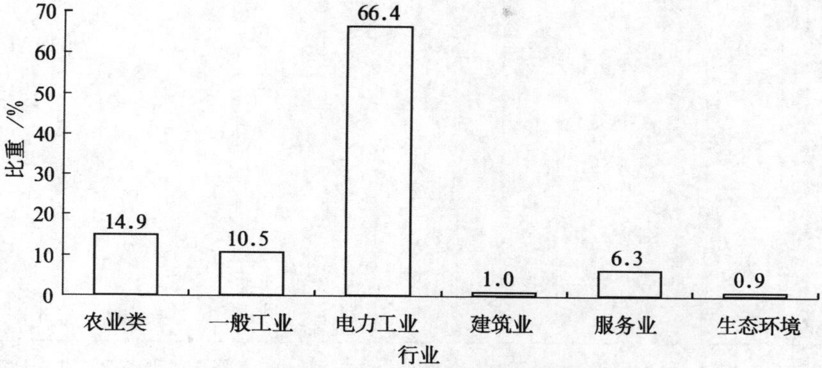

图 5-2　2007 年上海市各行业水的使用量比重

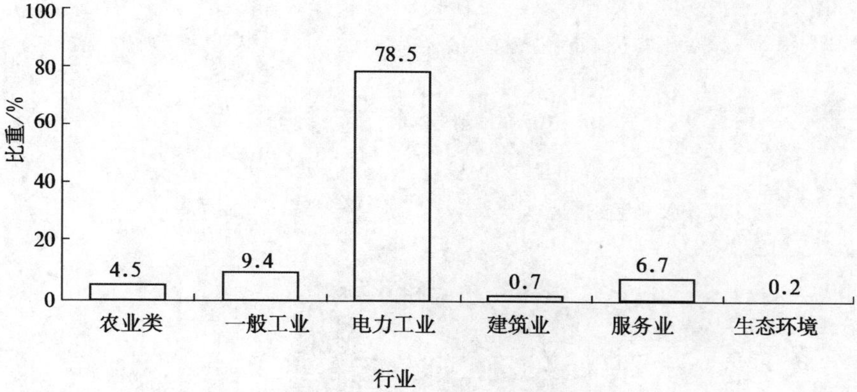

图 5-3　2007 年上海市各行业水的供给量比重

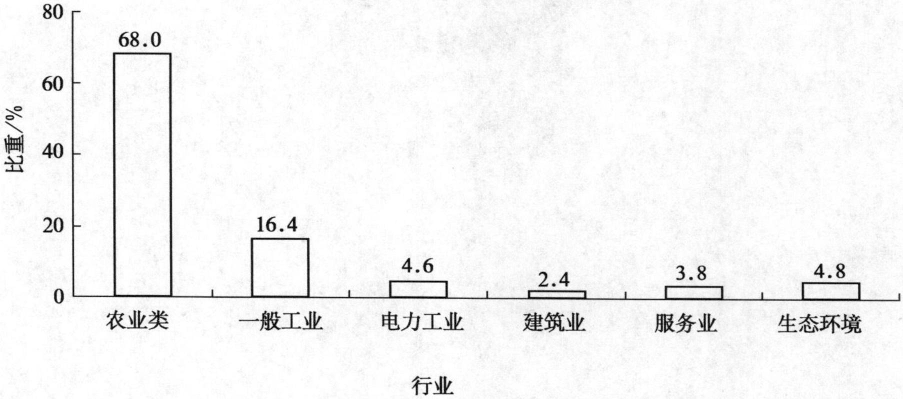

图 5-4　2007 年上海市各行业水的消耗量比重

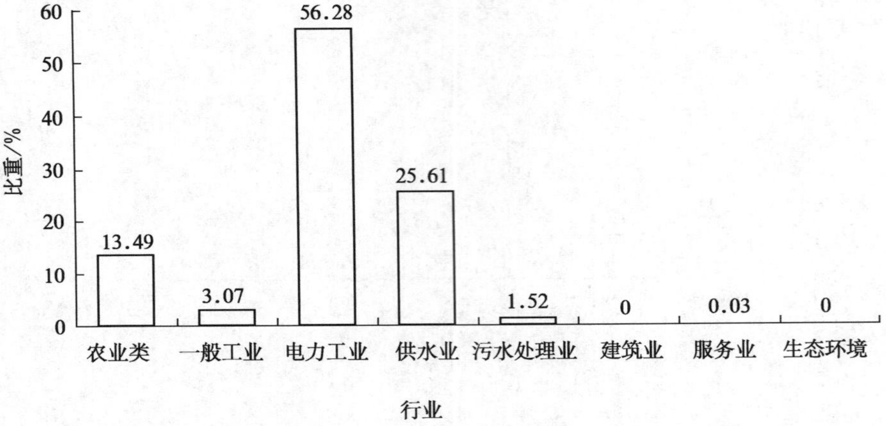

图 5-5 2007 年上海市各行业直接取自环境水量（除去海水）所占比重

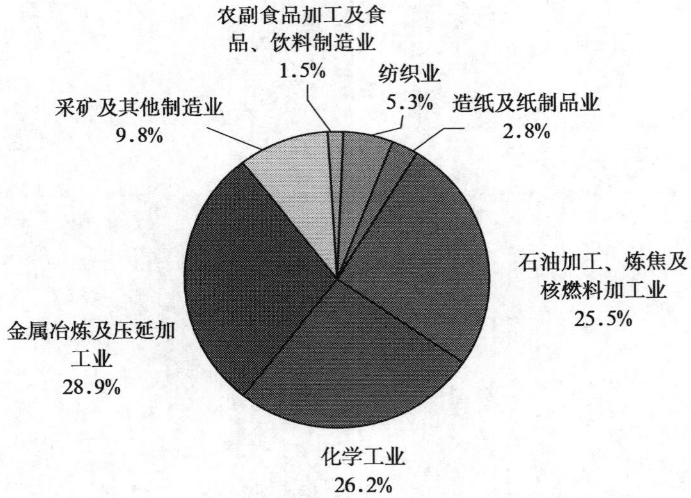

图 5-6 2007 年上海市一般工业直接取自环境水量（除去海水）组成

第六章 | 排放账户

本章主要以2007年调查数据和统计数据为支撑，提出了排放账户核算的技术要求，进行了2007年水资源排放账户的编制和核算工作。

第一节 排放账户概述

一、相关概念

经济体排入环境的废污水中含有大量的污染物质，这是导致水环境恶化的主要因素。排放账户是以实物量为单位记录经济体排入环境的污染物量的核算工具。本次核算只统计直接排入环境或通过污水收集处理系统间接排入环境的废污水量及污染物量，不经废污水途径而直接投入环境水域的重金属和危险废弃物由废弃物账户中的固体废物项目统计，不在本排放账户的统计范围内。

经济体产生的废污水主要有两种途径进入环境，一是直接排入环境水域（包括不经市政排水系统直接排入水体的废污水、进入市政排水系统后不经污水处理厂处理排入水体的污水）；二是通过污水收集处理系统间接排入环境水域。水污染物在经济体与环境间的转换见图6-1。

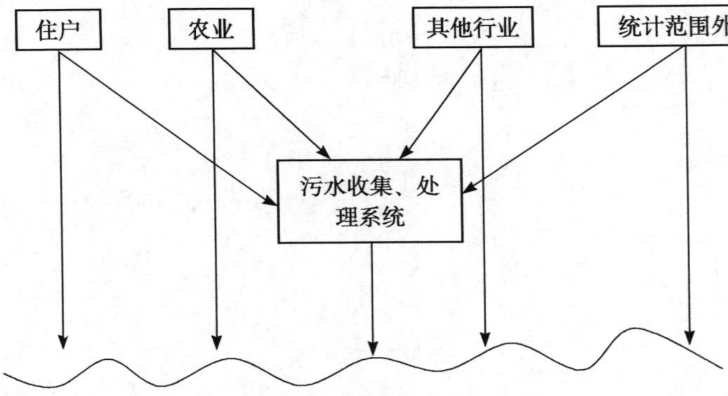

图 6-1 水污染物由经济体领域进入环境领域的路径

二、指标解释

(1) 总排放量，指由经济体总排放口排出的废污水、污染物量，等于经济体内污染物量与经济体-环境间污染物量之和，包括直接从经济体进入环境的量（直接排入水域）、经济体通过进入污水管网排入污水收集处理系统的量（排入污水收集处理系统）、进入污水经收集处理系统处理后排入供其他经济体回用的量（排入其他经济体）。

(2) 直接排入水域，指从经济体（含经济体污水收集处理系统）排放口直接排入环境的量，包括由经济体内部净化设施处理后的量（经源内处理）和未由经济体内部净化设施处理的量（未经源内处理）。

(3) 排入污水收集处理系统，指除污水收集处理系统外的其他经济体通过污水管网排入污水收集处理系统的量。

(4) 分配污水处理厂排放的污染物，为计算各经济体对环境的负荷，将污水处理厂处理后排放入环境的污染物按各经济体排入污水处理厂的比例再分配至各经济体。

(5) 净排放量，指最终进入水域的废污水、污染物量，等于经济体-环境间的污染物量，它可以消除总排放量中重复计算的部分。

总排放量和净排放量的差别在于废污水进入环境的路径，当废污水直接排入水域时，总排放量等于净排放量，但实际上经济体通常将部分废污水直接排入水域，而将另一部分废污水送入污水处理厂，再由污水处理厂将处理后的废污水排入水域。由于污水处理厂处理过的废污水中仍含有该经济体产生的污染物，所以，经济体的净排放量应为其直接排入水域的污染物量与通过污水处理厂间接排入水域的污染物量之和。为了更准确地了解各经济体对环境的压力，需将污水处理厂排放的污染物再按比例分配至各经济体。

第二节 账户编制过程

一、主要数据来源

账户编制过程的主要数据来源是《上海统计年鉴 2007》、《上海统计年鉴 2008》、《2008 年上海市水资源公报》、《上海市 2007 年用水情况典型调查报告》。

二、计算方法和依据

（一）污水排放量核算

1. 居民生活污水

2007 年上海市城镇居民生活用自来水 79 176 万米^3，农村居民 10 657 万米^3，合计 89 833 万米^3。本次核算城镇生活污水采用 90％的折算系数，农村生活污水采用 80％的系数。据估算 2007 年居民生活污水为 79 784 万米^3，其中，城镇居民生活污水量为 71 258 万米^3，农村居民生活污水量为 8526 万米^3。

2. 企事业单位污水

企事业单位排放的污水主要来自员工的生活污水和场地冲洗污水，污水性质与居民生活污水基本一致。根据各行业的排放系数进行估算，2007 年上海市企事业单位的污水排放总量为 68 716 万米^3。详细内容如表 6-1 所示。

表 6-1 企事业单位污水产生估算表

行业	用水量/万米^3	排放系数/％	污水量/万米^3
建筑业	10 767	60	6 460
交通运输业	2 900	90	2 610
批发零售业	9 532	90	8 579
住宿业	3 588	90	3 229
餐饮业	1 664	90	1 498

续表

行业	用水量/万米^3	排放系数/%	污水量/万米^3
金融业	327	90	294
教育业	7 054	90	6 349
卫生业	4 182	90	3 764
其他服务业	39 925	90	35 933
合计	79 939		68 716

3. 第三产业污水

本次调查交通运输业、批发零售业、住宿业、餐饮业、金融业、教育业、卫生业、其他服务业等的污水，主要来自生活污水和场地冲洗废水。这些污水一般都直接排入管道，用水的消耗量相对较低，污水排放系数高，因此对于上海市的第三产业污水排放系数采用90%是比较合理的。

4. 建筑业废水

建筑业废水主要包括建筑施工人员生活污水和建筑施工其他废水。①建筑施工人员生活污水。按2007年建筑从业人员69.33万人，年工作250日，人均用水量按一般施工设计中采用的120升/（人·天）计算，建筑工人生活用水2080万米^3，污水排放系数按90%计算，建筑施工人员的生活污水排放量为1872万米^3。②建筑施工其他废水。2007年建筑业总用水量为10 767万米^3，扣除生活用水后，施工及冲洗等用水8687万米^3。这部分废水虽然一般不产生大量的污染物，但在上海地区进入市政管网的比例较高，因此也计算在废水排放量中。由于这部分用水的消耗主要来自水分的蒸发和下渗等，其地表面状况类似于大块石铺砌路面或沥青表面处理的碎石路面，其退水系数采用室外排水设计规范（GB50014—2006）中的下限0.55。依此推算，建筑业施工和冲洗退水量约为4778万米^3。

据以上两部分废水排放量进行估算，建筑业的污水平均排放系数为62%。进行数据适当调整后，本次核算中建筑业的平均污水排放系数按60%进行计算。

5. 工业污水

本次典型调查的高用水行业14个，调查企业303家，反馈企业270家，去除部分统计数据不完整的43家，调查数据合理并可以采用的企业227家。227家企业取水量合计为50 003万米^3，占303家调查企业取水量55 680万米^{3}的89.8%，占2007年高用水行业取水量合计的75.7%，反馈企业分布和数量与调查预期比较接近，具有较高的代表性。

据调查分析显示，企业废污水排放大部分没有计量设施，部分企业填报的污水排放量系估算，这是造成平均排放系数普遍较低的因素。2007 年水资源核算中拟以典型调查的中位数为基础，根据行业一般生产特点分析以往的污染源调查结果，以及参考 1987 年开展的全国工业污染源调查、各相关行业在开展环境影响评价中所作的水量平衡等工作成果，综合适当地进行了调整，得到表 6-2（具体调整情况参见 2007 年排放账户报告）。

表 6-2　2007 年上海市工业污水排放系数表　　单位：%

行业名称	典型调查平均排放系数	典型调查排放系数中位数	1987 年全国平均排放系数	调整后的排放系数
农副食品加工业	54.1	80.1	82.1	80.0
食品制造业	81.3	80.5	82.1	80.0
饮料制造业	64.8	67.7	69.2	70.0
纺织业	63.4	74.3	78.1	70.0
造纸及纸制品业	77.3	90.0	86.3	90.0
石油加工、炼焦及核燃料加工业	69.6	69.3	65.7	70.0
化学原料及化学制品制造业	55.6	70.3	83.4	70.0
医药制造业	66.9	78.8	78.4	80.0
化学纤维制造业	55.3	70.0	58.3	70.0
橡胶制品业	70.1	89.7	81.4	90.0
塑料制品业	51.6	80.0	81.2	80.0
黑色金属冶炼及压延加工业	25.2	79.0	82.3	30.0
有色金属冶炼及压延加工业	77.4	84.3	71.1	80.0
电子元器件制造业	79.2	85.0	79.2	90.0
采矿及其他制造业	—	—	—	80.0

在核算中不计算火力发电、供水业产生的废水排放情况，其行业的生活自来水已统计进入其他制造业的用水量中，估算 2007 年上海工业污水排放总量为 75 394 万米^3，详情见表 6-3。

表 6-3　2007 年上海市工业污水排放估算表

行业	总用水量/万米^3	污水排放系数/%	污水排放量/万米^3
农副食品加工业	961	80	769
食品制造业	1 551	80	1 241
饮料制造业	1 629	70	1 140

续表

行业	总用水量/万米³	污水排放系数/%	污水排放量/万米³
纺织业	4 720	70	3 304
造纸及纸制品业	1 978	90	1 780
石油加工、炼焦及核燃料加工业	10 290	70	7 203
化学原料及化学制品制造业	11 365	70	7 956
医药制造业	2 107	80	1 686
化学纤维制造业	384	70	269
橡胶制品业	1 099	90	989
塑料制品业	1 602	80	1 282
黑色金属冶炼及压延加工业	12 629	30	3 789
有色金属冶炼及压延加工业	979	80	783
电子元器件制造业	3 103	90	2 793
采矿及其他制造业	50 512	80	40 410
合计	104 909	—	75 394

（二）污染物排放量的核算

1. 居民生活污水污染物排放量

市水务局和市环保局在污染源调查中提出的生活污水污染物排放浓度COD、氨氮分别只有300毫克/升、30毫克/升。对主要接纳中心城区生活污水的五家污水处理厂进行水数据分析，2007年城镇居民生活污水排放浓度约为COD350毫克/升、氨氮40毫克/升。一般农村地区生活污水中COD、氨氮的平均浓度为350毫克/升、40毫克/升左右，本次核算也采用此浓度值作为计算依据。详细情况如表6-4所示。

表6-4　2007年上海市居民生活污水污染物排放情况表

类别	排水量/万米³	COD排放浓度/(毫克/升)	COD排放量/吨	氨氮排放浓度/(毫克/升)	氨氮排放量/吨
城镇居民生活污水	71 258	350	249 403	40	28 503
农村居民生活污水	8 526	350	29 841	40	3 410

2. 企事业单位污水污染物排放量

通过典型调查，上海地区第三产业污染物排放浓度低于全国其他城市的排放浓度，本次核算采用典型调查数据剔除异常后的算术平均值作为基础，COD 排放量以 50 为单位进行取整，氨氮排放量以 5 为单位进行取整。另外，建筑业生活污水排放浓度按城镇居民生活污水浓度，施工和冲洗废水不计其污染物排放量，以综合平均计算建筑业的污染物浓度。根据计算，2007 年上海市企事业单位水污染物排放 COD 170 084 吨，氨氮 9698 吨。其中，COD 排放量以其他服务业、批发零售业、教育业较高，氨氮排放量以其他服务业、教育业、批发零售业较高。详细内容如表 6-5 所示。

表 6-5　2007 年上海市企事业单位水污染物排放量与排放系数表

行业	污水量/万米^3	COD 排放量/吨	氨氮排放量/吨	COD 浓度/（毫克/升）		氨氮浓度/（毫克/升）	
				典型调查平均值	调整后系数	典型调查平均值	调整后系数
建筑业	6 460	6 460	646	—	100	—	10
交通运输业	2 610	9 135	392	335	350	15	15
批发零售业	8 579	25 737	858	321	300	11	10
住宿业	3 229	9 687	323	299	300	8	10
餐饮业	1 498	5 243	225	346	350	14	15
金融业	294	588	29	212	200	12	10
教育业	6 349	15 873	1 270	233	250	19	20
卫生业	3 764	7 528	565	180	200	14	15
其他服务业	35 933	89 833	5 390	242	250	17	15
合计	68 716	170 084	9 698				

3. 工业污水污染物排放量

2007 年上海市工业污染达标排放率已高达 97.7%，采用原有的行业平均浓度计算不符合上海市污染源控制的实际情况。同时，由于本次核算中按新提出的上海市涉水对象行业分类，与以往划分的行业标准难以完全匹配。所以本次核算拟采用典型调查数据剔除异常后的算术平均值作为基础，COD 排放量以 50 为单位进行取整，氨氮排放量以 5 为单位进行取整。

根据估算 2007 年上海市工业污水污染物排放量 COD 为 157 987 吨，氨氮为 9 548 吨。详细内容如表 6-6 所示。

表 6-6 工业污水污染物排放量与排放系数表

行业	污水量/万米³	COD排放量/吨	氨氮排放量/吨	COD浓度/(毫克/升)		氨氮浓度/(毫克/升)	
				典型调查平均值	调整后系数	典型调查平均值	调整后系数
农副食品加工业	769	2 307	115	324	300	13	15
食品制造业	1 241	3 723	186	324	300	13	15
饮料制造业	1 140	1 140	57	83	100	4	5
纺织业	3 304	8 260	496	244	250	13	15
造纸及纸制品业	1 780	2 670	267	138	150	14	15
石油加工、炼焦及核燃料加工业	7 203	10 805	720	152	150	10	10
化学原料及化学制品制造业	7 956	11 934	398	144	150	7	5
医药制造业	1 686	2 529	169	146	150	10	10
化学纤维制造业	269	538	27	197	200	12	10
橡胶制品业	989	1 978	148	176	200	14	15
塑料制品业	1 282	3 205	256	268	250	18	20
黑色金属冶炼及压延加工业	3 789	1 895	189	53	50	6	5
有色金属冶炼及压延加工业	783	392	39	64	50	2	5
电子元器件制造业	2 793	5 586	419	215	200	14	15
采矿及其他制造业	40 410	101 025	6 062	262	250	16	15
合计	75 394	157 987	9 548				

（三）污染物排放去向估算

1. 污水排放去向估算

关于 2007 年污水排放去向的数据，只有依据《2007 年上海市水资源公报》的数据，即进入污水处理厂的水量为 164 615 万米³，全市平均污水集中处理率约为 73.1%，中心城区平均污水处理率为 84%，郊区污水处理率为 48.7%，并没有分行业的污水排放去向的具体数据。本次核算开展的典型调查，只调查掌握了重点工业企业的污染排放去向，调查工业企业污水集中处理率为 67.1%。对于城镇居民和企事业单位的污水排放去向没有掌握。2004～2007 年全市污水集中处理率提高了 6.6%，污水集中处理量增长了

19.36%。如果按各行业污水集中处理率同等比例提高推算，生活污水集中处理率为95.3%，企事业单位污水集中处理率为76.4%，工业污水集中处理率为58.4%。由于居民和企事业单位主要集中在中心城区，推算出来的比例与水资源公报的处理率相比较，还是比较接近的。工业污水集中处理率低于典型调查数据的67.1%，由于未调查的多数企业为小型企业，纳管率低，所以全市工业污水纳管率低于调查数据也是可信的。根据市环保局近年的资料，工业区污水的纳管率得到了较大提高，推算的工业污水集中处理率58.4%与实际情况相比有可能是偏低。但因为没有更准确的数据来源，所以只能仍按此方法进行数据估算。

据上述分析可得：生活污水集中纳管量为67 896万米^3、企事业单位污水纳管量为52 499万米^3、工业污水集中纳管量为44 214万米^3；生活污水中农村生活污水按全部排放进入河道进行计算，则城镇生活污水纳管量为67 896万米^3；企事业单位污水分行业按相同的纳管率76.4%进行计算；工业污水按分行业的纳管量计算，扣除典型调查的纳管量和污水处理业的314万米^3，其余部分按相同的纳管率计算平均分配到各个行业中，再进行计算各行业的总纳管率。详细内容如表6-7所示。

表6-7　2007年上海市各行业污水排放动向估算表

行业	污水排放量/万米^3	进入污水处理厂/万米^3	直接进入河道/万米^3	污水纳管率/%
城镇居民	71 258	67 896	3 362	95.3
农村居民	8 526	0	8 526	0.0
建筑业	6 460	4 935	1 525	76.4
交通运输业	2 610	1 994	616	76.4
批发零售业	8 579	6 554	2 025	76.4
住宿业	3 229	2 467	762	76.4
餐饮业	1 498	1 144	354	76.4
金融业	294	225	69	76.4
教育业	6 349	4 851	1 498	76.4
卫生业	3 764	2 876	888	76.4
其他服务业	35 933	27 453	8 480	76.4
农副食品加工业	769	516	253	67.1
食品制造业	1 241	792	449	63.8

续表

行业	污水排放量/万米³	进入污水处理厂/万米³	直接进入河道/万米³	污水纳管率/%
饮料制造业	1 140	803	337	70.4
纺织业	3 304	1 734	1 570	52.5
造纸及纸制品业	1 780	1 192	588	67.0
石油加工、炼焦及核燃料加工业	7 203	5 882	1 321	81.7
化学原料及化学制品制造业	7 956	4 711	3 245	59.2
医药制造业	1 686	1 027	659	60.9
化学纤维制造业	269	186	83	69.1
橡胶制品业	989	565	424	57.1
塑料制品业	1 282	777	505	60.6
黑色金属冶炼及压延加工业	3 789	772	3 017	20.4
有色金属冶炼及压延加工业	783	486	297	62.1
电子元器件制造业	2 793	2 276	517	81.5
采矿及其他制造业	40 410	22 181	18 229	54.9
其中工业污水小计	75 708	44 214	13 494	58.4
合计	223 894	164 295	59 599	73.4

2. 污染物排放去向的估算

根据估算各类污染源，COD 产生量为 607 315 吨、氨氮为 51 159 吨。污染物在污水处理厂的平均去除率按 2007 年全市污水处理厂的实际平均去除率进行计算，污水处理厂 COD 削减率为 66.85%，氨氮削减率为 32.68%。最终进入水环境的 COD 排放量为 299 850 吨、氨氮为 38 068 吨。详细内容如表 6-8 和表 6-9 所示。

表 6-8　2007 年上海市污水 COD 排放去向估算表　　单位：吨

行业	排放总量	进入污水处理厂	进入污水处理厂削减量	进入污水处理厂后排放量	直接进入河道	最终排放量
城镇居民	249 403	237 636	158 860	78 776	11 767	90 543
农村居民	29 841	0	0	0	29 841	29 841
建筑业	6 460	4 935	3 299	1 636	1 525	3 161

续表

行业	排放总量	进入污水处理厂	进入污水处理厂削减量	进入污水处理厂后排放量	直接进入河道	最终排放量
交通运输业	9 135	6 979	4 665	2 314	2 156	4 470
批发零售业	25 737	19 662	13 144	6 518	6 075	12 593
住宿业	9 687	7 401	4 948	2 453	2 286	4 739
餐饮业	5 243	4 004	2 677	1 327	1 239	2 566
金融业	588	450	301	149	138	287
教育业	15 873	12 128	8 107	4 020	3 745	7 765
卫生业	7 528	5 752	3 845	1 907	1 776	3 683
其他服务业	89 833	68 633	45 881	22 752	21 200	43 952
农副食品加工业	2 307	1 548	1 035	513	759	1 272
食品制造业	3 723	2 376	1 588	788	1 347	2 135
饮料制造业	1 140	803	537	266	337	603
纺织业	8 260	4 335	2 898	1 437	3 925	5 362
造纸及纸制品业	2 670	1 788	1 195	593	882	1 475
石油加工、炼焦及核燃料加工业	10 805	8 823	5 898	2 925	1 982	4 907
化学原料及化学制品制造业	11 934	7 067	4 724	2 343	4 868	7 211
医药制造业	2 529	1 541	1 030	511	989	1 500
化学纤维制造业	538	372	249	123	166	289
橡胶制品业	1 978	1 130	755	375	848	1 223
塑料制品业	3 205	1 943	1 299	644	1 263	1 907
黑色金属冶炼及压延加工业	1 895	386	258	128	1 509	1 637
有色金属冶炼及压延加工业	392	243	163	81	149	230
电子元器件制造业	5 586	4 552	3 043	1 509	1 034	2 543
采矿及其他制造业	101 025	55 453	37 070	18 383	45 573	63 956
合计	607 315	459 940	307 469	152 471	147 379	299 850

表 6-9 2007 年上海市污水氨氮排放去向估算表 单位：吨

行业	排放总量	进入污水处理厂	进入污水处理厂削减量	进入污水处理厂后排放量	直接进入河道	最终排放量
城镇居民	28 503	27 158	8 875	18 283	1 345	19 628
农村居民	3 410	0	0	0	3 410	3 410
建筑业	646	494	161	332	153	485
交通运输业	392	299	98	202	93	295
批发零售业	858	655	214	441	203	644
住宿业	323	247	81	166	76	242
餐饮业	225	172	56	116	53	169
金融业	29	22	7	15	7	22
教育业	1 270	970	317	653	300	953
卫生业	565	432	141	291	133	424
其他服务业	5 390	4 118	1 346	2 772	1 272	4 044
农副食品加工业	115	77	25	52	38	90
食品制造业	186	119	39	80	67	147
饮料制造业	57	40	13	27	17	44
纺织业	496	260	85	175	236	411
造纸及纸制品业	267	179	58	120	88	208
石油加工、炼焦及核燃料加工业	720	588	192	396	132	528
化学原料及化学制品制造业	398	236	77	159	162	321
医药制造业	169	103	34	69	66	135
化学纤维制造业	27	19	6	13	8	21
橡胶制品业	148	85	28	57	63	120
塑料制品业	256	155	51	104	101	205
黑色金属冶炼及压延加工业	189	39	13	26	150	176
有色金属冶炼及压延加工业	39	24	8	16	15	31
电子元器件制造业	419	341	112	230	78	308

续表

行业	排放总量	进入污水处理厂	进入污水处理厂削减量	进入污水处理厂后排放量	直接进入河道	最终排放量
采矿及其他制造业	6 062	3 327	1 087	2 240	2 735	4 975
合计	51 159	40 159	13 124	27 035	11 001	38 068

3. 污水处理厂污染物排放去向

根据上海市排水处提供的2007年污水处理厂运行状况统计，全市市政污水收集系统末端均设置了污水处理厂进行处理，全年污水处理量为164 615万米^3。其中，金山石化污水处理厂尾水4745万米^3、上海市化工区污水处理厂657万米^3、临港新城污水处理厂234万米^3、奉贤西部污水处理厂1496万米^3、奉贤东部污水处理厂484万米^3、新江污水处理厂1024万米^3；约有8370万米^{3}排放进入海洋（杭州湾），其余156 245万米^{3}污水处理厂尾水在内河排放。

污水处理厂排放浓度按全市污水处理厂平均排放浓度COD 90.5毫克/升、氨氮15.4毫克/升计算，则污水处理厂处理后排放进入海洋的COD为7575吨、氨氮1289吨；进入内河的为COD为141 402吨、氨氮24 062吨。

第三节　核算成果及分析

一、核算成果

各行业污水排放系数和污染物排放系数以典型调查数据为基础，参考国内相关研究资料和上海市的实际情况，进行适当调整。本次核算所采用的相关排放系数汇总于表6-10、表6-11中。

表6-10　2007年上海市各行业污水及污染物排放系数表

行业	污水排放系数/%	COD浓度/（毫克/升）	氨氮浓度/（毫克/升）
农业*	—	30	2
畜牧业*	—	10 000	400
城镇居民	90	350	40
农村居民	80	350	40

续表

行业	污水排放系数/%	COD浓度/（毫克/升）	氨氮浓度/（毫克/升）
建筑业	60	100	10
交通运输业	90	350	15
批发零售业	90	300	10
住宿业	90	300	10
餐饮业	90	350	15
金融业	90	200	10
教育业	90	250	20
卫生业	90	200	15
其他服务业	90	250	15
农副食品加工业	80	300	15
食品制造业	80	300	15
饮料制造业	70	100	5
纺织业	70	250	15
造纸及纸制品业	90	150	15
石油加工、炼焦及核燃料加工业*	70	150	10
化学原料及化学制品制造业	70	150	5
医药制造业	80	150	10
化学纤维制造业	70	200	10
橡胶制品业	90	200	15
塑料制品业	80	250	20
黑色金属冶炼及压延加工业	30	50	5
有色金属冶炼及压延加工业	80	50	5
电子元器件制造业	90	200	15
采矿及其他制造业	80	250	15

*表示农业、畜牧业的排放量系数根据实物量账户提供的数据；石油加工行业扣除了海水利用量。

表 6-11 2007 年上海市各行业污水排放去向估算系数 单位：%

行业	污水纳管率	进入河道比例
农业灌溉	0.0	100.0
养殖业	0.0	100.0
城镇居民	95.3	4.7
农村居民	0.0	100.0

续表

行业	污水纳管率	进入河道比例
建筑业	76.4	23.6
交通运输业	76.4	23.6
批发零售业	76.4	23.6
住宿业	76.4	23.6
餐饮业	76.4	23.6
金融业	76.4	23.6
教育业	76.4	23.6
卫生业	76.4	23.6
其他服务业	76.4	23.6
农副食品加工业	67.1	32.9
食品制造业	63.8	36.2
饮料制造业	70.4	29.6
纺织业	52.5	47.5
造纸及纸制品业	67.0	33.0
石油加工、炼焦及核燃料加工业	81.7	18.3
化学原料及化学制品制造业	59.2	40.8
医药制造业	60.9	39.1
化学纤维制造业	69.1	30.9
橡胶制品业	57.1	42.9
塑料制品业	60.6	39.4
黑色金属冶炼及压延加工业	20.4	79.6
有色金属冶炼及压延加工业	62.1	37.9
电子元器件制造业	81.5	18.5
采矿及其他制造业	54.9	45.1

注：石油加工行业排放进入海洋的量直接按海水利用量计算；其他行业排放进入海洋的量较小，在此一并计入排放进入河道的量中。

另外，本次核算还有部分项目未统计在表中：①直流式火力发电业、循环式火力发电业、其他火电工业、原水及自来水的生产和供应业以及其他水的利用、处理和分配业等，由于其生产过程基本不产生新的污染物，有污染物的废水主要来源于员工生活污水，这部分产业的员工生产用水量已计入其他工业行业中，此处不重复计算；②城市环境卫生管理业、城市园林绿化管理业、深井回灌及其他水量，不计入污水排放中，未作统计，渔业、林业的污染物排放不统计。上海市污水及主要污染物排放的详细情况如表6-12～6-21所示。

表 6-12　2007 年上海市城镇住户生活污水及污染物排放情况统计表

地级行政区	水资源二级区	城镇住户污水/（万米³/年）					COD 排放量/（吨/年）					氨氮排放量/（吨/年）				
		污水排放总量	直接排放量	入内水体量	排海量	入污水厂量	排放总量	直接排放量	入内水体量	排海量	入污水厂量	排放总量	直接排放量	入内水体量	排海量	入污水厂量
C1	C2	C3	C4	C4a	C4b	C5	C6	C7	C7a	C7b	C8	C9	C10	C10a	C10b	C11
		71 258	3 362	3 362	—	67 896	249 403	11 767	11 767	—	237 636	28 503	1 345	1 345	—	27 158

注：①表内各指标间关系：C3=C4+C5；C6=C7+C8；C9=C10+C11；C4=C4a+C4b；C7=C7a+C7b；C10=C10a+C10b。②直接排放量包括不经市政污水管道直接排入环境水体的废污水及污染物量、排入市政管道后不经污水处理厂处理排入环境水体的废污水及污染物量。③入内陆水体量指排入江河湖库的污水及污染物量。

表 6-13　2007 年上海市农业灌溉退水及污染物排放情况统计表

地级行政区	水资源二级区	灌溉面积/万亩	亩均用水量/（米³/年·亩）	亩均污水排放量/（米³/年·亩）	退水浓度		排放量合计			排入内陆水体			排海		
					COD 浓度/（毫克/升）	氨氮浓度/（毫克/升）	灌溉退水量/（万米³/年）	COD 排放量/（吨/年）	氨氮/（吨/年）	灌溉退水量（万米³/年）	COD 排放量/（吨/年）	氨氮/（吨/年）	灌溉退水量/（万米³/年）	COD 排放量/（吨/年）	氨氮排放量/（吨/年）
C1	C2	C3	C4	C5	C6	C7	C8	C9	C10	C11	C12	C13	C14	C15	C16
		309	495	13	30	2	4000	1200	80	4000	1200	80	—	—	—

注：①表内各指标关系：C8=C11+C14；C9=C12+C15；C10=C13+C16。②排入内陆水体指排入江河湖库。

表 6-14　2007 年上海市农村住户生活污水及污染物排放情况调查统计表

地级行政区	水资源二级区	农村人口/万人	人均用水量/（升/人·天）	人均污水排放量/（升/人·天）	排放量合计			入污水处理厂			排入内陆水体			排海		
					生活污水/（万米³/年）	COD/（吨/年）	氨氮/（吨/年）	生活污水/（万米³/年）	COD/（吨/年）	氨氮/（吨/年）	生活污水/（万米³/年）	COD/（吨/年）	氨氮/（吨/年）	生活污水/（万米³/年）	COD/（吨/年）	氨氮/（吨/年）
C1	C2	C3	C4	C5	C6	C7	C8	C9	C10	C11	C12	C13	C14	C15	C16	C17
		181.92	160	128	8 526	29 841	3 410	0	0	0	8 526	29 841	3 410	0	0	0

注：①表内各指标关系：C6=C9+C12+C15；C7=C10+C13+C16；C8=C11+C14+C17。②排入内陆水体指排入江河湖库。

表 6-15　2007 年上海市入河废污水量及主要污染物统计表

地级行政区	水资源二级区	入河排污口/个	入河废污水量/（万米^3/年）				污染物量/（吨/年）							
							COD				氨氮			
			合计	工业	生活	混合	合计	工业	生活	混合	合计	工业	生活	混合
C1	C2	C3	C4	C5	C6	C7	C8	C9	C10	C11	C12	C13	C14	C15
			59 599	13 494	11 888	34 217	147 379	65 631	41 608	40 140	11 001	3 956	4 755	2 290

表 6-16　2007 年上海市污水排放量总排放量和净排放量标准表

单位：万米^3

地级行政区	水资源二级区	类别	农村居民	城镇居民	农业	林业	畜牧业（牲畜饲养）	渔业	农副食品加工业	食品制造业	饮料制造业	纺织业	造纸及纸制品业	石油加工、炼焦及核燃料加工业	化学原料及化学制品制造业	医药制造业	化学纤维制造业	橡胶制品业	塑料制品业	黑色金属冶炼及压延加工业	有色金属冶炼及压延加工业	电子元器件制造业	采矿及其他制造业
		序号	1	2	3	4	5	6	7	8	9	10	11	12	13	14	15	16	17	18	19	20	21
上海	上海	t. 总排放量	8 526	71 258	4 000		1 600		769	1 241	1 140	3 304	1 780	7 203	7 956	1 686	269	989	1 282	3 789	783	2 793	40 410
		a. 直接排入水域	8 526	3 362	4 000		1 600		253	449	337	1 570	588	1 321	3 245	659	83	424	505	3 017	297	517	18 229
		a.1 未经源内处理																					
		a.2 经源内处理																					
		b. 排入污水处理系统	0	67 896	0		0		516	792	803	1 734	1 192	5 882	4 711	1 027	186	565	777	772	486	2 276	22 181
		b.1 排入内陆水域	8 526	3 362	4 000		1 600		253	449	337	1 570	588	1 321	3 245	659	83	424	505	3 017	297	517	18 229
		b.2 排入海域	0	0	0		0		0	0	0	0	0	0	0	0	0	0	0	0	0	0	0
		d. 分配污水处理厂排放的污染物																					
		e. 净排放	8 526	71 258	4 000		1 600		769	1 241	1 140	3 304	1 780	7 203	7 956	1 686	269	989	1 282	3 789	783	2 793	40 410

续表

地级行政区	水资源二级区	类别	直流式火力发电业	循环式火力发电业	其他电力工业	原水及自来水的生产和供应业	污水处理业	其他水的利用、处理和分配业	建筑业	交通运输业	批发零售业	住宿业	餐饮业	金融业	教育业	卫生业	其他服务业	城市环境卫生管理业	城市园林绿化管理业	深井回灌	其他水量	总计
		序号	22	23	24	25	26	27	28	29	30	31	32	33	34	35	36	37	38	39	40	
上海	上海	t. 总排放量							6 460	2 610	8 579	3 229	1 498	294	6 349	3 764	35 933					229 494
上海	上海	a. 直接排入水域							1 525	616	2 025	762	354	69	1 498	888	8 480					65 199
上海	上海	a. 1 未经源内处理																				
上海	上海	a. 2 经源内处理																				
上海	上海	b. 排入污水处理系统							4 935	1 994	6 554	2 467	1 144	225	4 851	2 876	27 453					164 295
上海	上海	b. 1 排入内陆水域							1 525	616	2 025	762	354	69	1 498	888	8 480					65 199
上海	上海	b. 2 排入海域							0	0	0	0	0	0	0	0	0					0
上海	上海	d. 分配污水处理厂排放的污染物																				
上海	上海	e. 净排放							6 460	2 610	8 579	3 229	1 498	294	6 349	3 764	35 933					22 666

注：①按废污水排放量、COD、氨氮及其他上海市选评的污染项目分别填写此表。②表内各指标关系：t=a+b；a=a1+a2=b1+b2。

表 6-17　2007 年上海市主要污染物 COD 总排放量和净排放量标准表

单位：吨

地级行政区	水资源二级区	类别	农村居民	城镇居民	农业	林业	畜牧业(牲畜饲养)	渔业	农副食品加工业	食品制造业	饮料制造业	纺织业	造纸及纸制品业	石油加工、炼焦及核燃料加工业	化学原料及化学制品制造业	医药制造业	化学纤维制造业	橡胶制品业	塑料制品业	黑色金属冶炼及压延加工业	有色金属冶炼及压延加工业	电子元器件制造业	采矿及其他制造业
		序号	1	2	3	4	5	6	7	8	9	10	11	12	13	14	15	16	17	18	19	20	21
		t. 总排放量	29 841	249 403	1 200		160 000		2 307	3 723	1 140	8 260	2 670	10 805	11 934	2 529	538	1 978	3 205	1 895	392	5 586	101 025

续表

地级行政区	水资源二级区	类别	农村居民	城镇居民	农业	林业	畜牧业(牲畜饲养)	渔业	农副食品加工业	食品制造业	饮料制造业	纺织业	造纸及纸制品业	石油加工、炼焦及核燃料加工业	化学原料及化学制品制造业	医药制造业	化学纤维制造业	橡胶制品业	塑料制品业	黑色金属冶炼及压延加工业	有色金属冶炼及压延加工业	电子元器件制造业	采矿及其他制造业
上海	上海	a. 直接排入水域	29 841	11 767	1 200		160 000		759	1 347	337	3 925	882	1 982	4 868	989	166	848	1 263	1 509	149	1 034	45 573
		a.1 未经源内处理																					
		a.2 经源内处理																					
		b. 排入污水处理系统	0	237 636	0		0		1 548	2 376	803	4 335	1 788	8 823	7 067	1 541	372	1 130	1 943	386	243	4 552	55 453
		b.1 排入内陆水域	29 841	11 767	1 200		160 000		759	1 347	337	3 925	882	1 982	4 868	989	166	848	1 263	1 509	149	1 034	45 573
		b.2 排入海域							0	0	0	0	0	0	0	0	0	0	0	0	0	0	0
		d. 分配污水处理厂排放的污染物	0	78 776	0		0		513	788	266	1 437	593	2 925	2 343	511	123	375	644	128	81	1 509	18 383
		e. 净排放	29 841	90 543	1 200		160 000		1 272	2 135	603	5 362	1 475	4 907	7 211	1 500	289	1 223	1 907	1 637	230	2 543	63 956

续表

地级行政区	水资源二级区	类别	直流式火力发电业	循环式火力发电业	其他电力工业	原水及自来水的生产和供应业	污水处理业	其他水的利用、处理和分配业	建筑业	交通运输业	批发零售业	住宿业	餐饮业	金融业	教育业	卫生业	其他服务业	城市环境卫生管理业	城市园林绿化管理业	深井回灌	其他水量	总计
		序号	22	23	24	25	26	27	28	29	30	31	32	33	34	35	36	37	38	39	40	
上海	上海	t. 总排放量							6 460	9 135	25 737	9 687	5 243	588	15 873	7 528	89 833					768 515
		a. 直接排入水域							1 525	2 156	6 075	2 286	1 239	138	3 745	1 776	21 200					308 579
		a. 1 未经源内处理																				
		a. 2 经源内处理																				
		b. 排入污水处理系统							4 935	6 979	19 662	7 401	4 004	450	12 128	5 752	68 633					459 940
		b. 1 排入内陆水域							1 525	2 156	6 075	2 286	1 239	138	3 745	1 776	21 200					308 579
		b. 2 排入海域							0	0	0	0	0	0	0	0	0					0
		d. 分配污水处理厂排放的污染物							1 636	2 314	6 518	2 453	1 327	149	4 020	1 907	22 752					152 471
		e. 净排放							3 161	4 470	12 593	4 739	2 566	287	7 765	3 683	43 952					461 050

注：①按废污水排放量、COD、氨氮及其他上海市选评的污染项目分别填写此表。②表内各指标关系：t＝a＋b；a＝a1＋a2＝b1＋b2；e＝ a＋d。

表 6-18　2007 年上海市主要污染物氨氮总排放量和净排放量标准表

单位：吨

地级行政区	水资源二级区	类别	农村居民	城镇居民	农业	林业	畜牧业(牲畜饲养)	渔业	农副食品加工业	食品制造业	饮料制造业	纺织业	造纸及纸制品业	石油加工、炼焦及核燃料加工业	化学原料及化学制品制造业	医药制造业	化学纤维制造业	橡胶制品业	塑料制品业	黑色金属冶炼及压延加工业	有色金属冶炼及压延加工业	电子元器件制造业	采矿及其他制造业
		序号	1	2	3	4	5	6	7	8	9	10	11	12	13	14	15	16	17	18	19	20	21
		t. 总排放量	3 410	28 503	80		7 200		115	186	57	496	267	720	398	169	27	148	256	189	39	419	6 062

续表

地级行政区	水资源二级区	类别	农村居民	城镇居民	农业	林业	畜牧业(牲畜饲养)	渔业	农副食品加工业	食品制造业	饮料制造业	纺织业	造纸及纸制品业	石油加工、炼焦及核燃料加工业	化学原料及化学制品制造业	医药制造业	化学纤维制造业	橡胶制品业	塑料制品业	黑色金属冶炼及压延加工业	有色金属冶炼及压延加工业	电子元器件制造业	采矿及其他制造业
上海	上海	a. 直接排入水域	3 410	1 345	80		7 200		38	67	17	236	88	132	162	66	8	63	101	150	15	78	2 735
		a.1 未经源内处理																					
		a.2 经源内处理																					
		b. 排入污水处理系统	0	27 158	0		0		77	119	40	260	179	588	236	103	19	85	155	39	24	341	3 327
		b.1 排入内陆水域	3 410	1 345	80		7 200		38	67	17	236	88	132	162	66	8	63	101	150	15	78	2 735
		b.2 排入海域	0	0	0		0		0	0	0	0	0	0	0	0	0	0	0	0	0	0	0
		d. 分配污水处理厂排放的污染物	0	18 283	0		0		52	80	27	175	120	396	159	69	13	57	104	26	16	230	2 240
		e. 净排放	3 410	19 628	80		7 200		90	147	44	411	208	528	321	135	21	120	205	176	31	308	4 975

续表

地级行政区	水资源二级区	类别	直流式火力发电业	循环式火力发电业	其他电力工业	原水及自来水的生产和供应业	污水处理业	其他水的利用、处理和分配业	建筑业	交通运输业	批发零售业	住宿业	餐饮业	金融业	教育业	卫生业	其他服务业	城市环境卫生管理业	城市园林绿化管理业	深井回灌	其他水量	总计
		序号	22	23	24	25	26	27	28	29	30	31	32	33	34	35	36	37	38	39	40	
		t. 总排放量							646	392	858	323	225	29	1 270	565	5 390					58 439
		a. 直接排入水域							153	93	203	76	53	7	300	133	1 272					18 281
		a. 1 未经源内处理																				
		a. 2 经源内处理																				
		b. 排入污水处理系统							494	299	655	247	172	22	970	432	4 118					40 159
		b. 1 排入内陆水域							153	93	203	76	53	7	300	133	1 272					18 281
		b. 2 排入海域							0	0	0	0	0	0	0	0	0					0
		d. 分配污水处理厂排放的污染物							332	202	441	166	116	15	653	291	2 772					27 035
		e. 净排放							485	295	644	242	169	22	953	424	4 044					45 316

注：①按废污水排放量、COD、氨氮及其他上海选评的污染项目分别填写此表。②表内各指标关系：t=a+b；a=a1+a2=b1+b2；e= a+d。

表 6-19　2007 年上海市污水收集及处理业排放标准表

地级行政区	水资源二级区	废污水排放量/（万米^3/年）	
上海	上海	c. 排入水域（＝c1 ＋ c2）	164 615
		c. 1 处理后	164 615
		排入内陆水域	8 370
		排入海域	156 245
		c. 2 不处理	
		排入内陆水域	
		排入海域	

注：按废污水排放量、COD、氨氮及其他上海市选评的污染项目分别填写此表。

表 6-20　2007 年上海市主要污染物 COD 收集及处理业排放标准表

地级行政区	水资源二级区	污染物排放量/（米^3/年）	
上海	上海	c. 排入水域（＝c1 ＋ c2）	152 730
		c. 1 处理后	152 730
		排入内陆水域	145 155
		排入海域	7 575
		c. 2 不处理	
		排入内陆水域	
		排入海域	

注：按废污水排放量、COD、氨氮及其他上海市选评的污染项目分别填写此表。

表 6-21　2007 年上海市主要污染物氨氮污水收集及处理业排放标准表

地级行政区	水资源二级区	污染物排放量/（米^3/年）	
上海	上海	c. 排入水域（＝c1 ＋ c2）	27 067
		c. 1 处理后	27 067
		排入内陆水域	25 778
		排入海域	1 289
		c. 2 不处理	
		排入内陆水域	
		排入海域	

注：按废污水排放量、COD、氨氮及其他上海市选评的污染项目分别填写此表。

二、成果分析

根据对上海市废污水排放情况的核算，2007 年全年废污水排放量为 22.9 亿米^3，以居民生活、工业和企事业单位为主，三者的比例相差不大，如图 6-2 所示。污水中污染物排放量 COD 约为 15.2 万吨，居民生活污水 COD 排放量的比重为 36%，企事业单位、工业和畜牧业的排放量基本相当；污水中污染物排放量氨氮约为 2.7 万吨，居民生活占的比例最高为 57%，其次是工业，为 17%，企事业单位与畜牧业的排放量基本相当，如图 6-3 所示。

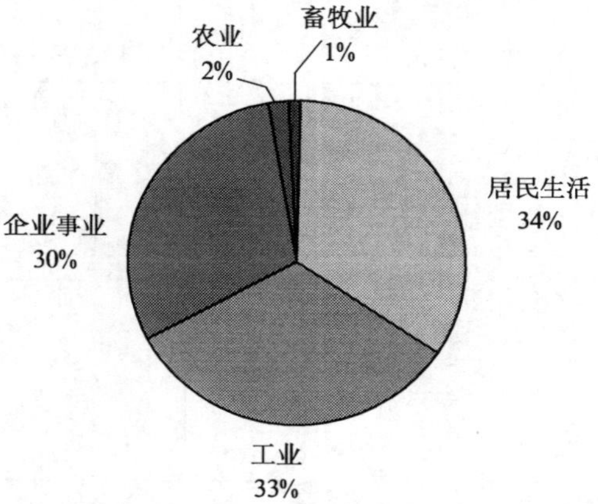

图 6-2　2007 年上海市各行业污水排放量比重

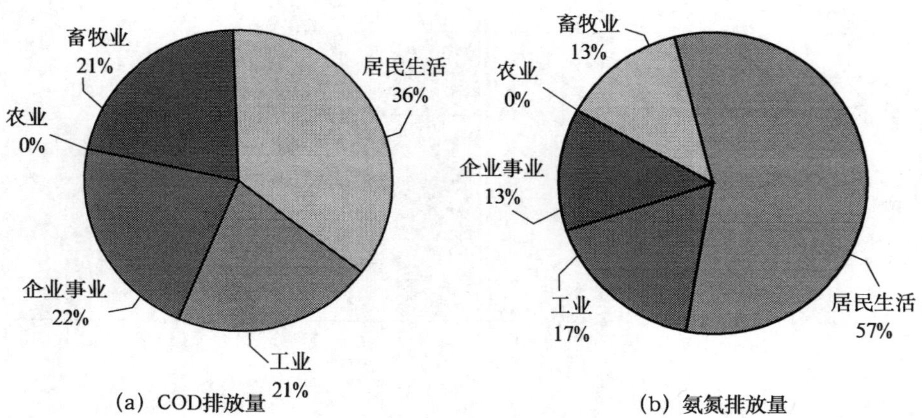

图 6-3　2007 年上海市各行业污染物排放量比重

最终进入水环境的COD排放量为43 952吨，排放量从大到小排列依次是畜牧业35%、居民生活26%、工业为21%、企事业18%，农业的比例低于0.3%；最终进入水环境的氨氮排放量为45 348吨，排放量从大到小排列依次是居民生活51%、工业17%、企事业16%、畜牧业16%，农业的比例低于0.2%。对水环境污染影响最大的是居民生活和畜牧业，如图6-4所示。

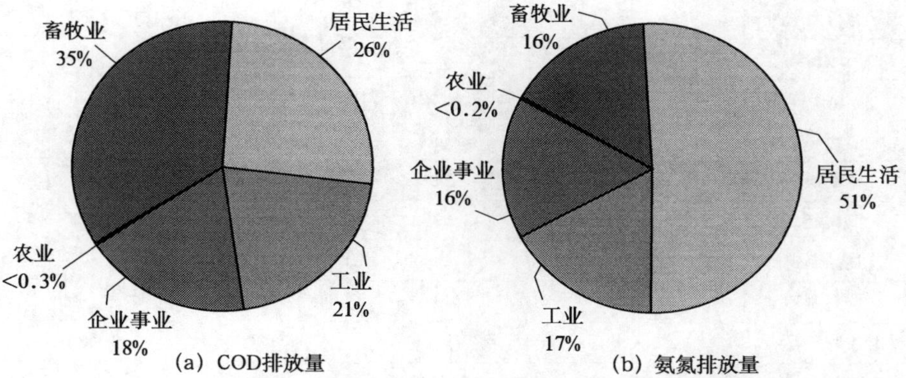

图6-4　2007年上海市各行业最终进入水环境的污染物比重

产业污水排放、污染物排放量以采矿及其他制造业、其他服务业、批发零售业、化学原料及化学制品制造业、石油加工、建筑业和教育业的排放量最大；COD最终排放量以采矿及其他制造业、其他服务业、批发零售业、教育业、化学原料及化学制品制造业最大；氨氮最终排放量以采矿及其他制造业、其他服务业、教育业最大，如表6-22所示。

表6-22　产业污水最终排放情况统计表

行业	污水排放量/万米^3	COD最终排放量/吨	氨氮最终排放量/吨
采矿及其他制造业	40 410	63 956	4 975
其他服务业	35 933	43 952	4 044
批发零售业	8 579	12 593	644
化学原料及化学制品制造业	7 956	7 211	321
石油加工、炼焦及核燃料加工业	7 203	4 907	528
建筑业	6 460	3 161	485
教育业	6 349	7 765	953
黑色金属冶炼及压延加工业	3 789	1 637	176

续表

行业	污水排放量/万米^3	COD最终排放量/吨	氨氮最终排放量/吨
卫生业	3764	3683	424
纺织业	3304	5362	411
住宿业	3229	4739	242
电子元器件制造业	2793	2543	308
交通运输业	2610	4470	295
造纸及纸制品业	1780	1475	208
医药制造业	1686	1500	135
餐饮业	1498	2566	169
塑料制品业	1282	1907	205
食品制造业	1241	2135	147
饮料制造业	1140	603	44
橡胶制品业	989	1223	120
有色金属冶炼及压延加工业	783	230	31
农副食品加工业	769	1272	90
金融业	294	287	22
化学纤维制造业	269	289	21

第七章 混合和经济账户

本章在2005年账户试算的基础上研究制定了《上海市水资源核算混合和经济账户技术规程》，并据此完成了2007年账户的核算。

第一节　混合和经济账户概述

混合和经济账户是水资源核算体系的价值量核算部分（也称为“水经济”核算），多数国家和地区对水资源核算研究多停留在实物量核算，价值量研究尚处于探索阶段，可借鉴的经验比较有限。在我国，地区层面的水资源使用和管理情况更为复杂，数据基础更为薄弱，虽然上海市陆续开展过水资源普查、供水管网普查、排水管网普查、河道普查、水环境污染源调查、能效手册的编制等相关研究和实践工作，但是通过账户体系的形式开展水资源价值量核算属首次尝试。因此，必须研究适合上海市数据基础和水资源管理需要的账户形式和内容。

一、研究对象和内容

1. 研究对象

混合和经济账户核算研究对象必须符合两个条件：①和实物量供给使用表分类标准保持一致，以便建立和水资源实物量数据之间的联系；②属于国民经济核算的生产范围，即投入人力和资金进行加工，能够提供某种效用的水资源。

混合和经济账户的研究对象具体包括三类水资源。

（1）原水（水利工程供水），指由水利管理业管理的水利工程，通过渠道或管道供应的水资源。之所以将水利工程提供的原水作为研究对象，是因为：首先，要花费大量资金在河流上建造大坝蓄水，阻止水流；其次，大坝建好之后，还需要对水资源进行连续不断的控制和管理。水可以用于居民生活和工业生产活动或进行净化处理和调配使用，也可以用于发电。同理，根据SEEA及国民经济核算体系（SNA1993）有关定义，水库中的水应该视为生产资产，与此对应，水库中增加的水无论是流入的水还是天上降下的雨水，都应该视为资本形成。

（2）自来水，指经过公共供水企业加工处理、达到自来水供水标准，并通过城镇自来水供水管网供应的水资源。

（3）再生水（中水、污水处理回用量），指由城市污水处理厂集中处理，并达到相关的排放标准的废污水和雨水。若污水处理厂把处理后的废污水和雨水排放到河流，其下游的经济单位和住户从该河流的取水，统计为地表水取水量，而不作为再生水。

2. 研究内容

上海市开展水资源核算研究既要服务于国家试点计划，又要立足于现有数据基础，满足上海市水资源综合管理的需要。目前，由于地区层面难以获得翔实的基础数据，不能完整地编制全套基本核算表和国民经济账户，反映到水资源核算上，地区层面不能完成水资源国民支出账户和筹资账户，所以，在《中国水资源环境经济核算技术细则》的基础之上，上海市基本账户做出如下调整：现阶段，上海水资源资金账户无法扩展到所有水资源管理资金，上海市试点暂缓编制水资源国民支出账户和筹资账户，增加涉水活动的资产账户、政府水务支出核算表反映固定资产投资的资金来源以及政府水务支出的去向。

综上所述，上海市混合和经济账户的研究内容调整主要有以下两个方面。

（1）混合账户。保留混合供给和使用表、自用活动的混合账户，上述两个账户将实物量信息和价值量信息并列反映在同一张表上，合称为“混合账户”。

（2）经济账户。保留税收补贴账户、涉水活动的生产账户，前者更名为“税费和补贴账户”，并对核算范围做出界定；暂缓编制水资源国民支出账户和筹资账户，新增涉水活动的资产账户、政府水务支出核算表，如图7-1所示。

此外，上海市混合和经济账户的分类标准采用“上海市涉水对象分类名称及代码”。

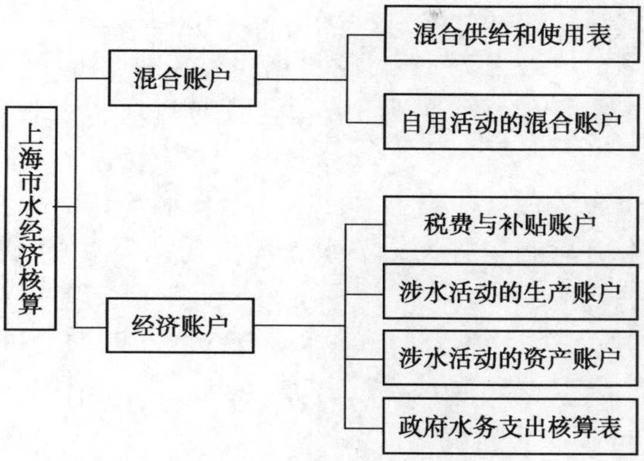

图 7-1　上海市水经济核算的研究内容

二、涉水活动的基本概念

1. 涉水活动的界定

水资源与社会再生产活动有着密切关系，为了全面反映与水有关的经济活动，需要将其从国民经济核算中单独剥离出来。为方便阐述，本书将国民经济行业中与水有关的产业部门合称为“水产业”。水的使用过程可以分为取水、输送、使用、排放和处理五个环节，结合《国民经济行业分类》(GB/T4757—2002) 的小类标准，水产业包括如下产业（表 7-1）。

(1) 灌溉服务（代码为 0511），指为农业生产服务的灌溉系统的经营与管理活动。

(2) 自来水的生产和供应（代码为 4610），指将天然水（地下水、地表水）经过蓄积、净化达到生活饮用水或其他用水标准，并向居民家庭、企业和其他用户供应的活动。

(3) 污水处理及其再生利用（代码为 4620），指对污水的收集、处理及净化后的再利用活动。

(4) 其他水的处理利用与分配（代码为 4690），指将海水淡化处理、达到可以使用标准的生产活动，以及对雨水、微咸水等类似水进行收集、处理和利用活动。

(5) 水利工程建设。水利工程建设在国民经济行业分类中没有单列，包含在“水利和港口工程建筑（代码为 4722)”之中。

(6) 防洪管理（代码为 7910），指对河流、湖泊、行蓄洪区及沿海的防洪、防涝设施的管理互动。

(7) 水库管理（代码为 7921），指对水库等水利设施的管理活动。

(8) 调水、饮水管理（代码为 7922），指对运河、水利枢纽、水闸的管理活动。

(9) 其他水资源管理（代码为 7929），指节水及其他未列明的水资源管理活动，如水资源开发利用咨询、节水管理咨询、节水灌溉技术咨询、工业及生活节水技术咨询等。

(10) 其他水利管理（代码为 7990），指水土保持、保护及其他水利管理活动。

(11) 水污染治理（代码为 8023），指对江、河、湖泊、水库及地下水的污染综合治理活动。

(12) 城市雨污水排放设施管理业。城市雨污水排放设施管理在国民经济行业分类中没有单列，包含在“市政公共设施管理（代码为 8110）”之中。

表 7-1 水产业在国民经济行业分类中的代码

代码				行业类别
门类	大类	中类	小类	
A				农、林、牧、渔业
	05			农、林、牧、渔、服务业
		051	0511	灌溉服务
D				电力、燃气及水的生产和供应业
	46			水的生产和供应业
		461	4610	自来水的生产和供应业
		462	4620	污水的处理及其再生利用
		469	4690	其他水的处理、利用和分配
E				建筑业
	47			房屋和土木工程建筑业
		472	4722	水利和港口工程建设
N				水利、环境和公共设施管理业
	79			水利管理业
		791	7910	防洪管理
		792		水资源管理
			7921	水库管理
			7922	调水、饮水管理
			7929	其他水资源管理
		799	7990	其他水利管理
	80			污染管理业
		802	8023	水污染治理
	81			公共设施管理业
		811	8110	市政公共设施管理

2. 涉水政府消费支出

在国民经济核算中，政府消费支出是指政府为社会提供公共服务的支出和政府免费或以较低价格向居民提供的消费货物和服务所承担的净支出。具体到水资源核算，涉水政府消费支出是指由财政支出的水体污染治理、水利事务的公共消费支出。需要说明的是，低价或免费提供给社会生产和生活用水的水资源价值差价（如提供给消防、环卫、公共绿化、深井回灌的水资源差价）都计入自来水生产和供应成本，通过水价由企业和居民分摊，因此，不能计入涉水政府消费支出。

3. 涉水税费和补贴

税收收入是指政府为满足社会公共需要和对经济的调控，凭借国家权力，依据法律规定的标准向经济法人和居民强制、无偿征收的收入。此外，政府征收一定的非税收入，作为财政收入的补充来源。我国尚未开征环境税，涉水税费收入指供水经营者按国家税法规定应缴纳的税金及计入水价的非税收入。

涉水税费包括水资源费和深井水价、加价水价、水务执行罚款、环保排污费、由用户缴纳的公用事业附加费。补贴支出是政府对经济法人和居民的无偿支付，与税收的支付方向和作用正好相反。涉水补贴包括对自来水厂和污水处理厂的生产补贴、对企业和居民的节水补贴。

三、估价原则和方法

（一）估价原则

SEEA 是 SNA1993 的附属账户，SEEAW 是 SEEA 的细化和延伸，因此，水资源经济核算也必须遵循国民经济核算的基本原则：凡发生货币支付的交易，都按照交易双方认定的成交价格，即市场价格来估价；没有发生货币支付的交易，如同一机构单位内部的交易（如自制设备、自给性消费等），按市场上相同服务的市场价格或所发生的实际成本来估价。市场价格包括生产者价格和购买者价格。购买者价格等于生产者价格加上购买者支付的运输和商业费用，再加上购买者缴纳的增值税和其他税，但服务的购买者价格和生产者价格是相等的，因为服务在生产的同时就被消费掉了。一般来说，货物和服务产出按生产者价格估价，大多数货物和服务的使用（如中间消耗、固定资产形成和最终消费）按照购买者价格估价。

根据国民经济核算原则对水资源进行估价，优点在于能和国民经济核算数据保持可比性，避免出现GDP中扣除环境资源成本后的剩余总量锐减，甚至为负数的悖论；缺点在于过高估计当期GDP总量。这些高估的新增价值都源于廉价或免费使用的资源环境价值；同时，水资源的价格是按照功能效用制定的，不同功能用水（如生活用水、工业用水、产业养殖、农业灌溉、航运和景观用水等）水价有较大差别。水资源自身的特殊性使得市场无法主动调整不同功能的水价，采用市场估价原则容易掩盖水资源在某些方面的低效使用和浪费。

（二）估价方法

水的市场价格较为特殊，原水及自来水厂、污水处理厂是执行独立核算、自负盈亏的企业单位①，但是水价和排水费却由政府定价。因此，水的生产者价格按照平均生产成本估算，水的购买者价格则参考现行水价。

1. 自来水的价格

自来水使用量＝∑（某涉水对象的水价标准×自来水使用量）

自来水的购买者价格＝自来水的使用量÷自来水量（用水口径）

自来水的供给量＝“自来水生产和供应业”的总产出

自来水的生产者价格＝自来水的供给量÷自来水量（供水口径）

式中，自来水生产和供应业的总产出取自生产法生产总值表；各涉水对象自来水使用量取实物量供给使用表中“来自其他经济单位的水量——自来水供应”。自来水水量有两种统计口径：一种是供水厂提供的供水口径，另一种是用户水表提供的使用水口径，前者等于供水业的“对外供水量”，后者等于供水业的“对外供水量”加上供水业“输水回归到地下水量”。在计算产出价值时应该采用供水口径，在计算使用价值时采用使用水口径。

2. 污水处理的价格

污水处理的使用量＝∑(某涉水对象的排水费标准×排入污水处理厂水量)

污水处理的购买者价格＝污水处理的使用量÷排入污水处理厂的总水量

污水处理的生产成本和费用计入污水处理业，污水收集和运输成本则纳

① 2000年，上海市中心城区的排水运营体制按照投资、建设、运行、监管“四分开”的原则，调整重组为“1＋1＋3”体制（即上海市城市排水有限公司、上海市水环境建设公司以及上海城市排水市南、市北、市中运营有限公司）。上海市排水公司履行上海市属公共排水设施的资产经营管理、中心城区排水收费、排水工程项目投资以及排水设施委托运行和费用结算等职能，三家运营公司则主要承担了城市污水处理、污水干线输送、市区防汛排水等设施的运行管理。排水费一般是包含在水价里面，委托各区域自来水公司征收。每年的收入经上海市排水公司核算后，按照各运营公司完成的业务量计算、支付运营费用。

入市政公共设施管理业。因此，完整的污水处理产出量等于污水处理业、公共设施管理业（用于污水处理部分）的成本费用之和。然而，城市排水系统不但承担生产和生活污水输送，还兼负雨水收集、防汛排水等功能，很难从中准确分出污水运输的成本。污水处理本质上接近服务性质，因此，可以按照“供给量＝使用量”进行推算，污水处理服务的生产者价格也可近似认为等于购买者价格。

污水处理的供给量＝使用量

污水处理的生产者价格＝购买者价格

3. 自用取水、污水处理的价格

实际上，自用取水、污水处理行为多为直接从环境取水，简单处理后或不作处理直接使用，对产生的污水自行处理或直接排入环境，期间发生的运输费用和税费非常小，可以近似认为购买者价格等于生产者价格，而生产者价格即单位生产成本，可以通过典型调查得到。

自用取水、污水处理的购买者价格＝生产者价格

第二节　上海市水资源混合和经济账户的技术规程

一、总则

1. 核算目标

核算目标是完成上海市水资源混合和经济账户的编制。其中，混合账户包括混合供给和使用表、自用活动混合账户；经济账户包括税费和补贴账户、涉水活动的生产账户、涉水活动的资产账户、政府水务支出核算表。

2. 应用范围

本技术规程主要应用于上海市，也可以作为其他地区和流域开展水经济核算的参考。由于现阶段我国只在国家和省级建立国民经济核算制度，所以，省级以下的地区不宜开展水资源混合和经济账户的研究和编制工作。

3. 分类标准

分类标准采用“上海市涉水对象分类名称及代码”，其他地区可参考国家和上海市的分类标准，制定适合本地区的分类标准。

4. 数据基础

数据来源包括以下几方面：①上海市 GDP 年报（生产法生产总值表、收入法生产总值表和支出法生产总值表）；②上海市投入产出表；③上海市经济

普查数据及核算资料；④上海市规模以上工业企业统计年报、全社会固定资产投资表；⑤上海市分行业分税种的税收收入情况表，财政支出明细表；⑥上海市水资源实物量供给和使用表、排放账户；⑦上海市水利固定资产完成情况表；⑧上海市水资源收费标准。

其中，年度GDP核算按照初步核算、初步核实和最终核实三个步骤，初步核算数在次年1月20日左右发布，初步核实数在次年9月发布，最终核实数在隔年发布。除上述核算程序外，在尾数逢3、逢8的年份开展经济普查，届时将对GDP历史数据进行修订和发布；在逢2、逢7年份开展投入产出调查并编制基本表，每逢0、逢5年份编制延长表。

二、基本概念

水资源混合和经济账户直接采用图民经济核算的基本概念和指标，现对其中主要指标解释如下。

（1）总产出。总产出指常住单位在一定时期内生产的所有货物和服务的全部价值，既包括新增价值，也包括转移价值。它反映常住单位生产活动的总规模。

（2）中间投入。中间投入指常住单位在生产货物或提供服务的过程中，消耗和使用的所有原材料、燃料、动力等货物和各种服务的价值，用于反映生产过程中的转移价值。

（3）GDP/增加值。GDP是按照市场价格计算的一个国家（或地区）所有常住单位在一定时期内生产活动的最终成果；增加值是常住单位在生产过程中创造的新增价值。全社会所有常住单位的增加值总和就是GDP。

（4）劳动者报酬。劳动者报酬指劳动者从事生产活动所应得的全部报酬，包括工资、奖金和津贴，既有货币形式的，也有实物形式的，还包括劳动者所享受的公费医疗和医药卫生费、交通补贴和单位为职工缴纳的各种社会保险费等。

（5）生产税净额。生产税净额指生产税减生产补贴后的差额。其中，生产税指政府对生产单位从事生产、销售和经营活动及因从事生产活动使用的某些生产要素（如固定资产、土地和劳动力）所征收的各种税、附加费和规费，具体包括主营业务税金及附加、增值税、管理费中列支的各种税、应缴纳的排污费、水电费附加和烟酒专卖上缴政府的专项收入等；生产补贴是政府对生产单位在生产和经营过程中由于政策性的原因而产生的亏损所给予的财政补贴，作为负生产税处理。

（6）固定资产折旧。固定资产折旧是指生产中使用的房屋和机器设备等生产用固定资产在核算期内磨损的价值的补偿，反映固定资产在当期生产中的转移价值。

（7）营业盈余。常住单位创造的增加值扣除劳动者报酬、生产税净额和固定资产折旧后的余额。

（8）最终消费支出。最终消费支出指消费者（居民、政府）为满足物质、文化和精神生活的需要，从本国经济领土和国外购买的货物与服务的支出，但不包括非常住单位在本国的消费支出。最终消费支出包括政府消费支出和居民消费支出。

（9）资本形成总额。常住单位在一定时期内获得的减去处置的固定资产和存货的净额，包括固定资本形成总额和存货增加。其中，固定资本形成总额指常住单位在一定时期内购置、转入和建造的固定资产，扣除固定资产的报废、销售和转让后的价值；存货增加指常住单位存货实物量变动的市场价值，等于存货的期末价值减期初价值，再扣除由于当期价格变动而产生的持有受益。

三、水资源混合供给表

混合供给和使用表（表 7-2）中，水资源实物量数据、COD 总排放量取自实物量供给使用表和排放账户，水资源价值量数据计算方法如下。

1. 全社会的经济总量

总产出和供给即为国民经济核算中的“总产出”，中间消耗和使用即为“中间投入”，增加值之和即为 GDP，上述数据取自生产法和收入法生产总值表；农村居民消费、城镇居民消费、政府消费支出、资本形成总额和净流出取自支出法生产总值表。

2. 按涉水对象分类的经济总量

涉水对象（非工业）的总产出、中间投入和增加值直接取自生产法和收入法生产总值表。

涉水对象（工业）的总产出、中间投入和增加值可以根据市统计局工业年报、生产法和收入法生产总值表推算：首先，根据市统计局规模以上工业企业年报推算按小（中）类分类，规模以上的工业总产出、中间投入及增加值，以 GDP 年报中工业经济总量为总控制数，放大得到全口径的工业总产出及增加值；根据涉水对象分类与国民经济行业分类之间的对应关系，将中小类的工业总产出和增加值转化为按涉水对象分类的经济总量。

根据涉水对象分类与国民经济产品分类之间的对应关系，可以将投入产出表中的资本形成总额转化为按涉水对象分类的资本形成总额。

3. 自来水的价值总量

现阶段，涉水政府消费支出指水体污染治理、水利事务方面的公共支出，因此，该表中涉水政府消费支出无需填写。另外，由于上海市没有严格意义上的水库，不再估算原水供应与服务的价值量。

自来水使用量（按涉水对象分类）＝水价×自来水使用量

自来水的总使用＝$\sum$（某涉水对象的水价标准×该涉水对象自来水使用量）

自来水的总供给＝“自来水生产和供应业”的总产出

式中，自来水使用量取自实物量供给使用表中“来自其他经济单位的水量”为“自来水供应量”。

4. 污水处理的价值总量

污水处理使用量（按涉水对象分类）＝排水费×污水排放量

污水处理的总使用＝$\sum$（某涉水对象的排水费标准×该涉水对象污水排放量）

污水处理的总供给＝污水处理的总使用

式中，污水排放量取自实物量供给使用表中“供给及排入其他经济体的水量”为“排入污水处理厂水量”。

按涉水对象分类的污水处理供给量计算如下：

污水处理成本＝“污水处理及其再生利用业”的总产出

污水收集和运输成本＝污水处理的总供给－污水处理成本

式中，污水处理成本计入“污水处理及其再生水利用业”，污水收集和运输成本则计入“其他服务业”。

表 7-2 水资源混合供给和使用表

项目	中间使用			最终消费支出		资本形成总额	核算区外(净流出)	合计
	……	……	合计	居民消费支出	政府消费支出			
1. 总产出和供给/亿元								
1. a 自来水的生产和供应业								
1. b 原水供应与服务								
1. c 污水处理及再生利用								
2. 中间消耗及使用合计/亿元								
2. a 自来水的生产和供应业								
2. b 原水供应与服务								

续表

项目	中间使用			最终消费支出		资本形成总额	核算区外(净流出)	合计
	……	……	合计	居民消费支出	政府消费支出			
2. c 污水处理及再生利用								
3. 总增加值（=1−2）/亿元								
4. 资本形成总额/亿元								
5. 水的总使用/亿米^3								
5. a 直接取自环境								
5. b 来自其他经济单位的水量								
5. b. 1 自来水供应								
5. b. 2 水利工程供水								
5. b. 3 污水处理回用								
5. b. 4 废污水								
6. 水的总供给/亿米^3								
6. a 供水给其他经济单位								
6. a. 1 对外供水量								
6. a. 2 排入污水处理厂								
6. b 总排放量								
6. b. 1 排到地表水体								
6. b. 2 排到地下水体								
6. b. 3 排放到海洋								
7. COD 总排放量/万吨								

四、自用活动混合账户

经济单位（企业、居民）因自用可能开展取水和废水处理活动。例如，电厂或其他行业基层单位因自用（如为了冷却）直接取水，农民因灌溉直接从环境取水。出于同样原因，企业和居民可能拥有和操纵自己的废水处理设施（如工业废水处理厂、化粪池等）。经济单位自用取水支出主要包含以下方面：①取用地表水支出；②取用地下水支出；③雨水利用支出；④海水淡化支出；⑤海水直接利用支出；⑥污水处理服务支出。因自用活动所进行的涉水活动并没有在SNA1993中明确辨识，它们的成本包含在基层单位的主要业务活动之中，需要编制自用活动的混合账户进行反映。

自用活动混合账户的主栏包括生产成本、固定资产增量、期末固定资产存量和水量，分为自用的水供应活动和自用的污水处理服务，宾栏是经济单位，分为企业（按涉水对象分类）和住户（表7-3）。

表7-3 自用活动的混合账户

项目		企业（按涉水对象分类）			住户	总计
		……	……	……		
自用的水供应	1. 生产成本/万元 2. 固定资产增量/万元 3. 期末固定资产存量/万元 4. 取水/万米^3					
自用的污水处理服务	1. 生产成本/万元 2. 固定资产增量/万元 3. 期末固定资产存量/万元 4. 排水/万米^3					

自用活动的生产成本包括因自用取水及污水处理活动发生的材料费用、燃料费用、动力费用、人工及福利、固定资产折旧、利息支出、税金和其他支出等。自用活动的生产成本、固定资产增量、期末固定资产存量需要通过专项调查取得基础数据。自用取水、排水量可取自水资源实物量供给和使用表。

五、税费和补贴账户

政府控制水资源生产和使用的资金方式，一种是税收收入和非税收收入（合称“税费”），另一种就是补贴。前者是政府对企业和居民单方征收，后者是政府对企业和居民的无偿转移，和税费的支付方向正好相反。

税费和补贴账户的主栏指标是税费、补贴，分为供水活动、用水活动和污水处理，宾栏是经济单位，分为企业（按涉水对象分类）和住户（表7-4）。

表7-4 税费和补贴账户

项目		企业（按涉水对象分类）				住户	总计
		农业	……	……	小计		
供水活动	税费						
	补贴						
用水活动	税费						
	补贴						
污水处理	税费						
	补贴						

涉水税费和补贴可按照供水、用水和污水处理三个环节进行核算，其中，水资源费、加价水价和罚款收入取自水务部门；相关的税收和补贴取自财政部门；排污费取自环保部门。

（1）供水环节。供水环节税费包括两类：①取水缴纳的水资源费和深井水费；②加价水价、水务执行罚款和排污费。补贴是指政府对自来水厂的生产补贴。

（2）用水环节。用水环节税费包括水价中的公用事业附加费和排污费。补贴是指政府对企业和居民的节水补贴。

（3）污水处理环节。污水处理厂不征收流转税，因此，不计算污水处理环节的税费。补贴是指政府对污水处理厂的生产补贴。

六、涉水活动的生产账户

建立涉水活动生产账户的目的在于全面衡量与水有关的产出总量。与水有关的经济活动是由不同的生产者提供的。有些生产者单独提供与水有关的活动，如自来水供应和污水处理服务、水利管理业等，这些活动在国民经济行业是独立的行业部门，可以直接进行核算。比较难以核算的是一些包含在其他活动中的与水有关的活动。例如，农业部门进行的灌溉服务，市政公共设施中的污水收集和处理活动。

为全面反映与水有关的生产活动，首先需要辨认与水资源有关的产业部门。结合《国民经济行业分类》（GB/T4757—2002）小类分类标准，水产业包括如下产业：灌溉服务（代码为0511）、自来水的生产和供应（代码为4610）、污水处理及其再生利用（代码为4620）、其他水的处理利用与分配（代码为4690）、水利工程建设（含在“水利和港口工程建筑”之中）、防洪管理（代码为7910）、水库管理（代码为7921）、调水饮水管理（代码为7922）、其他水资源管理（代码为7929）、其他水利管理（代码为7990）、水污染治理（代码为8023）、城市雨污水排放设施管理业（含在“市政公共设施管理”之中）。也可以将自来水的生产和供应、污水处理及其再生利用、其他水的处理利用与分配合并为“水的生产和供应业”，将防洪管理、水库管理、调水饮水管理、其他水资源管理、其他水利管理合并为“水利管理业”。

涉水活动的生产账户主栏指标是涉水经济活动对应的水产业，宾栏是在国民经济核算中反映生产与收入情况的主要指标，包括总产出、中间投入、增加值及要素（表7-5）。

表 7-5　涉水活动的生产账户

水产出	总产出	中间投入	增加值	劳动者报酬	生产税净额	固定资产折旧	营业盈余
农业灌溉服务							
水的生产和供应业							
自来水的生产和供应							
污水处理及其再生利用							
其他水处理利用与分配							
水利工程建设业							
水利管理业							
防洪管理							
水库管理							
调水饮水管理							
其他水资源							
水污染治理业							
城市雨污水排放设施管理业							

水产业的总产出、中间投入、增加值及四要素核算方法如下所述。

（1）水的生产和供应业、水利管理业的总量可取自生产法和收入法生产总值表。

（2）农业灌溉服务的总产出取自农业统计年报；增加值及四要素按照经济普查年度相关比重推算，以增加值为例，计算公式如下：

农业灌溉服务增加值＝农业灌溉服务总产出×农林牧渔服务业增加值率

（3）水的污染治理的产出总量可根据经济普查相应比例关系推算。

水的污染治理总产出＝污染管理业总产出×经济普查年度“水污染治理业”总产出所占比重

增加值及四要素可按照经济普查年度相关比重推算，计算公式同上。

（4）水利工程建筑业、城市雨污水排放设施管理业的产出总量可以根据固定资产投资的比例推算。

水利工程建筑业的总产出＝建筑业总产出×水利工程固定资产投资额所占建筑业投资比重

城市雨污水排放设施管理业的总产出＝公共设施管理业总产出×雨污水设施投资所占公共设施投资比重

增加值及四要素可按照经济普查年度相关比重推算，计算公式同上。

水利固定资产投资、城市雨污水排放设施固定资产投资的数据可以取自市水务局的水利单位固定资产情况表、市统计局的《投资建设统计年鉴》和市财政局提供的财政收支决算明细表。

七、涉水活动的资产账户

为了解涉水经济活动投资资金来源及投资性支出完成后会形成多少固定资产，需要编制涉水活动的资产账户。涉水活动资产账户的主栏指标是涉水经济活动对应的水产业，宾栏指标是固定资产投资总额和具体来源，以及当年固定资本形成（表 7-6）。

表 7-6　涉水活动的资产账户

水产业	固定资产投资总额								固定资本形成总额
	上年末结余	本年资金						合计	
		国家预算内资金	贷款	债券	自筹资金	其他资金	小计		
农业灌溉服务									
水的生产和供应业									
自来水的生产和供应									
污水处理及其再生利用									
其他水处理利用与分配									
水利工程建设业									
水利管理业									
防洪管理									
水库管理									
调水饮水管理									
其他水资源									
水污染治理业									
城市雨污水排放设施管理业									

水利固定资产投资总额、资金来源可以取自市水务局的水利单位固定资产情况表、市统计局的《投资建设统计年鉴》和财政局提供的财政收支决算明细表，固定资本总额可以取自支出法生产总值表和投入产出表。

八、政府水务支出核算表

政府水务支出主要发生在水利和水体污染治理方面。

政府水务支出核算表的主栏指标是水利、水的污染治理，其中，水的污染治理是指对江、河、湖泊、水库及地下水、地表水的综合治理活动，不包括生产和生活污水的排放和治理、海洋水域的污染治理等；宾栏指标是财政支出总额及分类，包括经常性业务支出、资本性支出、补贴支出及其他支出。其中，经常性支出指受益期不超过一年的支出，即发生该项支出是为了取得本期收益，资本性支出与资本的所有权有关，支出的目的是获得或处置资产，其受益期超过一年。发生该项支出不仅是为了取得本期收益，而且也是为了取得以后各期收益，其他支出包括对居民的转移支付、债务利息支出等（表7-7）。

表 7-7　政府水务支出核算表

项目	财政支出				
	总计	经常性业务支出	资本性支出	对企事业的补贴	其他
政府水务支出合计					
1. 水利合计					
水利工程建设					
水利工程运行与维护					
水土保持					
水资源管理与保护					
水质监测					
水文测报					
防汛					
2. 水的污染治理					

政府水务支出核算表基础数据来自财政收支决算明细表，其中，经常性业务支出和资本性支出的计算公式如下：

经常性业务支出＝工资福利支出＋商品和服务支出＋对个人和家庭补助支出－抚恤金－生活补助－救济费－助学金－公费医疗－生产补贴－其他

资本性支出 ＝ 基本建设支出＋其他资本性支出

第三节 核算成果及分析

依据《上海市水资源混合和经济账户技术规程》，上海市混合和经济账户2007年核算结果及数据校验情况表述如下（涉水活动的资产账户缺少基础数据，暂不编制）。

一、混合供给和使用表

上海市水资源混合供给和使用表如表7-8所示。

（1）供水业的对外供水量为24.76亿米^3，供水管网漏损水量为5.58亿米^3，供水总量等于30.34亿米^3。因此，自来水供水口径为30.34亿米^3，自来水售水口径为24.76亿米^3，供水管网漏损率为18.4%；各用户排入污水处理厂水量为16.46亿米^3。

（2）全社会总产出为41 204.82亿元，中间投入为29 015.97亿元，生产总值为12 188.85亿元；最终消费支出为6 016.31亿元，资本形成总额为5568.49亿元。

（3）自来水的总产出为31.95亿元，生产者价格为1.05元/米^3；自来水的总使用为31.31亿元，购买者价格为1.26元/米^3。自来水的购买者价格高于生产者价格，主要是因为低价或免费的供水、漏水等需要通过水价分摊。

（4）自来水的总使用为31.31亿元，其中，生产用水为22.05亿元，生活用水9.26亿元，生产用水和生活用水价值量之比为70∶30（实物量之比为64∶36）。

（5）全市排水费收入为17.72亿元，其中，返回污水处理厂的排水费为1.7亿元（按全市污水处理企业的销售收入计算，主要是污水处理厂的运行费用），用于污水收集和运输的排水费16.02亿元。

（6）全市排水费收入为17.72亿元，其中，生产污水处理量为11.61亿元，生活污水排放量为6.11亿元，生产污水排放量和生活污水排放量价值量之比大约为66∶34（实物量之比为59：41）。

（7）万元GDP用水量为189.64米^3。第一产业万元增加值用水量为1616.26米^3；第二产业万元增加值用水量为210.24米^3，其中，工业万元增加

表 7-8 上海市水资源混合供给和使用表（2007 年）

项目	农业	林业	畜牧业	渔业	农副食品加工业	食品制造业	饮料制造业	纺织业	造纸及纸制品业	石油加工、炼焦及核燃料加工业	化学原料及化学制品制造业	医药制造业	化学纤维制造业	橡胶制品业	塑料制品业
1. 总产出与供给/万元	1 337 400	100 500	580 000	541 900	2 171 807	3 121 324	1 435 867	3 837 569	1 981 153	10 243 698	17 177 816	2 951 613	1 132 431	1 766 349	4 874 121
1.a 自来水的生产和供应业															
1.b 原水供应与服务															
1.c 污水处理及再生利用															
2. 中间消耗及使用合计/万元	727 400	637 00	418 400	331 900	1 731 216	2 192 586	1 054 388	3 038 725	1 391 422	8 970 392	13 492 935	2 054 515	878 326	1 216 270	3 435 302
2.a 自来水的生产和供应业					1 166	1 872	3 765	3 544	1 206	939	2 482	2 588	493	1 248	1 927
2.b 原水供应与服务															
2.c 污水处理及再生利用					619	950	964	2 081	1 430	7 058	5 653	1 232	223	678	932
3. 增加值合计/万元	610 000	36 800	161 600	210 000	440 591	928 738	381 479	798 844	589 731	1 273 306	3 684 881	897 098	254 105	550 079	1 438 819
4. 资本形成总额/万元	38 260	10 560	20 188	10	95 164	14 104	10 869	20 518	65 602	104 522	−20 134	55 073	10 239	23 512	26 770
5. 水的总使用/万米3	153 000	4 100	2 500	5 000	961	1 551	1 629	4 720	1 978	21 954	11 365	2 107	384	1 099	1 602
5.a 直接取自环境	153 000	4 100	2 500	5 000	64	111	374	1 994	1 050	21 232	9 456	116	5	139	120
5.b 来自其他经济单位的水量					897	1 440	1 255	2 726	928	722	1 909	1 991	379	960	1 482
5.b.1 自来水供应					897	1 440	1 255	2 726	928	722	1 909	1 991	379	960	1 482
5.b.2 水利工程供水															
5.b.3 污水处理回用															
5.b.4 废污水															
6. 水的总供给/万米3	38 700	700	1 600	900	769	1 241	1 140	3 304	1 780	18 867	7 955	1 686	269	989	1 282
6.a 供给及排入其他经济体的水量					516	792	803	1 734	1 192	5 882	4 711	1 027	186	565	777
6.a.1 对外供水量															
6.a.2 排入污水处理厂					516	792	803	1 734	1 192	5 882	4 711	1 027	186	565	777
6.b 回归及排入环境的水量	38 700	700	1 600	900	253	449	337	1 570	588	12 985	3 244	659	83	424	505
6.b.1 排到地表水体	4 000		1 600	900	253	449	337	1 570	588	1 321	3 244	659	83	424	505
6.b.2 排到地下水体	34 700	700													
6.b.3 回归海洋水量										11 664					
7. COD 总排放量/万吨	1 200		160 000		2 307	3 723	1 140	8 260	2 670	10 805	11 934	2 529	538	1 978	3 205

续表

项目	黑色金属冶炼及压延加工业	有色金属冶炼及压延加工业	电子元器件制造业	直流式火力发电业	循环式火力发电业	其他电力工业	原水及自来水的生产和供应业	污水处理及其再生利用业	其他水的处理、利用与分配业	采矿及其他工业	建筑业	交通运输业	批发零售业	住宿业	餐饮业
1. 总产出与供给/万元	17 318 313	4 472 777	10 821 836	2 362 608		5 499 675	319 485	17 034		142 943 222	24 179 100	28 008 700	16 413 200	2 330 000	4 398 700
1. a　自来水的生产和供应业							319 485								
1. b　原水供应与服务															
1. c　污水处理及再生利用								17 034							
2. 中间消耗及使用合计/万元	12 770 461	3 853 307	8 585 125	1 579 053		3 840 189	166 889	9 905		111 206 895	20 374 800	21 646 400	5 635 600	1 254 500	3 280 600
2. a　自来水的生产和供应业	2 709	855	4 034					511		60 902	13 997	4 350	14 298	5 370	2 496
2. b　原水供应与服务															
2. c　污水处理及再生利用	926	583	2 731							26 617	5 922	2 393	7 865	2 960	1 373
3. 增加值合计/万元	4 547 852	619 470	2 236 711	783 555		1 659 486	152 596	7 129		31 736 327	3 804 300	6 362 300	10 777 600	1 075 500	1 118 100
4. 资本形成总额/万元	465 693	111 065	3 086 624							23 204 801	20 135 069	711 743	891 983		
5. 水的总使用/万米^3	12 629	979	3 103	733 404	1 602		312 541	183 572		50 512	10 767	2 900	9 532	3 588	1 664
5. a　直接取自环境	10 545	321		733 404	1 602		312 541	18 564		3 664				8	
5. b　来自其他经济单位的水量	2 084	658	3 103					165 008		46 848	10 767	2 900	9 532	3 580	1 664
5. b. 1　自来水供应	2 084	658	3 103					393		46 848	10 767	2 900	9 532	3 580	1 664
5. b. 2　水利工程供水															
5. b. 2　污水处理回用															
5. b. 3　废污水								164 615							
6. 水的总供给/万米^3	3 789	783	2 793	726 551	80		309 114	183 493		40 410	6 460	2 610	8 579	3 229	1 497
6. a　供给及排入其他经济体的水量	772	486	2 276				247 577			22 181	4 935	1 994	6 554	2 467	1 144
6. a. 1　对外供水量							247 577								
6. a. 2　排入污水处理厂	772	486	2 276							22 181	4 935	1 994	6 554	2 467	1 144
6. b　回归及排入环境的水量	3 017	297	517	726 551	80		61 537	183 493		18 229	1 525	616	2 025	762	353
6. b. 1　排到地表水体	3 017	297	517	678 482	80		5 711	183 493		18 229	1 525	616	2 025	762	353
6. b. 2　排到地下水体							55 826								
6. b. 3　回归海洋水量				48 069											
7. COD 总排放量/万吨	1 895	392	5 586					785		101 025	6 460	9 135	25 737	9 687	5 243

续表

项目	金融业	教育业	卫生业	水利管理业	城市环境卫生管理业	城市园林绿化管理业	其他服务业	深井回灌	农村居民消费	城镇居民消费	居民消费合计	政府消费支出	资本形成总额	核算区外（净流出）	合计
1. 总产出与供给/万元	21 455 500	5 096 900	4 293 500	96 700	230 478	620 625	67 916 299								412 048 200
1.a 自来水的生产和供应业															319 482
1.b 原水供应与服务															
1.c 污水处理及再生利用							160 133								177 167
2. 中间消耗及使用合计/万元	9 364 700	1 451 900	2 562 800	43 500	152 842	462 431	40 920 326		2 331 600	42 223 598	44 555 198	15 607 901	55 684 897	6 040 504	412 048 200
2.a 自来水的生产和供应业	491	10 581	6 273		13 056		59 387		10 977	81 551	92 528				313 068
2.b 原水供应与服务															
2.c 污水处理及再生利用	270	5 821	3 451				33 329			61 106	61 106				177 167
3. 增加值合计/万元	12 090 800	3 645 000	1 730 700	53 200	77 636	158 194	26 995 973								121 888 500
4. 资本形成总额/万元							6 602 662								55 684 897
5. 水的总使用/万米3	327	7 054	4 182		8 704		39 925	1 668	10 657	79 176	89 833				1 692 436
5.a 直接取自环境							334								1 280 244
5.b 来自其他经济单位的水量	327	7 054	4 182		8 704		39 591	1 668	10 657	79 176	89 833				412 192
5.b.1 自来水供应	327	7 054	4 182		8 704		39 591	1 668	10 657	79 176	89 833				247 577
5.b.2 水利工程供水															
5.b.2 污水处理回用															
5.b.3 废污水															164 616
6. 水的总供给/万米3	294	6 349	3 764				35 933	1 668	8 526	71 258	79 784				1 498 362
6.a 供给及排入其他经济体的水量	225	4 851	2 876				27 774			67 896	67 896				412 193
6.a.1 对外供水量															247 577
6.a.2 排入污水处理厂	225	4 851	2 876				27 774			67 896	67 896				164 616
6.b 回归及排入环境的水量	69	1 498	888				8 159	1 668	8 526	3 362	11 888				1 086 169
6.b.1 排到地表水体	69	1 498	888				8 159		8 526	3 362	11 888				933 542
6.b.2 排到地下水体								1 668							92 894
6.b.3 回归海洋水量															59 733
7. COD 总排放量/万吨	588	15 873	7 528					89 833	29 841	249 403	279 244				769 300

值用水量为 223.30 米³；第三产业万元增加值用水量为 12.15 米³。万元 GDP 自用取水量为 165.36 米³。万元行业增加值自用取水量较大的部门包括电力工业、农业、林业、渔业、石油加工炼焦及核燃料加工业和畜牧业；万元 GDP 自来水用量为 24.27 米³。万元行业增加值自来水用量较大的部门包括纺织业、住宿业、饮料制造业、建筑业、卫生业、医药制造业和农副食品加工业等。万元 GDP 污水处理量为 15.78 米³，其中，第二产业万元增加值污水处理量为 8.60 米³；第三产业万元增加值污水处理量为 7.47 米³。万元行业增加值污水处理量较大的部门包括石油加工、炼焦及核燃料加工业，住宿业，纺织业，饮料制造业，造纸及纸制品业和卫生业等，如表 7-9 所示。

需要说明的是，比较万元增加值用水量和污水处理量时须考虑到行业生产经营特征，部分行业带有一定的非营利性，提供的货物和服务有别于市场上的私人产品，最为典型的是原水及自来水的生产和供应业、污水处理及其再生利用业、城市环境卫生管理业和城市园林绿化管理业。这些行业不宜和其他行业直接对比，但在计算全社会和三次产业的单位用水量和污水处理量时包含全部国民经济行业。

表 7-9　2007 年上海市万元增加值用水量和污水处理量　单位：米³

涉水对象	万元增加值用水量			万元增加值污水处理量
	自来取水	自来水	合计	
全市	165.36	24.27	189.64	15.78
第一产业	1 616.26	0.00	1 616.26	0.00
农业	2 508.20	0.00	2 508.20	0.00
林业	1 114.13	0.00	1114.13	0.00
畜牧业	154.70	0.00	154.70	0.00
渔业	238.10	0.00	238.10	0.00
第二产业	196.41	13.83	210.24	8.60
工业	210.51	12.79	223.30	8.29
其中：一般工业	9.76	13.38	23.14	8.71
农副食品加工业	1.45	20.36	21.81	11.71
食品制造业	1.20	15.50	16.70	8.53
饮料制造业	9.80	32.90	42.70	21.05
纺织业	24.96	34.12	59.09	21.71

续表

涉水对象	万元增加值用水量			万元增加值污水处理量
	自来取水	自来水	合计	
造纸及纸制品业	17.80	15.74	33.54	20.21
石油加工、炼焦及核燃料加工业	166.75	5.67	172.42	46.19
化学原料及化学制品制造业	25.66	5.18	30.84	12.78
医药制造业	1.29	22.19	23.49	11.45
化学纤维制造业	0.20	14.92	15.11	7.32
橡胶制品业	2.53	17.45	19.98	10.27
塑料制品业	0.83	10.30	11.13	5.40
黑色金属冶炼及压延加工业	23.19	4.58	27.77	1.70
有色金属冶炼及压延加工业	5.18	10.62	15.80	7.85
电子元器件制造业	0.00	13.87	13.87	10.18
电力工业	3 008.57	0.00	3 008.57	0.00
原水及自来水的生产和供应业	20 481.60	0.00	20 481.60	0.00
污水处理及其再生利用业	26 040.12	551.27	26 591.39	0.00
其他水的处理、利用与分配业	0.00	0.00	0.00	0.00
采矿及其他工业	1.15	14.76	15.92	6.99
建筑业	0.00	28.30	28.30	12.97
第三产业	0.05	12.10	12.15	7.47
交通运输业	0.00	4.56	4.56	3.13
批发零售业	0.00	8.84	8.84	6.08
住宿业	0.07	33.29	33.36	22.94
餐饮业	0.00	14.88	14.88	10.23
金融业	0.00	0.27	0.27	0.19
教育业	0.00	19.35	19.35	13.31
卫生业	0.00	24.16	24.16	16.62
其他服务业	0.12	17.73	17.86	10.20

二、税费和补贴账户

受基础资料限制，2007 年核算只能得到部分资料：①全市水资源费收入为 7960 万元；②水利行政事业性收费收入为 6233 万元。

三、涉水活动的生产账户

上海市水力发电，农业灌溉服务的总量非常小，水利工程建筑业缺少基础资料，因此，上述行业都不再单独计算。2007 年核算情况如下（表 7-10）：①水的生产和供应业、水利管理业、水污染治理业的增长率分别为 47.5%、55%和 33.8%；②自来水的生产和供应、污水处理及其再生利用和水污染治理业营业盈余均为负；③污水处理及其再生利用的生产税净额为－0.07 亿元，主要是因为补贴收入超过上缴的营业税金及附加。

表 7-10　2007 年上海市涉水活动的生产账户　　单位：亿元

项目	水的生产和供应业			水利管理业	水污染治理业
	总计	自来水的生产和供应	污水处理及其再生利用		
总产出	33.65	31.95	1.70	9.67	4.94
中间投入	17.68	16.69	0.99	4.35	3.27
增加值	15.97	15.26	0.71	5.32	1.67
劳动者报酬	7.45	7.08	0.37	2.08	1.19
生产税净额	1.39	1.46	－0.07	0.09	0.13
固定资产折旧	7.40	6.86	0.54	0.87	0.49
营业盈余	－0.27	－0.14	－0.13	2.28	－0.14

四、政府支出的核算表

2007 年上海市政府水务支出约为 39.49 亿元，其中，经常性业务支出约为 13.07 亿元，资本性支出约为 23.69 亿元，分别占到政府水务支出的 33.1%和 60%。

政府水务支出包括水利和水的污染治理，其中，水利的财政支出约为 36.30 亿元，水体污染治理的财政支出约为 3.19 亿元。可见，政府水务支出以水利支出为主，占到支出总额的 91.9%。

水利的财政支出约为 36.30 亿元，其中，水利工程建设支出约为 12.93 亿元，占到水利支出的 35.6%，如表 7-11 所示。

表 7-11　2007 年上海市政府水务支出的核算表　　单位：万元

项目	财政支出				
	总计	经常性业务支出	资本性支出	对企事业的补贴	其他支出
政府支出合计	394 860	130 712	236 869	42	27 237
1. 水利合计	362 970	115 828	219 863	42	27 237
水利工程建设	129 251	20 883	108 303	0	65
水利工程运行与维护	36 443	15 642	7 140	0	13 661
水土保持	3 194	920	393	0	1 881
水资源管理与保护	10 165	5 414	3 310	36	1 405
水质监测	1 263	1 143	120	0	0
水文测报	3 061	2 697	364	0	0
防汛	2 733	1 188	991	0	554
2. 水的污染治理	31 890	14 884	17 006	0	0

第八章 资产账户

本章主要对上海市境内存储于地表和地下的淡水资源等水资源资产进行核算，分析 2007 年水资源资产情况。其中，地表水（包括河流、湖泊和水库）是上海市主要的水资源，它是经济社会可持续发展的重要基础。2007 年上海市本地水资源量包括 27.96 亿米^3 地表水资产量和 12.77 亿米^3 地下水资产量，当年取水量为 120.19 亿米^3，本地水资源资产远远不能满足当年用水需求。过境水资源资产量为 7879 亿米^3，以长江干流下泄量为主，其资产量为 7734 亿米^3，太湖下泄量为 145 亿米^3，可作为本地水资源资产的补充。

第一节 资产账户概述

1. 水资源资产的概念

在国民经济核算中，经济资产被界定为由机构单位（单独或集体的）行使所有权的实体，在一定时期内所有者对其持有、使用能获得经济利益。被特定机构单位所拥有，并且在给定条件下，能够或预期能够给所有者带来经济利益，是构成经济资产的两个绝对要素。在综合环境经济核算中，经济资产的概念得到了扩展，形成了环境资产或自然资产概念。通常，环境在经济过程中具有三种功能：①资源功能，为经济体系提供基本物质资料；②受纳功能，接受经济体系排放的废弃物；③生态服务功能，为包括人类在内的生命体提供景观和栖息地。任何一种功能的使用都会带来经济效益。因此，环境资产被界定为经济过程所利用的一国所拥有的全部自然要素，它们汇集在一起构成了经济体系赖以存在的基础。

与水相关的资产有两种：一种是用于水的提取、输送和处理的生产资产，另一种是水资源资产。前者属于经济资产，后者则属于环境资产或自然资产。

与水相关的生产资产包括水的提取、输送、处理和排放等基础设施，在国民经济核算中，这些生产资产被看做固定资产，通常为水企业或水管理部门所有，也可能归以水的收集处理为次要活动或者以取水为自用目的的其他产业或住户所有，因此，要区分出与水相关的经济资产，有必要作专门的统计调查。

在综合环境经济核算中，水资源资产被界定为在核算区域范围内，通过经济社会的开发利用（提供原水），可以使其产生直接或间接使用价值并导致其数量减少的地表、地下淡水或微咸水。水资源资产的界定非常宽泛，基本上包括了所有水体，即地表水、地下水和土壤水，但不包括海洋及大气水。

2. 建立水资源资产账户的目的

水资源资产账户描述了核算期初和期末的水资源存量，以及核算期内存量的变化。水资源存量是指在特定时点上（核算期初和期末）存在于评价区域内的所有水资源，包括地表水、地下水和土壤水存量。

由于水资源资产账户主要反映的是环境中的水体，所以，水文循环与水资源资产账户密切相关。进行水资源存量及其变化的实物核算的目的是：从水文循环出发，通过分析水文循环在资产账户中的表现方式，描述水资源在地表、地下和土壤中的存量及其在核算期内的变化，同时，将经济活动的取水和排放信息与自然环境中的水资源存量信息结合起来，以便评价经济系统的取用水和排放状况对水资源存量产生的影响，分析经济活动对水资源造成的实际压力以及水资源环境对经济体系用水的保障程度。

第二节　编制过程

一、主要数据来源

主要数据来源是历年水文监测数据和《上海市水资源公报》。

二、计算方法

2007 年资产账户核算表在 2005 年核算的基础上，结合上海市水资源资料特点，对原表格设计作了一些改动，并对改动的表式作了相应的说明。

1. 降水量统计表

降水量统计表的填报范围是全市行政区含水资源二级分区。上海市按水系分为太湖水系（即黄浦江水系）和长江湖口以下干流（即崇明三岛水系）两个水资源分区（下同），其面降水量计算方法采用泰森多边形法，计算公式为

$$\bar{p}=\frac{1}{A}\sum_{i=1}^{n}p_i a_i$$

式中，$\bar{p}$ 为区域平均降水量（毫米）；A 为区域面积（（千米）^{2}）；p_i 为第 i 个泰森多边形，即第 i 个计算单元的降水量；a_i 为第 i 个泰森多边形，即第 i 个计算单元的面积；n 为区域内泰森多边形数目。

该年属平水年，水量比多年平均值略高。多年平均值按《中国水资源公报》编制技术大纲要求，年份统一为 1956～2000 年系列（下同），该表反映了当年降水量水平。

2. 地表水资源量统计表

地表水资源量为上海市境内河流湖泊等地表水体当年的动态水量，也称为上海市天然河川径流量。填报范围是全市行政区含水资源二级分区。2007 年上海市地表水资源量与年降水量一样，与多年平均值基本相当，年本地地表水资源量也为平水年水平。

3. 地下水资源量统计表

地下水指储存于地表以下岩土层中的水。上海地区第四系松散层中分布有多层以粉细砂、中细砂、含砾中粗砂或砂砾石为主的含水层。据以往调查结果，浅部潜水含水层地下水富水性差，且易受外界污染影响，集中供水价值低，长期未予以集中开发，仅在农村地区作为生活洗涤用水在少量利用；埋藏在 30～60 米的第一承压含水层，地下水富水性和质量差，同样未予以集中开发；而埋藏在 60 米以下至基岩之间不同深度的第二、第三、第四、第五承压含水层富含地下水，且大部分地区水质优良，长期以来发挥着补充城市供水水源的作用。地下水资源量统计表的填报范围是全市行政区含水资源二级分区。

4. 水资源总量统计表

上海市属平原水网区，水面积和水田面积比例相对较大，浅层地下水开采程度低，地表水和地下水之间的转化关系有很大的差别。水稻泡田期和生长期一般没有潜水蒸发，降水和灌溉的入渗补给量基本排入河道，与河川径流不重复。因此，采用天然河川径流量加不重复量的方法计算水资源总量。水资源总量统计表的填报范围为全市行政区含水资源二级分区，公式如下：

$$W = R + Q_{不重复}$$

5. 水库统计表

上海市没有天然水库，人工水库为长江口南岸的陈行水库和宝钢水库，陈行水库是市城投原水公司蓄水水库，主要用途是为水厂提供原水；宝钢水库，主要用途是为钢铁厂提供冷却用水。由于陈行水库、宝钢水库，以及在建的青草沙水库，是城市供水系统的一个前置性调节库，所以建议不将这三个水库作为单独统计和核算对象，而将其纳入城市供水系统，即城市经济体系的用水和耗水的统计和核算之中。在水资源统计和核算项目中，将这三个水库纳入实物量账户，不列入水资源资产账户。

6. 湖泊统计表

湖泊统计表根据上海市年河道报告和上海市水资源普查报告的相关资料，填写湖泊面积、蓄水量等信息，并计算相应年水面蒸发量，入流量按平水年黄浦江松浦大桥站净泄量的14%计算，并假定入流量等于出流量。由于上海市地下水位较高，湖泊的渗漏量及地下水对湖泊的补给量近似为零。

7. 河流统计表

河流统计表根据上海市年河道报告和上海市水资源普查报告的相关资料，统计2007年全市市级河道资料。由于缺少年初年末河流存量资料，所以年初年末河流存量以槽蓄量代替，年水面蒸发量按相应水面积计算。由于上海地下水位较高，河道渗漏量近似为零。

8. 水资源资产账户

水资源资产账户描述了水资源的存量及其在一个时期内的变化。上海市水资源资产指上海市境内通过提供原水使其直接产生价值或未来选择价值以及上海市工农业生产和城乡居民生活用水等开发利用使其数量减少的水资源。SEEAW的水资源资产分类包括地表水（含湖泊和河流）、地下水和土壤水。该账户描述了2007年水资源的存量及其变化、期初和期末存量。它涉及了经济体的回归、降水和入流等存量的增加项，以及取水、蒸发和出流等存量的减少项。水资源资产账户将水资源量和水资源开发利用情况放在同一张表上体现，它反映了上海市工农业生产和城乡居民生活用水和自然因素对水资源量的影响关系。

其中，期初存量包括以下三个方面。

（1）回归水量，指年内经过开发利用后回归到全市地表和地下的总水资源量。

（2）降水量，指年内大气降水进入全市境内水量。表中地表水体（湖泊和河流）以年各类平均水面面积及相应降水深计算，而扣除水面面积后境内的降水量则填在土壤那一列。

（3）流入量，指年内水资源流入量，包括长江和太湖来水量。其中，长江口徐六泾水文站是长江入海水量的流量控制站，按该站年平均径流量计入；黄浦江上游松浦大桥水文站为太湖流域流来水控制站，按该站年平均净泄量计入，两者合计即该年流入量。

存量的增减包括以下三个方面。

（1）取水量，指年内以全市工农业生产和城乡居民生活用水为目的，从水资源中取用的水量。根据《2007 年上海市水资源公报》数据，填写当年总取水量。但是，缺少取水目标的分类，如河流、水库。

（2）蒸发量，指年内本市境内流域蒸发量。根据水循环的原理，陆地蒸发量根据水平衡关系推求，即根据河川径流量与水资源总量的关系，推求陆地蒸发量，公式如下：

$$E_n = P - W + E_g$$

式中，E_n 为陆地蒸发量，P 为降水量，W 为水资源总量，E_g 为地下水开采条件下降水入渗补给形成的潜水蒸发量。将上述公式计算的陆地蒸发量填入表中的合计项，全市河道面积采用上海市水资源普查报告相关数据进行水面蒸发量计算。年内全市陆地蒸发量与地表水体水面蒸发量的差值填写在土壤水那一列。

（3）流出量，假定湖泊流出量等于流入量，河流流出量为流入量减去年取水量，地表水合计流出量为流入量减去年取水量和年蒸发量。

期末存量即当年各类地表水体、地下水和土壤水存量的增加减去存量的减少，以反映当年各类水体水资源的盈亏情况。

第三节　核算成果及分析

一、核算成果

核算成果汇总表包括《2007 年上海市降水量统计表》、《2007 年上海市地表水资源量统计表》、《2007 年上海市地下水资源量统计表》、《2007 年上海市水资源总量统计表》、《2007 年上海市主要湖泊统计表》、《2007 年上海市主要河流统计表》、《上海市 2007 年水资源资产账户》，具体见表 8-1～表 8-7。

表 8-1　2007 年上海市降水量统计表

地级行政区	水资源二级区	计算面积/（千米）^{2}	年降水量深度/毫米	年降水量体积/亿米^3	上年降水量/亿米^3	多年平均降水量/亿米^3	与上年比较/（±%）	与多年平均比较/（±%）
上海市	太湖水系	5179.2	1172.3	60.72	57.09	57.6	6.4	5.4
上海市	湖口以下干流	1161.3	1121.2	13.02	12.55	11.5	3.7	13.2
上海市	全市	6340.5	1162.9	73.74	69.64	69.1	5.9	6.8

表 8-2　2007 年上海市地表水资源量统计表

地级行政区	水资源二级区	计算面积/（千米）^{2}	天然年径流量/亿米^3	天然年径流量/毫米	城市天然年径流量/亿米^3	上年径流量/亿米^3	多年平均径流量/亿米^3	与上年比较/（±%）	与多年平均比较/（±%）	入省境水量/亿米^3	出省境水量/亿米^3	入海水量/亿米^3	二级区入境水量/亿米^3	二级区出境水量/亿米^3
上海市	太湖水系	5179.2	23.35	450.8	9.17	23.07	20.24	1.2	15.4	—	—	—	—	—
上海市	湖口以下干流	1161.3	4.61	366.2	—	4.57	4.10	0.9	12.4	—	—	—	—	—
上海市	全市	6340.5	27.96	435.3	9.17	27.64	24.34	1.2	14.9	7879	7759	7759	7879	7759

表 8-3　2007 年上海市地下水资源量统计表

地级行政区	水资源二级区	平原区计算面积/千米^2	平原区/亿米^3													
			补给量							排泄区						
			降水入渗补给量	山前侧向流入量	地表水体入渗补给量		井灌回归	总补给量	地下水资源量	实际开采量		潜水蒸发量	侧向流出量	河流排泄量		总排泄量
					补给量	其中：河川基流补给	补给量			合计	开采净消耗量			合计	降水入渗补给量形成的河道排泄量	
			(1)	(2)	(3)	(4)	(5)	(6)=(1)+(2)+(3)+(5)	(7)=(6)−(5)	(8)	(9)=(8)−(5)	(10)	(11)	(12)	(13)	(14)=(8)+(10)+(11)+(12)
上海市	长江流域	1105.08	2.078	0.00	0.755	—	0.0247	2.859	2.833	0.102	—	0.927	1.795	—	—	2.722
上海市	太湖流域	4036.75	7.004	0.00	2.938	—	0.142	10.084	9.942	0.298	—	3.274	6.678	—	—	9.952

续表

地级行政区	水资源二级区	山丘区/亿米^3						平原区与山丘区间资源重复计算量/亿米^3	地下水资源量/亿米^3	期初存量/亿米^3	期末存量/亿米^3
		河川基流量 (15)	侧向流出量 (16)	山前泉水溢出量 (17)	潜水蒸发量 (18)	开采净消耗量 (19)	地下水资源量 (20)=(15)+(16)+(17)+(18)+(19)	(21)=(2)+(4)	(22)=(7)+(20)−(21)	(23)	(24)
上海市	长江流域	—	—	—	—	—	—	—	2.833	—	—
	太湖流域	—	—	—	—	—	—	—	9.942	—	—

注:平原区实际开采量为承压含水层地下水开采量。

表 8-4　2007 年上海市水资源总量统计表

地级行政区	水资源二级区	计算面积/(千米)^2	分区天然年径流量/亿米^3 (1)	山丘区地下水资源量/亿米^3 (2)	山丘区河川基流量/亿米^3 (3)	平原区降水入渗补给量/亿米^3 (4)	平原区降水入渗补给形成的河道排泄量/亿米^3 (5)	地下水资源与地表水资源不重复量/亿米^3 (6)	分区水资源总量/亿米^3 (7)=(1)+(6)
上海市	太湖水系	5179.2	23.35	—	—	7.004	—	9.942	33.292
	湖口以下干流	1161.3	4.61	—	—	2.078	—	2.833	7.744
	全市	6340.5	27.96	—	—	9.082	—	12.775	40.735

表 8-5　2007 年上海市主要湖泊统计表

湖泊名称	所在地级行政区	所在水资源二级区	湖泊面积/(千米)^2		湖泊蓄水量/亿米^3		年水面蒸发量/亿米^3	入流量/亿米^3	出流量/亿米^3	渗漏量/亿米^3	地下水对湖泊的补给量/亿米^3
			年初	年末	年初	年末					
淀山湖	上海市	太湖水系	47.5	47.5	0.88	0.88	0.37	20.30	20.30	—	—
元荡	上海市	太湖水系	2.2	2.2	0.03	0.03	0.02			—	—

注：表中所列市管湖泊，其面积、蓄水量资料来源于《上海市水资源普查报告》。

表 8-6　2007 年上海市主要河流统计表

序号	河流名称	所在水资源二级区	河流等级	河流长度/千米	河流存量（槽蓄量）/亿米^3	平均水面面积/(千米)^2	年水面蒸发量/亿米^3	河道渗漏量/亿米^3
1	蕴藻浜	太湖水系	市管	34.16	0.0736	1.83	0.0143	0
2	新槎浦	太湖水系	市管	9.59	0.0071	0.31	0.0024	0
3	桃浦河	太湖水系	市管	14.40	0.0022	0.16	0.0012	0
4	木渎港	太湖水系	市管	1.90	0.0005	0.03	0.0002	0
5	东茭泾	太湖水系	市管	4.50	0.0010	0.08	0.0006	0
6	彭越浦	太湖水系	市管	7.20	0.0008	0.12	0.0009	0
7	西泗塘	太湖水系	市管	6.00	0.0021	0.09	0.0007	0
8	俞泾浦	太湖水系	市管	7.30	0.0010	0.04	0.0003	0
9	虹口港	太湖水系	市管	1.40	0.0006	0.02	0.0002	0
10	南泗泾	太湖水系	市管	9.30	0.0016	0.10	0.0008	0
11	沙泾港	太湖水系	市管	6.50	0.0009	0.05	0.0004	0
12	走马塘	太湖水系	市管	6.90	0.0007	0.05	0.0004	0
13	市河	太湖水系	市管	1.50	0.0002	0.00	0.0000	0
14	虬江	太湖水系	市管	6.03	0.0022	0.06	0.0005	0
15	杨树浦港	太湖水系	市管	4.70	0.0027	0.07	0.0005	0
16	漕河泾港	太湖水系	市管	6.10	0.0006	0.04	0.0003	0
17	龙华港	太湖水系	市管	3.80	0.0027	0.10	0.0008	0
18	张家塘港	太湖水系	市管	7.60	0.0018	0.08	0.0006	0
19	蒲汇塘	太湖水系	市管	6.70	0.0021	0.10	0.0008	0
20	新泾港	太湖水系	市管	11.50	0.0034	0.17	0.0013	0
21	油墩港	太湖水系	市管	36.40	0.0545	2.05	0.0160	0
22	淀浦河	太湖水系	市管	45.56	0.0599	2.54	0.0198	0
23	叶榭塘	太湖水系	市管	7.53	0.0105	0.33	0.0026	0
24	龙泉港	太湖水系	市管	19.76	0.0109	0.49	0.0038	0
25	川杨河	太湖水系	市管	28.70	0.0439	1.38	0.0108	0
26	大治河	太湖水系	市管	39.18	0.1150	3.47	0.0271	0

续表

序号	河流名称	所在水资源二级区	河流等级	河流长度/千米	河流存量（槽蓄量）/亿米^3	平均水面面积/（千米）^{2}	年水面蒸发量/亿米^3	河道渗漏量/亿米^3
27	金汇港	太湖水系	市管	22.09	0.0581	1.50	0.0117	0
28	南横引河	湖口以下干流	市管	76.62	0.0446	3.06	0.0239	0
29	黄浦江	太湖水系	市管	77.09	3.6364	33.58	0.2618	0
30	竖潦泾	太湖水系	市管	1.83	0.0657	0.53	0.0041	0
31	横潦泾	太湖水系	市管	5.60	0.1227	1.10	0.0086	0
32	苏州河	太湖水系	市管	53.50	0.0807	2.21	0.0172	0
33	拦路港	太湖水系	市管	8.89	0.0203	0.64	0.0050	0
34	太浦河	太湖水系	市管	14.80	0.1995	3.47	0.0271	0
35	东泖河	太湖水系	市管	4.09	0.0343	1.59	0.0124	0
36	西泖河	太湖水系	市管	4.10	0.0665	1.66	0.0129	0
37	泖河	太湖水系	市管	3.56	0.0857	1.61	0.0126	0
38	斜塘	太湖水系	市管	6.94	0.0771	1.03	0.0080	0
39	大蒸塘	太湖水系	市管	11.70	0.0983	1.60	0.0125	0
40	圆泄泾	太湖水系	市管	5.73	0.0548	0.69	0.0054	0
41	胥浦塘	太湖水系	市管	8.93	0.0438	0.75	0.0058	0
42	掘石塘	太湖水系	市管	4.71	0.0329	0.49	0.0038	0
43	大泖港	太湖水系	市管	5.61	0.0601	0.81	0.0063	0
44	市管河道合计			650.00	5.1842	70.08	0.5465	0
	区（县）管及以下			32477.00		499.50	3.9000	0
	全市河道			33127.00		569.60	4.4400	0

注：表中所列河流长度、水面积和槽蓄量资料来源于《上海市水资源普查报告》、《上海市河道报告》。

表 8-7　上海市 2007 年水资源资产账户　　　　单位：亿米^3

项目	地表水			地下水	土壤水	合计
	湖泊	河流	合计			
1. 期初存量	—	—	—	—	—	—
存量的增加	20.94	7906.590	2927.530	3.69	68.04	7999.25
2. 经济体的回归	0.00	22.520	22.52	0.00	0.00	22.52
3. 降水	0.64	5.068	5.710		68.04	73.74
4. 入流	20.30	7879.00	7899.30	3.69	0.00	7902.99
4.a 从上游流入	20.30	7879.00	7899.30	0.00	0.00	7989.30
4.b 领土内的其他水资源	—	—	—	—	—	—
存量的减少	21.15	7882.930	7904.08	8.87	45.12	7958.07
5. 取水		119.790	119.79	0.40	0.00	120.19
6. 蒸发/实际蒸发	0.85	4.442	5.29		45.12	50.41
7. 出流	20.30	7758.700	7779.00	8.47	0.00	7787.47
7.a 向下游流出		—	—	—		—
7.b 海洋		7758.700	7758.70	0.00		7758.7
7.c 领土内的其他水资源	—	—	—	—	—	—
8. 其他变化量	—	—	—	—	—	—
9. 期末存量	−0.21	23.660	23.35	−5.18	22.92	41.18

二、成果分析

在导致存量增加的影响项中，经济体系取用水的回归水为 22.52 亿米^{3}的地表水；全市降水总量为 73.74 亿米^3；核算区域的总流入量为 7902.99 亿米^3，其中从上游流入上海市境内的水量为 7899.30 亿米^3。

在导致存量减少的影响项中，经济体系从水资源系统的总取水量为 120.19 亿米^3，地表水和地下水取用量分别占总取水量的 99.67%和 0.33%；全市实际蒸散发量为 50.45 亿米^3；核算区域的总流出量为 7787.47 亿米^3，向下游流出量即流入海洋的水量为 7758.70 亿米^3。

第九章 质量账户

本章主要对上海市水资源质量账户进行编制和研究，分析了2007年核算年的水资源质量情况。

2007年，Ⅰ类水河长存量为零、Ⅱ类水河长存量占7.06%、Ⅲ类水河长存量占5.45%、Ⅳ类水河长存量占17.83%、Ⅴ类水河长存量占12.93%、劣Ⅴ类水河长存量占56.72%。全市河流水质的存量变化状况与2006年相比水质状况基本持平；对湖泊的统计核算来看，淀山湖Ⅰ类、Ⅱ类、Ⅲ类、Ⅳ类水面面积存量均为零，Ⅴ类水面面积存量占61.9%、劣Ⅴ类水面面积存量占38.1%。淀山湖水质的变化状况是，与2006年相比，总体基本持平；水功能区共统计核算为33个，分别为保护区1个、缓冲区3个、饮用水源区8个、工业用水区4个、农业用水区2个、景观娱乐用水区8个、过渡区7个，全部未达标。功能区水质的达标情况与2006年持平。

第一节 质量账户概述

一、质量账户的概念

质量账户是描述某一评价时段内水资源存量质量的账户，可用于反映每一水质类别水资源的期初、期末存量及在核算期内的存量变化情况。该账户可以综合反映水资源的质量及其变化状况，既是绿色国民经济核算中生态核算的基础，又是进行水资源科学管理、废污水综合治理的依据。

质量账户的编制内容包括流域内河流、湖泊、水库，编制步骤一般如下：一是定义水质及水质分类，二是确定将水质和水量结合的方法。本次质量账户编制，按照《地表水环境质量标准》（GB3838—2002）规定的水质类别，为确保存量变化量的可比性，选择2006年和2007年两年均进行水质监测和评价的河段、湖泊和水库，分别按河长、面积和蓄水量进行统计评价，并编制流域二级水功能区达标评价统计表。以2006年全年评价结果作为当年的期初存量，以2007年全年评价结果作为当年的期末存量，当年的存量变化量等于期末存量与期初存量的差值。

二、建立质量账户的目的

水质指水的物理、化学、生物学特征和性质。天然水体在岩石风化和土壤生成作用下，携带无机物、矿物、有机物，形成了不同区域的水质本底状况。受气候、水文等环境变化影响，水体水质又有季节性的天然差异。随着人口增加、城市扩张和经济发展，人类将含有大量污染物的废污水排入水域，对有机物、营养盐及光能进入水体的方式及数量产生了重大影响，并显著改变着天然水体的水质状况。水质的好坏直接关系到水资源的有效利用与保护。尽管经济社会对水质变化的影响呈非线性，但通过对一定时期水质状况变化的比较，可透视出经济和人口结构、取水和废污水排放对水体水质的压力及水体水质对水环境保护和水污染治理支出的响应。因此，建立质量账户，特别是水功能区质量账户，不仅可掌握水质的变化趋势，为水资源保护管理、废污水综合治理等保护与改善措施的有效性评估提供依据，还可为“水质水量统管”、“优化调配”的水资源科学管理及未来实现“水资源定性定量管理”奠定基础。

第二节　编制过程

一、主要数据来源

1. 评价范围

为保证质量账户存量变化量的可对比性，以上海市全市16条骨干河道、淀山湖和水功能区为评价对象，从而确定了2007年质量账户的评价范围。

2. 评价代表值

将2006年监测评价结果作为期初存量，2007年监测评价结果作为期末存量来建立2007年上海市水资源统计和核算体系质量账户。

3. 水质测站基本信息

按照质量账户表（表9-1）的格式建立上海市水质测站的基本信息。上海市16条骨干河道以及淀山湖共77个水质监测点，统计完成77个监测点的水功能区，河、湖评价河长（面积），所在水功能区，水质目标类别。

二、计算方法

1. 河流水质评价方法

（1）评价标准：《地表水环境质量标准》（GB3838—2002）。

（2）评价项目：《地表水环境质量标准》（GB3838—2002）规定的基本项目（总磷、总氮、粪大肠除外）。

（3）评价方法：第一，采用单指标评价法进行评价；第二，以地表水标准Ⅲ类限值作为污染项目判定值，公式为

$$超标倍数=\frac{实测年均代表值-Ⅲ类标准值}{Ⅲ类标准值}$$

第三，当不同水质类别标准限值相同时，遵循从优不从劣原则，以最优水质为水体水质类别；第四，评价结果表述，以2007年水质数据为评价依据，按水资源二级区和上海市（行政区）两种口径评价统计各水质类别河流长度，评价结果建立河流质量账户，用相应表格形式表述。

2. 湖泊水质评价方法

（1）评价标准、项目、方法与河流水质评价相同。

（2）评价结果表述：以2007年水质数据为评价依据，按水资源二级区和上海市（行政区）两种口径评价统计湖泊水质类别及各类别水质所占面积比重，评价结果建立湖泊质量账户，用相应表格形式表述。

3. 水功能区水质评价

（1）评价范围。评价范围包括全市骨干河流及湖泊所在水功能区，包括水功能一级区划（保护区、保留区、缓冲区）、水功能二级区划（饮用水源区、工业用水区、农业用水区、渔业用水区、景观娱乐用水区、过渡区和排

污控制区等)。

(2) 评价标准。以国家《地表水环境质量标准》(GB3838—2002) 为基本标准，同时兼顾水功能区的功能要求。多功能水功能区应以水质要求高功能所规定的水质管理目标对应的水质标准为评价标准。

(3) 评价项目。根据水功能区的功能要求确定评价项目。具有饮用水功能的水功能区增加与饮用水有关的评价项目。

(4) 评价方法。①采用单次水功能区水质达标评价。每次所有参评水质项目均满足水质类别管理目标要求的水功能区为单次水质达标水功能区。有任何一项不满足水质管理目标要求的水功能区为单次水质不达标水功能区。②进行年度水功能区达标评价。年度内单次达标率大于(含)80%的水功能区为年度达标水功能区。③以水功能区水质类别管理目标作为超标项目判定值(即满足水功能区水质管理目标要求的水质项目为达标项目，否则为超标项目)。

$$超标倍数=\frac{实测年均代表值-水功能区水质管理目标值}{水功能区水质管理目标值}$$

(5) 评价结果。以 2007 年水质数据为评价依据，水功能区评价按水资源二级区和上海市(行政区)两种口径评价统计，河流类功能区按功能区个数和河流长度进行评价，湖泊类功能区按个数和水面面积进行评价。评价结果建立功能区质量账户，用相应表格形式表述。

第三节　核算成果及分析

一、核算成果表

核算成果汇总表包括 2007 年上海市水资源二级区河流水质状况评价统计表、2007 年上海市地级行政区河流水质状况评价统计表、2007 年上海市水资源二级区湖泊水质状况统计表、2007 年上海市地级行政区湖泊水质状况统计表、2007 年上海市水资源二级区水功能区达标评价统计表、2007 年上海市地级行政区水功能区达标评价统计表，见表 9-1～表 9-6。

表 9-1　2007 年上海市水资源二级区河流水质状况评价统计表

二级区名称	存量	评价河长/千米	Ⅰ类		Ⅱ类		Ⅲ类		Ⅳ类		Ⅴ类		劣Ⅴ类	
			河长/千米	占评价河长比重/%	河长/千米	占评价河长比重/%	河长/千米	占评价河长比重/%	河长/千米	占评价河长比重/%	河长/千米	占评价河长比重/%	河长/千米	占评价河长比重/%
太湖水系	期初存量＝上年全年评价结果	540.6	0	0.0	0.0	0.00	0.0	0.00	108.0	19.98	88.7	16.41	343.9	63.61
	期末存量＝当年全年评价结果	540.6	0	0.0	0.0	0.00	0.0	0.00	110.2	20.38	79.9	14.78	350.5	64.84
	存量变化＝期末存量－期初存量	0.0	0	0.0	0.0	0.00	0.0	0.00	2.2	0.41	－8.8	－1.63	6.6	1.22
湖口以下干流	期初存量＝上年全年评价结果	77.3			43.6	56.40	33.7	43.60						
	期末存量＝当年全年评价结果	77.3			43.6	56.40	33.7	43.60						
	存量变化＝期末存量－期初存量	0.0			0.0	0.00	0.0	0.00						
总计		0.0	0	0.0	0.0	0.00	0.0	0.00	2.2	0.41	－8.8	－1.63	6.6	1.22

表 9-2　2007 年上海市地级行政区河流水质状况评价统计表

地级行政区名称	存量	评价河长/千米	Ⅰ类		Ⅱ类		Ⅲ类		Ⅳ类		Ⅴ类		劣Ⅴ类	
			河长/千米	占评价河长比重/%	河长/千米	占评价河长比重/%	河长/千米	占评价河长比重/%	河长/千米	占评价河长比重/%	河长/千米	占评价河长比重/%	河长/千米	占评价河长比重/%
上海市	期初存量＝上年全年评价结果	617.9	0.0	0.0	43.6	7.06	33.7	5.45	108.0	17.48	88.7	14.36	343.9	55.66
	期末存量＝当年全年评价结果	617.9	0.0	0.0	43.6	7.06	33.7	5.45	110.2	17.83	79.9	12.93	350.5	56.72
	存量变化＝期末存量－期初存量	0.0	0.0	0.0	0.0	0.0	0.0	0.00	2.2	0.36	－8.8	－1.42	6.6	1.07
总计		0.0	0.0	0.0	0.0	0.0	0.0	0.00	2.2	0.36	－8.8	－1.42	6.6	1.07

表 9-3　2007 年上海市水资源二级区湖泊水质状况统计表

级区名称	存量	总面积/(千米)^2	评价面积/(千米)^2	Ⅰ类		Ⅱ类		Ⅲ类		Ⅳ类		Ⅴ类		劣Ⅴ类	
				面积/(千米)^2	占评价面积比重/%	面积/(千米)^2	占评价面积比重/%	面积/(千米)^2	占评价面积比重/%	面积/(千米)^2	占评价面积比重/%	面积/(千米)^2	占评价面积比重/%	面积/(千米)^2	占评价面积比重/%
太湖水系	期初存量=上年全年评价结果	62.0	47.5	0.0	0.0	0.0	0.0	0.0	0.0	0.0	0.0	29.4	61.9	18.1	38.1
	期末存量=当年全年评价结果	62.0	47.5	0.0	0.0	0.0	0.0	0.0	0.0	0.0	0.0	29.4	61.9	18.1	38.1
	存量变化=期末存量一期初存量	0.0	0.0	0.0	0.0	0.0	0.0	0.0	0.0	0.0	0.0	0.0	0.0	0.0	0.0
湖口以下干流	期初存量=上年全年评价结果														
	期末存量=当年全年评价结果														
	存量变化=期末存量一期初存量														
总计		0.0	0.0	0.0	0.0	0.0	0.0	0.0	0.0	0.0	0.0	0.0	0.0	0.0	0.0

表 9-4　2007 年上海市地级行政区湖泊水质状况统计表

地级行政区名称	存量	总面积/(千米)^2	评价面积/(千米)^2	Ⅰ类		Ⅱ类		Ⅲ类		Ⅳ类		Ⅴ类		劣Ⅴ类	
				面积/(千米)^2	占评价面积比重/%	面积/(千米)^2	占评价面积比重/%	面积/(千米)^2	占评价面积比重/%	面积/(千米)^2	占评价面积比重/%	面积/(千米)^2	占评价面积比重/%	面积/(千米)^2	占评价面积比重/%
上海市	期初存量=上年全年评价结果	62.0	47.5	0.0	0.0	0.0	0.0	0.0	0.0	0.0	0.0	29.4	61.9	18.1	38.1
	期末存量=当年全年评价结果	62.0	47.5	0.0	0.0	0.0	0.0	0.0	0.0	0.0	0.0	29.4	61.9	18.1	38.1
	存量变化=期末存量一期初存量	0.0	0.0	0.0	0.0	0.0	0.0	0.0	0.0	0.0	0.0	0.0	0.0	0.0	0.0
总计		0.0	0.0	0.0	0.0	0.0	0.0	0.0	0.0	0.0	0.0	0.0	0.0	0.0	0.0

表 9-5　2007 年上海市水资源二级区水功能区达标评价统计表

二级区名称	存量	功能区	达标评价			河流类水功能区			湖泊类水功能区			水库类水功能区		
			评价个数/个	达标个数/个	达标率/%	评价河长/千米	达标河长/千米	达标率/%	评价面积/(千米)^2	达标面积/(千米)^2	达标率/%	评价蓄水量/(千米)^3	达标蓄水量/(千米)^3	达标率/%
太湖水系	期初存量=上年全年评价结果	保护区	1	0	0.0	16.5	0	0.0						
		保留区												
		缓冲区	3	0	0.0	15.4	0.0	0.0						
		饮用水源区	8	0	0.0	87.3	0.0	0.0	47.5	0.0	0.0			
		工业用水区	4	0	0.0	105.2	0.0	0.0						
		农业用水区	2	0	0.0	61.3	0.0	0.0						
		渔业用水区												
		景观娱乐用水区	7	0	0.0	193.8	0.0	0.0						
		过渡区	7	0	0.0	61.1	0.0	0.0						
		排污控制区												
	期末存量=当年全年评价结果	保护区	1	0	0.0	16.5	0.0	0.0						
		保留区												
		缓冲区	3	0	0.0	15.4	0.0	0.0						
		饮用水源区	8	0	0.0	87.3	0.0	0.0	47.5	0.0	0.0			
		工业用水区	4	0	0.0	105.2	0.0	0.0						
		农业用水区	2	0	0.0	61.3	0.0	0.0						
		渔业用水区												
		景观娱乐用水区	7	0	0.0	193.8	0.0	0.0						
		过渡区	7	0	0.0	61.1	0.0	0.0						
		排污控制区												
	存量变化=期末存量−期初存量	保护区	0	0	0.0	0.0	0.0	0.0						
		保留区												
		缓冲区	0	0	0.0	0.0	0.0	0.0						
		饮用水源区	0	0	0.0	0.0	0.0	0.0	0.0	0.0	0.0			
		工业用水区	0	0	0.0	0.0	0.0	0.0						
		农业用水区	0	0	0.0	0.0	0.0	0.0						
		渔业用水区												
		景观娱乐用水区	0	0	0.0	0.0	0.0	0.0						
		过渡区	0	0	0.0	0.0	0.0	0.0						
		排污控制区												

续表

二级区名称	存量	功能区	达标评价 评价个数/个	达标评价 达标个数/个	达标评价 达标率/%	河流类水功能区 评价河长/千米	河流类水功能区 达标河长/千米	河流类水功能区 达标率/%	湖泊类水功能区 评价面积/(千米)^2	湖泊类水功能区 达标面积/(千米)^2	湖泊类水功能区 达标率/%	水库类水功能区 评价蓄水量/(千米)^3	水库类水功能区 达标蓄水量/(千米)^3	水库类水功能区 达标率/%
湖口以下干流	期初存量=上年全年评价结果	保护区												
		保留区												
		缓冲区												
		饮用水源区												
		工业用水区												
		农业用水区												
		渔业用水区												
		景观娱乐用水区	1	0	0.0	77.3	0.0	0.0						
		过渡区												
		排污控制区												
	期末存量=当年全年评价结果	保护区												
		保留区												
		缓冲区												
		饮用水源区												
		工业用水区												
		农业用水区												
		渔业用水区												
		景观娱乐用水区	1	0	0.0	77.3	0.0	0.0						
		过渡区												
		排污控制区												
	存量变化=期末存量−期初存量	保护区												
		保留区												
		缓冲区												
		饮用水源区												
		工业用水区												
		农业用水区												
		渔业用水区												
		景观娱乐用水区	0	0	0.0	0.0	0.0	0.0						
		过渡区												
		排污控制区												

注：灰色区域表示上海市不存在这一项目。

表 9-6 2007 年上海市地级行政区水功能区达标评价统计表

地级行政区名称	存量	功能区	达标评价			河流类水功能区			湖泊类水功能区			水库类水功能区		
			评价个数/个	达标个数/个	达标率/%	评价河长/千米	达标河长/千米	达标率/%	评价面积/(千米)^2	达标面积/(千米)^2	达标率/%	评价蓄水量/(千米)^3	达标蓄水量/(千米)^3	达标率/%
上海市	期初存量=上年全年评价结果	保护区	1	0	0.0	16.5	0.0	0.0						
		保留区												
		缓冲区	3	0	0.0	15.4	0.0	0.0						
		饮用水源区	8	0	0.0	87.3	0.0	0.0	47.5	0.0	0.0			
		工业用水区	4	0	0.0	105.2	0.0	0.0						
		农业用水区	2	0	0.0	61.3	0.0	0.0						
		渔业用水区												
		景观娱乐用水区	8	0	0.0	271.1	0.0	0.0						
		过渡区	7	0	0.0	61.1	0.0	0.0						
		排污控制区												
	期末存量=当年全年评价结果	保护区	1	0	0.0	16.5	0.0	0.0						
		保留区												
		缓冲区	3	0	0.0	15.4	0.0	0.0						
		饮用水源区	8	0	0.0	87.3	0.0	0.0	47.5	0.0	0.0			
		工业用水区	4	0	0.0	105.2	0.0	0.0						
		农业用水区	2	0	0.0	61.3	0.0	0.0						
		渔业用水区												
		景观娱乐用水区	8	0	0.0	271.1	0.0	0.0						
		过渡区	7	0	0.0	61.1	0.0	0.0						
		排污控制区												
	存量变化=期末存量-期初存量	保护区	0	0	0.0	0.0	0.0	0.0						
		保留区												
		缓冲区	0	0	0.0	0.0	0.0	0.0						
		饮用水源区	0	0	0.0	0.0	0.0	0.0	0.0	0.0	0.0			
		工业用水区	0	0	0.0	0.0	0.0	0.0						
		农业用水区	0	0	0.0	0.0	0.0	0.0						
		渔业用水区												
		景观娱乐用水区	0	0	0.0	0.0	0.0	0.0						
		过渡区	0	0	0.0	0.0	0.0	0.0						
		排污控制区												

二、成果分析

1. 河流水质核算

市级骨干河流包括黄浦江、苏州河、太浦河、斜塘—泖河—拦路港、圆泄泾—大蒸塘、大泖港—掘石泾—胥浦塘、蕰藻浜、淀浦河、金汇港、大治河、川杨河、油墩港、叶榭塘—龙泉港、浦南运河、浦东运河及南横引河，共 16 条 617.9 千米，水质监测断面 71 个。

2007 年上海市评价市级河流长度 617.9 千米，其中Ⅰ类水河长存量为零，Ⅱ类水河长存量占 7.06%，Ⅲ类水河长存量占 5.45%，Ⅳ类水河长存量占 17.83%，Ⅴ类水河长存量占 12.93%，劣Ⅴ类水河长存量占 56.72%。全市河流水质的变化状况是，与 2006 年相比水质状况基本持平，Ⅳ类水河长存量比重略有上升、Ⅴ类水河长存量比重略有下降、劣Ⅴ类水河长存量比重略有上升，对比结果见图 9-1。

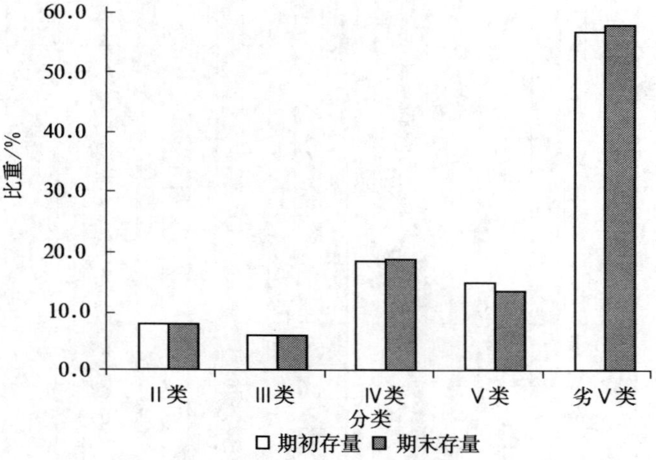

图 9-1　2007 年上海市骨干河流水质存量对比

2. 湖泊水质核算

淀山湖位于上海市青浦区西部，邻接江苏省。淀山湖呈葫芦形，面积约 62（千米）^{2}，其中上海境内面积约 47.5（千米）^{2}，水深约两米，西接太湖，东连黄浦江、淀浦河。淀山湖碧波浩渺，水产丰富，同时也是上海市重要的水源保护区。

对 2007 年淀山湖 47.5（千米）^{2} 水面的水质进行评价的结果如下：Ⅰ类、

Ⅱ类、Ⅲ类、Ⅳ 类水面面积存量均为零，Ⅴ类水面面积存量占 61.9% 、劣Ⅴ类水面面积存量占 38.1% 。淀山湖水质的变化状况与 2006 年相比基本持平，对比结果见图 9-2。

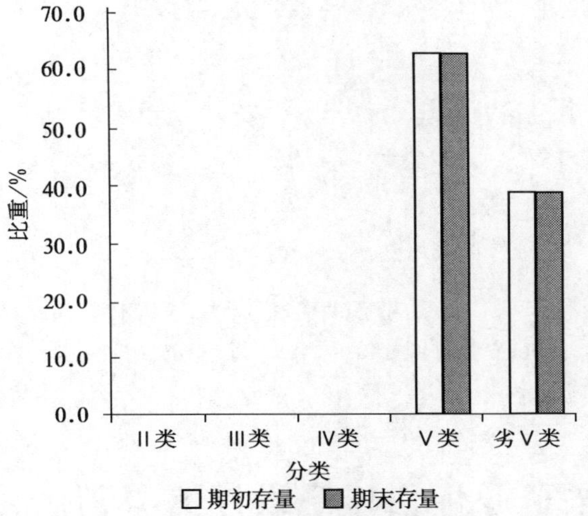

图 9-2 2007 年上海市湖泊水质存量对比

3. 上海市水功能区水质核算

上海市水（环境）功能区划采用两级体系，即一级区划和二级区划。一级区划以流域管理机构为主，地方为辅，从宏观上解决水资源开发利用与保护的问题，主要协调各省市之间的用水关系，长远地考虑可持续发展的要求。一级水（环境）功能区分四类，即保护区、保留区、开发利用区和缓冲区。二级区划是在一级区划的开发利用区内进行功能分区。二级区划以地方水行政管理部门为主，主要解决和协调省（市）内用水部门之间及地区之间的关系。二级区划分为 8 类，即饮用水源区、过渡区、工业用水区、农业用水区、景观娱乐用水区、渔业用水区、排污控制区和航运区。

对 2007 年全市骨干河道所处水功能区水质进行的评价共涉及水功能区 33 个，一级区划中的保护区、缓冲区；二级区划中的饮用水源区、工业用水区、农业用水区、景观娱乐用水区、过渡区。其中保护区 1 个、缓冲区 3 个、饮用水源区 8 个、工业用水区 4 个、农业用水区 2 个、景观娱乐用水区 8 个、过渡区 7 个。按照功能区达标要求，功能区内所有断面年度单次达标率大于等于 80%为年度达标，所有功能区均未满足此要求，即全部功能区未达标。所有功能区的水质达标状况与 2006 年相比持平。

第十章　水资源综合评估体系

本章主要通过对国内外水资源评估指标的分析和研究，结合上海市水资源的特点，建立上海市水资源评估体系，以全面、准确地反映上海市水资源的特点和管理实际。

第一节　水资源评估体系设计的原则、目标和框架

一、评估体系的目标

上海市水资源评估体系研究的主要目标是建立上海市水资源评估体系的基本框架，具体包括以下三个方面。

（1）综合、准确和全面地反映全市水资源及其利用状况。通过水资源综合评估指标及其评估，能够准确、全面地反映上海市水资源及其利用的实际情况，特别是上海市地处南方平原河网地区，是经济社会相对发达、人口众多的特大型城市，水资源利用以过境水为主，内河河网水质较差的特点，为科学认识和掌握全市水资源情况提供依据。

（2）反映全市水资源管理的要求和方向。通过水资源综合评估，能够反映全市水资源管理的要求，特别是能够通过指标评估，综合反映全市节水型社会建设现状和进展，反映最严格水资源管理制度、节能减排、低碳经济、水环境保护等各方面对水资源管理提出的目标和指标要求，为这些工作提供量化的考核依据。

（3）推进水资源统计和核算项目成果的应用。通过水资源综合指标评估，综合反映水资源统计和核算项目研究成果，用指标的形式，总结和回答“水

资源核算核心问题”，即有多少水，水在哪里（水资源资产账户表），水质如何（河流水质评价表、湖泊水质评价表、全市水功能区达标评价表），取供用排水过程中的水量，水量在各个行业分配（实物量供给使用表），排放多少，排在哪里，污染物排放量如何（总排放量和净排放量标准表），水的价值量如何、成本多少、效益多少，政府投资多少、效益多少、资产多少（混合供给使用表、经济账户表），以推进水资源统计和核算项目成果的应用。

本部分研究的技术路线图如图 10-1 所示。

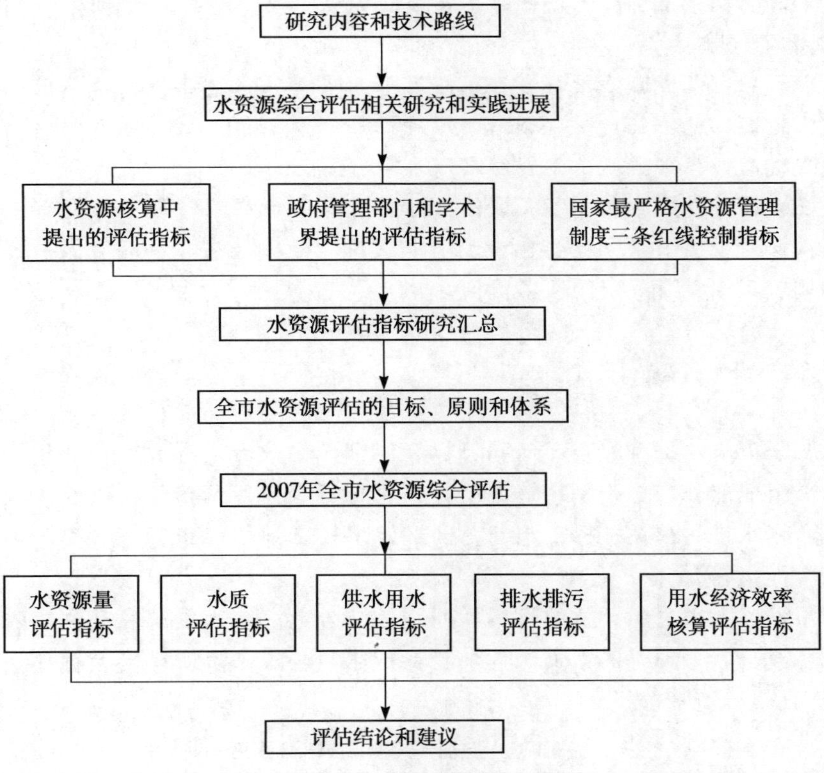

图 10-1　技术路线

二、评估体系的原则

评估体系有以下五个原则。

(1) 综合性原则。水资源综合评估指标应综合反映上海市水资源及其利用的实际情况，包括工业、农业、第三产业、居民、生态等各个部门和单位的用水和节水情况，特别是反映全市供水行业、重点发展行业、高用水行业用水情况，并体现全社会总的水资源利用效益和效率特点。

（2）科学性原则。水资源评估指标的选择要体现科学性原则，以上海市水资源统计和核算项目研究成果为基础，要有现实的统计调查途径和数据来源，指标的计算应有科学的依据、能够反映水资源利用的特点和特征。

（3）可比性原则。水资源评估指标要注重国际、国内、区域间的可比性，以及不同时期指标之间的可比性，在横向和纵向都应该满足可比较、可推广、可应用的要求。

（4）先进性原则。水资源评估指标要具有一定的先进性，要借鉴国内外城市水资源评估指标的经验和做法，要与全市经济社会发展的趋势相符合，体现现代产业、现代城市发展对水资源保障提出的新要求。

（5）指导性原则。水资源评估指标要对全市水资源管理工作具有一定的指导性，对全市节水型社会建设、节能减排、低碳经济、水环境保护等各方面的相关工作具有一定的参考价值。

三、评估体系设计

基于以上水资源综合评估的目标和原则，将全市水资源综合评估体系分为六个组成部分，分别是水资源量评估指标、水质评估指标、供水用水评估指标、排水排污评估指标、水资源经济效率核算评估类指标五大类分项指标和综合性指标。

根据以上水资源评估的目标和原则，结合上海市水资源及其利用的实际情况，充分参考现有的水资源评估指标成果，确定水资源综合指标体系，见表 10-1。

表 10-1　全市水资源综合评估体系

序号	指标	指标说明
A	水资源量评估指标	
A1	全市水资源总量	指全市区域内可以利用的水资源总的数量
A2	全市人均水资源量	指全市所有居住人口人均占有的水资源总量
B	水质评估指标	
B1	全市河流湖泊水质类别评价	按Ⅰ类、Ⅱ类、Ⅲ类、Ⅳ类、Ⅴ类、劣Ⅴ类水河长比重进行评价，给出Ⅰ～Ⅲ类水河长面积比重

续表

序号	指标	指标说明
B2	全市水质功能区达标率	按功能区达标个数（面积）及所占比重评价
B3	“水质型缺水”评估指标	Ⅰ类、Ⅱ类、Ⅲ类河长占总河长比重
C	供水用水指标	
C1	用水总量控制指标	指全市所取用的水资源的总数量
C2	工业、农业、居民生活、公共生活、电力工业用水量总量指标	指全市主要用水部门实际使用水资源的数量，即水资源使用去向
C3	全市40类涉水对象用水量	指按《上海市涉水对象分类代码》规定的40类涉水对象使用水资源的情况
C4	人均居民日生活用水量	指居民生活使用的城市自来水用水量与总人口的比值，一般用每人每天使用的自来水量表示
C5	供水企业产销差率	指自来水企业销售水量与总生产水量的比值。反映了一个城市自来水行业的综合技术水平和管理能力，也反映了整个社会对水资源节约的实际重视程度
D	**排水排污指标**	
D1	排水总量控制指标	指全市所排放废水和污水的总的数量
D2	污水处理率指标	指达到规定排放标准的污水处理量与污水排放量的比值，是反映水资源保护和水环境建设的重要指标
D3	全市40类涉水对象污水排放量指标	指按《上海市涉水对象分类代码》规定的40类涉水对象排放废污水的情况
D4	全市40类涉水对象COD和氨氮排放量	指按《上海市涉水对象分类代码》规定的40类涉水对象排放COD和氨氮的情况
E	用水经济效率核算指标	
E1	全市万元GDP用水量	指全市在一定时期内GDP与其总用水量的比值。该指标从总体上反映了一个地区的水资源利用效率，是用水经济效率核算评估中最重要、最综合、最可信的指标
E2	全市万元工业增加值用水量	指一个统计期工业用水量与工业增加值的比值，从总体上反映了一个地区工业发展的水资源利用效率
E3	全市万元第三产业增加值用水量	指一个统计期第三产业用水量与第三产业增加值的比值，从总体上反映了一个地区第三产业发展的水资源利用效率
E4	全市40类涉水对象行业万元增加值用水量	指按《上海市涉水对象分类代码》规定的40类涉水对象万元增加值用水量的情况

在以上每一大类中，选择或调整1～2个指标，共八项指标，依据上海市水资源利用过程中的“取—供—用—排”四个过程，构成综合性指标体系，见表10-2。

表10-2　全市水资源评估的综合性指标

序号	指标	指标说明
F1	全市用水总量	指全市所取用的水资源的总的量
F2	全市人均生活用水量	指居民生活使用的城市自来水用水量与总人口的比值，一般用每人每天使用的自来水量表示
F3	全市水质功能区达标率	按功能区达标个数（面积）及所占比重评价
F4	“水质型缺水”评估指标	Ⅰ类、Ⅱ类、Ⅲ类河长占总河长比重
F5	全市万元GDP用水量	指全市在一定时期内GDP与其总用水量的比值。该指标从总体上反映了一个地区的水资源利用效率，是用水经济效率核算评估中最重要、最综合、最可信的指标
F6	全市万元工业增加值用水量	指一个统计期工业用水量与工业增加值的比值，从总体上反映了一个地区工业发展的水资源利用效率
F7	全市污水处理率	指达到规定排放标准的污水处理量与污水排放量的比值，是反映水资源保护和水环境建设的重要指标
F8	全市COD排放总量	指按《上海市涉水对象分类代码》规定的40类涉水对象排放COD的总量

四、国内外水资源指标筛选

经对国外各类水资源指标的调查和分析，并对相关的水资源评估指标进行分类和整理，初步筛选出81个具有一定代表性、普遍性、通用性的指标，组成上海市水资源综合评估指标的备选指标库。

这些指标可以分为综合类、工业类、农业类、城市类、生活类、生态类六个大类。

1. 综合类指标

综合类指标是全面反映一个地区水资源总体情况、当地经济发展与水资源协调程度、水资源利用效率和效益的总体性指标，如表10-3所示。

表 10-3 筛选出的水资源综合类评估指标

序号	指标	指标说明	单位
1	水资源总量	一个区域内可以利用的水资源总的数量： 水资源总量=可利用的水资源总量	亿米^3
2	人均水资源量	一个地区水资源总量与该地区总人口的比值： $人均水资源量=\frac{水资源总量}{总人口数}$	米^3/人
3	用水弹性系数	一个地区在统计期内用水总量的增长率与GDP增长率的比值： $用水弹性系数=\frac{用水总量增长率}{GDP增长率}$	/
4	三产用水比例	反映一个地区的用水结构： 三产用水比例=一产用水比例：二产用水比例：三产用水比例	/
5	单位GDP用水量	一个地区在一定时期内GDP与其总用水量的比重： $单位GDP用水量=\frac{用水总量}{GDP}$	米^3/万元
6	单方水GDP产出量	一个地区在一定时期内总用水量与GDP的比值： $单方水GDP产出=\frac{GDP}{用水总量}$	元/米^3
7	用水生产力	各行业单方用水所产生的经济增加值： $用水生产力=\frac{行业增加值}{行业用水量}$	元/米^3
8	综合供水效率	终端用户用水总量与总取水量的比值： $综合供水效率=\frac{终端用户用水总量}{总取水量}$	%
9	供水企业产销差	自来水企业销售水量与总生产水量的比值： $供水企业产销差=\frac{销售水量}{总生产水量}$	%
10	供水漏失率（损耗率）	自来水企业在输配水过程中损失水量占总取水量的比重： $供水漏失率（损耗率）=\frac{损失水量}{总生产水量}$	%
11	人均综合用水量	一个地区在统计期内的水资源使用程度，是用水总量与总人口的比值： $人均综合用水量=\frac{总用水量}{总人口}$	米^3
12	水资源供水满足率	总的供水量与水资源需求总量的比值： $水资源供水满足率=\frac{总供水量}{水资源总需求量}$	%

续表

序号	指标	指标说明	单位
13	水资源开发利用率	供水总量与水资源总量的比值： $水资源开发利用率=\frac{供水总量}{水资源总量}$	%
14	地表水可开发利用率	地表水可利用量与地表水资源总量的比值： $地表水可开发利用率=\frac{地表水可利用量}{地表水资源总量}$	%
15	地表水控制利用率	当地地表蓄水工程调节水量与当地地表水资源总量的比值： $地表水控制利用率=\frac{地表蓄水工程调节水量}{地表水资源总量}$	%
16	地下水可开发利用率	在保证地下水可被持续开采的前提下，开采的地下水量与地下水资源总量的比值： $地下水可开发利用率=\frac{地下水开采量}{地下水资源总量}$	%
17	地下水开发利用率	地下水开发利用量与地下水资源总量的比值： $地下水开发利用率=\frac{地下水开发利用量}{地下水资源总量}$	%
18	地下水超采率	地下水超采量与可开采的地下水总量的比值： $地下水超采率=\frac{地下水超采量}{地下水资源总量}$	%
19	单位水量供应的居民数	居民数与总供水量的比值： $单位水量供应的居民数=\frac{总居民数}{总供水量}$	人/米^3
20	计划用水率	评价年列入计划的实际取水量占总取水量的百分比： $计划用水率=\frac{列入计划的实际取水量}{总取水量}$	%
21	自备水源供水计量率	所有企事业单位自建供水设施施计量供水量占自备水源总供水量比重： $自备水源供水计量率=\frac{自建供水设施计量供水量}{自备水源总供水量}$	%
22	其他水源利用替代水资源比例	海水、苦咸水、雨水、再生水等其他水源利用量折算成的替代常规水资源量占水资源总取用量的比重： $其他水源替代水资源比例=\frac{其他水源利用折算量}{水资源总取用量}$	%

2. 工业类指标

工业类指标是反映一个地区工业经济发展和工业产品与水资源协调程度、水资源利用效率和效益的行业性指标，如表 10-4 所示。

表 10-4 筛选出的水资源工业类评估指标

序号	指标	指标说明	单位
1	工业产品用水定额（水量/产品数量）	反映一个地区某个工业产品的用水水平，是工业产品用水量与工业产品数量的比值： $工业产品用水定额=\frac{工业用水量}{工业产品数量}$	米³/单位产品数量
2	工业产品用水定额（水量/产品或服务价格）	反映一个地区某个工业产品的用水水平，是工业产品或服务用水量与工业产品价格的比值： $工业产品用水定额=\frac{工业用水量}{工业服务或产品价格}$	米³/单位价值
3	万元工业产值用水量	一个统计期工业用水量与工业产值的比值： $万元工业产值用水量=\frac{用水量}{工业产值}$	米³/万元
4	万元工业增加值用水量	一个统计期工业用水量与工业增加值的比值： $万元工业增加值用水量=\frac{用水量}{工业增加值}$	米³/万元
5	工业用水比例	工业用水量与总用水量的比值： $工业用水比例=\frac{工业用水量}{用水总量}$	%
6	万元工业产值耗水量	一个统计期内工业耗水量与工业总产值的比值： $万元工业产值耗水量=\frac{耗水量}{工业总产值}$	米³/万元
7	万元工业增加值耗水量	一个统计期内工业耗水量与工业增加值的比值： $万元工业增加值耗水量=\frac{耗水量}{工业增加值}$	米³/万元
8	工业用水重复利用率	一个统计期内重复利用量与工业取水量和重复利用水量之和的比值： $工业用水重复利用率=\frac{重复利用量}{工业取水量+重复利用量}$	%
9	工业用水利用率	一个统计期内工业用水中没有在运输或者实际应用中浪费的，能够产生生产效益的水量占工业总水量的比值： $工业用水利用率=\frac{产生生产效益的水量}{工业用水总量}$	%
10	工业万元产值取水量降低率	一个地区在五年或10年内，工业万元产值取水量降低的水平： 工业万元产值取水量降低率= $\frac{五年前万元产值取水量-当前万元产值取水量}{五年前万元产值取水量}$	%
11	用水强度	指增加单位实物或价值量所消耗的用水量，是用水量与实物量或增加值之比。可以根据不同行业分类分别进行计算： $用水强度=\frac{用水量}{实物量或增加值}$	无

3. 农业类指标

农业类指标是全面反映一个地区农业用水总体情况、水资源利用效率和效益的行业性指标，如表10-5所示。

表10-5 筛选出的水资源农业类评估指标

序号	指标	指标说明	单位
1	农业用水比例	农业用水量与用水总量的比值： $农业用水比例=\frac{农业用水量}{用水总量}$	%
2	万元农业产值用水量	一个统计期农业用水量与农业产值的比值： $万元农业产值用水量=\frac{用水量}{农业产值}$	米³/万元
3	万元农业增加值用水量	一个统计期农业用水量与农业增加值的比值： $万元农业增加值用水量=\frac{用水量}{农业增加值}$	米³/万元
4	万元农业产值耗水量	一个统计期内农业耗水量与农业总产值的比值： $万元农业产值耗水量=\frac{耗水量}{农业总产值}$	米³/万元
5	万元农业增加值耗水量	一个统计期内农业耗水量与农业增加值的比值： $万元农业增加值耗水量=\frac{耗水量}{农业增加值}$	米³/万元
6	亩均灌溉用水量	每亩平均灌溉用水量： $亩均灌溉用水量=\frac{总灌溉水量}{总亩数}$	米³/亩
7	灌溉水综合利用系数	没有在流动过程中被损耗的实际用于农业灌溉的净水量与渠道的毛水量的比值： $灌溉水综合利用系数=\frac{实际灌溉的净水量}{渠道的毛水量}$	无
8	有效灌溉率	有效灌溉面积占耕地面积的比重： $有效灌溉率=\frac{有效灌溉面积}{耕地面积}$	%
9	农业降水效率	粮食产量与年降水量的比值： $农业降水效率=\frac{粮食产量}{年降水量}$	%
10	总水分生产效率	粮食总产量与灌溉用水量、有效降水量、土壤水蓄水量三者之和的比值： $总水分生产效率=\frac{粮食总产量}{灌溉用水量+有效降水量+土壤水蓄水量}$	%

续表

序号	指标	指标说明	单位
11	去变异农业水资源利用效率	参考作物蒸散量与灌溉用水量与有效降水量之和的比值： $去变异农业资源利用效率=\frac{参考作物蒸散量}{灌溉用水量+有效降水量}$	%
12	单方灌溉水粮食增产量	粮食增产量与农业用水量的比值： $单方灌溉水粮食增产量=\frac{粮食增产量}{农业用水量}$	千克/米^3
13	单位面积耗水生产率	单位面积作物产量与单位面积实际耗水量的比值： $单位面积耗水生产率=\frac{单位面积作物产量}{单位面积实际耗水量}$	千克/米^3
14	农田水分盈亏	灌溉水总量、作物生育期有效降水量、生育期土壤蓄水变化量与作物最大需水量的比值： 农田水分盈亏= $\frac{灌溉水总量+作物生育期有效降水量+生育期土壤蓄水变化量}{作物最大需水量}$	%
15	灌溉水利用效率	指作物利用的灌溉水量与灌溉用水量的比值： $灌溉水利用效率=\frac{作物利用的灌溉水量}{灌溉用水量}$	%
16	节水灌溉面积比例	采用节水技术进行灌溉的农业种植面积与耕地面积的比值： $节水灌溉面积比例=\frac{采用节水技术进行灌溉的农业种植面积}{耕地面积}$	%

4. 城市类指标

城市类指标是反映一个城市生活和管理中的水资源利用情况、水资源利用效率和效益的总体性指标，如表 10-6 所示。

表 10-6　筛选出的水资源城市类评估指标

序号	指标	指标说明	单位
1	万元第三产业增加值用水量	第三产业用水量与第三产业增加值的比值： $万元第三产业增加值用水量=\frac{用水量}{第三产业增加值}$	米^3/万元
2	第三产业产品用水定额（水量/产品数量）	反映一个地区某个第三产业产品的用水水平，是第三产业产品用水量与第三产业产品数量的比值： $第三产业产品用水定额=\frac{第三产业用水量}{第三产业产品数量}$	米^3/单位产品数量
3	第三产业产品用水定额（水量/产品或服务价格）	反映一个地区某个第三产业产品的用水水平，是第三产业产品或服务用水量与第三产业产品价格的比值： $第三产业产品用水定额=\frac{第三产业用水量}{第三产业服务或产品价格}$	米^3/单位价值

续表

序号	指标	指标说明	单位
4	公共场所节水器具普及率	公共场所用水使用节水器具数与总用水器具之比： $公共场所节水器具普及率=\frac{使用节水器具数}{总用水器具数}$	%
5	中水回用率	污水经处理后能够回用的量占污水总量的比值： $中水回用率=\frac{污水经处理后能够回用的量}{污水总量}$	%
6	用水强度	增加单位实物或价值量所消耗的用水量，是用水量与实物量或增加值之比。可以根据不同行业分类分别进行计算： $用水强度=\frac{用水量}{实物量或增加值}$	无

5. 生活类指标

生活类指标是反映一个地区居民的水资源利用情况、水资源利用效率和效益的民生性指标，如表 10-7 所示。

表 10-7　筛选出的水资源生活类评估指标

序号	指标	指标说明	单位
1	居民生活用水比例	居民生活用水量与用水总量的比值： $居民生活用水比例=\frac{居民生活用水量}{总用水量}$	%
2	人均生活用水量	生活用水量与总人口的比值： $人均生活用水量=\frac{生活用水量}{总人口\times 365}$	升/(人·天)
3	城镇人均生活用水量	城镇生活用水量与城镇人口的比值： $城镇人均生活用水量=\frac{城镇生活用水量}{城镇人口\times 365}$	升/(人·天)
4	农村居民人均生活用水量	农村生活用水量与农村人口的比值： $农村人均生活用水量=\frac{生活用水量}{农村人口\times 365}$	升/(人·天)
5	居民家庭节水器具普及率	居民生活用水使用节水器具数与总用水器具之比： $居民家庭节水器具普及率=\frac{使用节水器具数}{总用水器具数}$	%
6	居民生活用水户表率	居民家庭自来水装表户占总用水户的百分比： $居民生活用水户表率=\frac{居民家庭自来水装表户}{总居民用水户}$	%

6. 生态类指标

生态类指标是反映一个地区水资源水环境总体情况、当地经济发展中污染物排放情况的生态性指标，如表10-8所示。

表10-8　筛选出的水资源生态类评估指标

序号	指标	指标说明	单位
1	生态环境用水比例	生态环境用水与水资源总量的比值： $生态用水比例=\frac{生态用水量}{水资源总量}$	%
2	水资源可持续性指标	水资源可利用量减去用水总量后与总人口的比值： $水资源可持续性指标=\frac{水资源可利用量-用水总量}{总人口}$	米^3/人
3	生态环境适水比例	可适用于生态环境的水量与水资源总量的比值： $生态环境适水比例=\frac{可适用于生态环境的水量}{水资源总量}$	%
4	人均COD排放量	COD排放总量与总人口的比值： $人均\mathrm{COD}排放量=\frac{\mathrm{COD}排放总量}{总人口}$	千克/人
5	万元GDP的COD排放量	COD排放总量与GDP的比值： $万元\mathrm{GDP}的\mathrm{COD}排放量=\frac{\mathrm{COD}排放量}{\mathrm{GDP}}$	吨/万元
6	人均氨氮排放量	氨氮排放总量与总人口的比值： $人均氨氮排放量=\frac{氨氮排放总量}{总人口}$	千克/人
7	万元GDP的氨氮排放总量	氨氮排放总量与GDP的比值： $万元\mathrm{GDP}的氨氮排放量=\frac{氨氮排放总量}{\mathrm{GDP}}$	吨/万元
8	城镇人均废污水排放量	城镇废污水总量与总人口的比值： $城镇人均废污水排放量=\frac{城镇废污水总量}{总人口}$	米^3/人
9	污径比	入河排污量与河川径流量的比值： $污径比=\frac{入河排污量}{河川径流量}$	%
10	污染湖泊面积比率	受污染湖泊面积与湖泊总面积的比值： $污染湖泊面积比率=\frac{受污染湖泊面积}{湖泊总面积}$	%
11	水功能区达标率	受一个地区达到水污染治理或水资源保护目标的程度： $水功能区达标率=\frac{水功能区达标个数}{水功能区总数}$	%

续表

序号	指标	指标说明	单位
12	污水处理率	达到规定排放标准的污水处理量与污水排放量的比值： $污水处理率=\frac{达到规定排放标准的污水处理量}{污水排放量}$	%
13	城镇污水处理率	城镇达到规定排放标准的污水处理量与污水排放量的比值： $城镇污水处理率=\frac{达到规定排放标准的城镇污水处理量}{污水排放量}$	%
14	水土流失面积率	水土流失面积占土地面积的比重： $水土流失面积率=\frac{水土流失面积}{土地面积}$	%
15	水体纳污率	进入水体的污染负荷量与水体纳污能力的比例： $水体纳污率=\frac{进入水体的污染负荷量}{水体纳污能力}$	%
16	污染河长比例	受污染河长与总河长的比值： $污染河长比例=\frac{受污染河长}{总河长}$	%
17	地下水超采程度	对地下水超采进行评价，按照 SL 286－2003《地下水超采区评价导则》进行	无
18	地下水回灌率	地下水回灌量与开采量的比值： $地下水回灌率=\frac{地下水回灌量}{地下水开采量}$	%
19	地下水Ⅲ类以上比例	地下水Ⅲ类以上（Ⅰ、Ⅱ、Ⅲ类）水面积占地下水评价面积的比例： $地下水Ⅲ类以上比例=\frac{地下水Ⅲ类以上面积}{地下水评价总面积}$	%
20	污染强度	指增加单位实物或价值量所产生的污染量，是污染排放量与实物量或增加值之比。可以根据不同行业分类分别进行计算： $污染强度=\frac{污染排放量}{实物量或增加值}$	无

由此可见，目前国内外对水资源综合评估的基础理论研究还不够深入，缺少对水资源综合评估的概念、内涵、对象的明确界定。现有的综合评估研

究主要是从水资源可持续利用、水资源利用效率、水资源利用协调程度等角度建立指标体系进行评价，但对指标体系的合理性、单个指标数据的可获得性、单个指标之间的关系等，还缺乏深入的研究。从实践来看，目前的水资源综合评估研究多集中在农业用水效率、水资源与水环境系统、水利持续发展等方面，还缺少从城市、环境经济核算和水资源利用效率的角度开展的水资源综合评估。

从今后的研究和实践趋势来看，需要从理论上进一步加强水资源综合评估的理论依据、指标体系、指标合理性和指标国内外对比等方面的研究，在实践中结合节水型社会和城市的建设，结合最严格水资源管理制度对城市水资源管理的要求，以推进水资源综合评估工作。

第二节　2007 年上海市水资源评估

一、水资源量评估指标

水资源量评估指标包括全市水资源总量、全市人均水资源量两项指标。

（一）全市水资源总量

1. 指标科学依据和意义

水资源总量，指一个区域内可以利用的水资源总的数量，一般包括降雨产生的本地径流量、过境水量、地下水量等。该指标综合反映了一个区域内可供水利用的水资源的自然赋存条件。

2. 指标定义和计算公式

水资源总量，指一个区域内可以利用的水资源总的数量。

根据上海市水资源实际情况，水资源总量包括地表径流量、地下水控制可开采量和上游来水量，即

水资源总量＝本地径流量＋地下水量＋太湖流域过境水量＋长江干流过镜水量

3. 上海市水资源量指标情况及评估

上海市 2001～2009 年水资源总量情况见表 10-9。

表 10-9　上海市 2001～2009 年水资源情况

年份	降水量/毫米	降水量/亿米³	天然年径流/亿米³	太湖流域过境水/亿米³	长江干流过境水/亿米³	地下水/亿米³	水资源总量/亿米³
2001	1367.1	86.68	42.28	140.0	9335	0.25	9517
2002	1388.2	88.02	46.07	166.8	9335	0.25	9548
2003	776.1	49.21	15.12	121.7	9335	0.25	9472
2004	1057.6	67.06	24.98	99.3	9335	0.25	9459
2005	1071.2	67.92	25.71	116.3	9019	0.25	9161
2006	1098.4	69.64	28.32	120.4	7518	0.20	7667
2007	1162.9	73.73	27.96	145.0	7734	0.20	7907
2008	1238.2	78.50	29.99	154.0	8381	0.20	8565
2009	1322.5	83.84	34.60	151.0	7881	0.20	8067

4. 评估结果分析

上海市属于北亚热带季风性气候，降水比较丰沛。2001～2009 年，上海市年均降水量为 1164.7 毫米，天然年径流为 465.2 毫米。太湖流域来水主要经黄浦江干流排入长江，是上海地区重要的过境水量之一。2001～2009 年，太湖流域过境水量呈波折变化，平均值为 134.9 亿米³，远大于上海市本地水资源总量。长江干流过境水为上海市提供了得天独厚的过境水资源。经有关部门推算长江徐六泾水文站多年平均入海水量为 9335 亿米³，远远大于太湖流域过境水量，但近年来呈波折下降趋势。以 2007 年为例，本地径流、太湖流域过境水、长江干流过境水之比约为 1∶5∶250。

由表 10-9 可见，长江干流过境水量是上海市数量最大的水资源组成部分，占全市总水量的 97.8%（2007 年数据）；太湖流域过境水资源量是上海市水资源的重要组成部分，占全市总水量的 1.83%（2007 年数据），占除长江过境水量的 83.8%；而本地水资源量相对匮乏，只是全市总水资源量的 0.35%（2007 年数据），占除长江过境水资源量的 16.2%。

（二）全市人均水资源量

1. 指标科学依据和意义

人均水资源量，指一个地区所有居住人口人均占有的水资源总量，反映一个地区水资源的相对稀缺程度，也反映了水资源对人口的承载现状。

2. 指标定义和计算公式

人均水资源量，指一个地区水资源总量与该地区总人口的比值。

$$人均水资源量=\frac{水资源总量}{总人口数}$$

3. 上海市水资源量指标情况及评估

上海市 2001～2009 年人均水资源情况见表 10-10。

表 10-10　上海市 2001～2009 年水资源情况

年份	全市常住人口/万人	人均本地径流/米^3	人均太湖流域过境水/米^3	人均长江干流过境水/米^3	人均水资源总量/米^3
2001	1 614.00	262	867	57 838	58 965
2002	1 625.00	284	1 026	57 446	58 757
2003	1 711.00	88	711	54 559	55 359
2004	1 742.00	143	570	53 588	54 300
2005	1 778.00	145	654	50 726	51 524
2006	1 815.00	156	663	41 421	42 242
2007	1 858.08	150	780	41 624	42 555
2008	1 888.46	159	815	44 380	45 354
2009	1 921.32	180	786	41 019	41 987

注：2001～2004 年长江干流过境水量为多年平均值。

4. 评估结果分析

上海市是世界上最大、人口最多的城市之一。保障城市经济社会发展和人民生活的用水非常重要。人均水资源量反映了全市水资源的相对稀缺程度和水资源对城市发展和人口的承载能力。

由表 10-10 可见，近年来全市人口稳定增长，而水资源总量相对保持在一定范围内波动。如果仅以人均本地水资源量计，上海市只有 150 米^3（2007 年数据），属于缺水地区；但以包括太湖和长江过境水量的总水资源量计，上海市为 42 555 米^3（2007 年数据），为丰水地区。以 2007 年为例，人均本地径流、人均太湖流域过境水、人均长江干流过境水之比约为 1∶5∶250。因此，过境水资源量利用构成了影响上海市是否缺水的关键因素。

二、水质评估指标

水质评估指标包括全市地表水功能区水质类别评价、全市水质功能区达标率评价、水质型缺水指数三个指标。

其中，全市地表水功能区水质类别评价、全市水质功能区达标率评价以2009年为基准年，全面评估上海市水功能区的水质现状。

（一）河流湖泊水质类别评价

1. 指标科学依据和意义

地表水功能区水质类别，表示按《地表水环境质量标准》中的Ⅰ类、Ⅱ类、Ⅲ类、Ⅳ类、Ⅴ类标准，对区域内主要河流、湖泊的水质进行评价，用百分比的形式说明按Ⅰ类、Ⅱ类、Ⅲ类、Ⅳ类、Ⅴ类、劣Ⅴ类水河长或湖泊面积占总河长或总湖泊面积的比例。

2. 指标定义和计算公式

地表水功能区水质类别，表示按《地表水环境质量标准》，达到Ⅰ类、Ⅱ类、Ⅲ类、Ⅳ类、Ⅴ类标准的河长或湖泊面积占总河长或总湖泊面积的比例。

河流水质类别比例＝Ⅰ类河长∶Ⅱ类河长∶Ⅲ类河长∶Ⅳ类河长∶Ⅴ类河长∶劣Ⅴ类河长

湖泊水质类别比例＝Ⅰ类面积∶Ⅱ类面积∶Ⅲ类面积∶Ⅳ类面积∶Ⅴ类面积∶劣Ⅴ类面积

3. 上海市河流湖泊水质类别情况及评估

河流水质类别情况和湖泊水质类别情况见表10-11和表10-12。

表10-11 河流水质类别情况

水资源分区名称			河流												
一级区	二级区	三级区	评价河流长度	Ⅰ类		Ⅱ类		Ⅲ类		Ⅳ类		Ⅴ类		劣Ⅴ类	
				长度/千米	比例/%	长度/千米	比例/%	长度/千米	比例/%	长度/千米	比例/%	长度/千米	比例/%	长度/千米	比例/%
长江区	太湖水系	杭嘉湖区	130.0							39.9	30.7	32.2	24.8	57.9	44.5
		黄浦江区	944.8					59.9	6.3	166.3	17.6	133.8	14.2	584.8	61.9
		武阳区	6.6					0.8	12.1			5.8	87.9		
	省区合计		1081.4					60.7	5.6	206.2	19.1	171.8	15.9	642.7	59.4

表 10-12 湖泊水质类别情况

水资源分区名称			湖泊水面面积/(千米)^2						
一级区	二级区	三级区	评价湖泊	Ⅰ类	Ⅱ类	Ⅲ类	Ⅳ类	Ⅴ类	劣Ⅴ类
长江区	太湖水系	杭嘉湖区							
		黄浦江区	5.0				5		
		武阳区	50.3			50.3			
	省区合计		55.3			50.3	5		

全市河流水质类别比例＝0∶0∶5.6∶19.1∶15.9∶59.4（Ⅰ类∶Ⅱ类∶Ⅲ类∶Ⅳ类∶Ⅴ类∶劣Ⅴ类）

全市湖泊水质类别比例＝0∶0∶100∶0∶0∶0（Ⅰ类∶Ⅱ类∶Ⅲ类∶Ⅳ类∶Ⅴ类∶劣Ⅴ类）

也可以表示为

$$全市河流水质类别比例=\frac{0}{\text{Ⅰ类}}:\frac{0}{\text{Ⅱ类}}:\frac{5.6}{\text{Ⅲ类}}:\frac{19.1}{\text{Ⅳ}}:\frac{15.9}{\text{Ⅴ类}}:\frac{59.4}{\text{劣Ⅴ类}}$$

$$全市湖泊水质类别比例=\frac{0}{\text{Ⅰ类}}:\frac{0}{\text{Ⅱ类}}:\frac{100}{\text{Ⅲ类}}:\frac{0}{\text{Ⅳ}}:\frac{0}{\text{Ⅴ类}}:\frac{0}{\text{劣Ⅴ类}}$$

4. 评估结果分析

由上可见，在河流水质类别中，类别为Ⅲ到劣Ⅴ类的河流长度总和分别为60.7千米、206.2千米、171.8千米、642.7千米，说明全市河流水质总体状况较差；特别是劣Ⅴ类的河长比例较大，说明部分河段污染较为严重。湖泊水质类别总面积约为55.3（千米）^{2}，均为Ⅲ类，说明湖泊水质相对较好。

（二）全市水质功能区达标率

1. 指标科学依据和意义

水质功能区达标率，是一个区域内根据其地表水环境功能区划，对水功能区水质进行评价，达到对应的地表水环境质量标准的水功能区的比例。该指标反映了一个地区达到水污染治理或水资源保护目标的程度。对于水质较差的水质型缺水地区，这一指标更清楚地显示水环境现状，意义更为明显。

2. 指标定义和计算公式

水质功能区达标率，是一个区域内根据其地表水环境功能区划，对水功能区水质进行评价，达到对应的地表水环境质量标准的水功能区的比例。

水质功能区达标的具体考核办法，按“在评价水期或年度内，达标率大于（含等于）80％的水功能区为水期或年度达标水功能区”的评价标准计算。

$$水功能区达标率=\frac{水功能区达标个数}{水功能区总数}$$

3. 上海市水质功能区达标情况及评估

1）一级水功能区达标评价

调查范围内有 15 个河流水功能区属于一级水功能区的范畴，其中 1 个位于保护区内，14 个属于缓冲区范围内，其河流长度总和为 85.2 千米，水质目标类别为Ⅱ、Ⅲ、Ⅳ类的数量分别为 2 个、11 个、2 个。评价结果显示，15 个水功能区均不能达到一级水功能区的要求，达标率为 0%。

2）二级水功能区达标评价

调查范围内隶属于二级水功能区范畴的水功能区有 75 个，有监测数据的有 74 个，其中 14 个属于饮用水源区、6 个属于工业用水区、3 个属于农业用水区、36 个属于景观娱乐用水区、15 个属于过渡区。3 个湖泊水功能区湖泊面积为 55.3（千米)^2，71 个河流水功能区河流长度总和为 996.2 千米。

评价结果显示，二级水功能区中有 9 条河流达标，达标比例为 12.2%；3 个湖泊功能区均未达标，达标率为 0%。

综合以上，全市水质功能区达标率为 10.1%，具体情况如表 10-13 所示。

表 10-13　分类水功能区达标评价成果表

分级分类水功能区	所有水体类型水功能区		河流类水功能区		湖泊类水功能区	
	评价个数/个	个数达标比例/%	评价河长/千米	河长达标比例/%	评价湖泊面积/(千米)^2	面积达标比例/%
保护区	1	0.0	16.5	0.0		
保留区						
缓冲区	14	0.0	68.7	0.0		
其中省际缓冲区	14	0.0	68.7	0.0		
一级区水功能区合计	15	0.0	85.2	0.0		
饮用水源区	14	0.0	114.9	0.0	50.3	0.0
工业用水区	6	33.3	137.0	33.6		
农业用水区	3	0.0	77.5	0.0		
渔业用水区						
景观娱乐用水区	36	19.4	556.4	25.3	5.0	0.0
过渡区	15	0.0	110.4	0.0		
排污控制区						
二级区水功能区合计	74	12.2	996.2	18.8	55.3	0.0
水功能区合计	89	10.1	1081.4	17.3	55.3	0.0

4. 评估结果分析

综合以上，上海市水质功能区达标率为10.1%。这说明目前上海市水环境质量较差，距离国家和上海市划定的水功能区目标还有很大的差距。总体上二级水功能区的河流达标情况略优于一级水功能区，但达标率依然远低于55%的规划目标。上海市水功能区达标率是国家最严格水资源管理制度的重要一项考核指标，还需要上海市根据实际情况，找出切实的提高和解决办法。

（三）“水质型缺水”评估指标

1. 指标科学依据和意义

水质型缺水，是相对于水量型缺水、工程型缺水而言的，一般出现在水资源总量丰富、水环境质量较差、经济社会发展较为发达的中国南方水网地区，是一种比较特殊的水资源水环境现象。该指标反映了因为水质污染导致的在水资源丰富地区的缺水，特别是缺少优质水源的情况。

2. 指标定义和计算公式

水质型缺水指数，指一个地区内按国家《地表水环境质量标准》（GB3838—2002），达到Ⅰ类、Ⅱ类、Ⅲ类水质要求的河长，占该地区主要河流长度的比重。

$$\text{水质型缺水指数}=\frac{\text{达到 Ⅰ 类、Ⅱ 类、Ⅲ 类水质要求的河流长度}}{\text{主要河流总长度}}$$

说明1：达到地表水Ⅰ类、Ⅱ类、Ⅲ类水质标准，基本上可以满足为城市提供优质水源的要求。

说明2：考虑到上海市主要从河流中取水的情况，计算时采用河流长度，而不采用湖泊面积。

3. 上海市水质型缺水指标情况及评估

根据上海市河流水质类别情况，计算得到水质型缺水指数。2009年全市水质型缺水指数为28.7，近年来呈现逐渐改善趋势，如表10-14所示。

表10-14　全市水质型缺水指数情况

年份	评价河流长度/千米	Ⅰ类		Ⅱ类		Ⅲ类		Ⅳ类		Ⅴ类		劣Ⅴ类		水质型缺水指数
		河长/千米	比例/%	河长/千米	比例/%	河长/千米	比例/%	河长/千米	比例/%	河长/千米	比例/%	河长/千米	比例/%	
2006	617.9	0	0	0	0	77.3	12.5	108.0	55.7	88.7	14.3	343.9	55.7	12.5
2007	617.9	0	0	0	0	77.3	12.5	110.2	17.9	79.9	12.9	350.5	56.7	12.5
2008	719.8	0	0	0	0	187.5	26.0	106.8	14.8	159.1	22.2	266.4	37.0	26.0
2009	719.8	0	0	0	0	206.7	28.7	195.9	27.2	61.2	8.5	256.0	35.6	28.7

需要说明的是，全市主要河流，指有条件作为全市市区级水厂水源地的市区级河流。2009年评估选择的河流为黄浦江、苏州河、太浦河、斜塘—泖河—拦路港、圆泄泾—大蒸塘、大泖港—掘石泾—胥浦塘、蕰藻浜、淀浦河、金汇港、大治河、川杨河、油墩港、叶榭塘—龙泉港、浦南运河、浦东运河、环岛河等16条，也称为市主要骨干河道。

4. 评估结果分析

由上可见，2009年全市水质型缺水指数为28.7，近年来呈现逐渐改善趋势。这说明上海市本地地表水中符合Ⅰ类、Ⅱ类、Ⅲ类水质标准，基本上可以满足为城市提供优质水源的要求的河流已经比较稀缺，不足30%。这一结果量化说明了上海市水质恶化的具体情况，可以作为将来水资源管理中的重要考核标准。

三、供水用水评估指标

（一）用水总量控制指标

1. 指标科学依据和意义

用水总量，指一个地区所取用的水资源的总的数量。在用水总量指标中，根据其取水来源，可分为地表水、地下水等；根据其用途可分为火电工业用水、一般工业用水、居民生活用水、公共生活用水和农业用水。该指标综合反映了一个地区实际使用水资源的数量。

需要说明的是，用水量有毛、净之分。毛用水量指配置给各类用户的包括公共供水输水损失在内的用水量；净用水量指配置给各类用户的不包括公共供水输水损失在内的用水量。

2. 指标定义和计算公式

用水总量，指一个地区所取用的水资源的总的数量。

用水总量＝农业用水量＋工业用水量＋城市公共用水量＋居民生活用水量

工业用水量＝火电工业用水量＋一般工业用水量

说明：用水总量的具体计算口径，根据国家相关技术导则确定。

3. 上海市总用水量指标情况及评估

上海市2001～2009年取水总量、用水总量见表10-15。

表 10-15　2001～2009 年上海市总取水量和总用水量　　单位：亿米^3

年份	取水总量	用水总量
2001	110.42	106.29
2002	104.27	99.59
2003	107.61	101.73
2004	111.57	111.41
2005	121.28	114.58
2006	111.57	111.57
2007	120.19	120.19
2008	119.77	119.77
2009	125.20	125.20

4. 评估结果分析

由表 10-15 可见，2009 年上海市总用水量为 125.20 亿米^3，且近年来呈现明显的增长趋势，这一方面是全市经济社会不断发展和人口增长的反映，另一方面也对全市水资源保障提出了新的要求。根据水利部《水资源开发利用控制红线实施方案》中的规定，上海市用水总量控制指标为 123.2 亿米^3，其中地表水为 123 亿米^3，地下水为 0.2 亿米^3。由此可见，在全市经济社会迅速发展的形势下，控制全市用水总量，面临着较大的压力和挑战，是当前一项重要的任务。

（二）火电工业、一般工业、农业、居民生活、城市公共用水量指标

1. 指标科学依据和意义

工业、农业、居民生活、公共生活、火电工业用水量，指这些用水部门或领域的用水量。该指标综合反映了一个地区主要用水部门实际使用水资源的数量和水资源的使用去向。

2. 指标定义和计算公式

工业、农业、居民生活、公共生活、火电工业用水量，指这些用水部门或领域的用水量。

工业、农业、居民生活、公共生活、火电工业用水量的具体计算口径，根据国家相关技术导则确定，或根据上海市实际情况，研究制定规范的统计和计算方法。

农业用水量，指农田灌溉用水、林牧渔用水和牲畜用水。农田灌溉用水包

括水田、水浇地、菜田用水，林牧渔用水包括林果灌溉、草场灌溉及鱼塘补水。

工业用水量，指工矿企业在生产过程中用于制造、加工、冷却（包括火电直流冷却）、空调、净化、洗涤等方面的用水，按新水取用量计，不包括企业内部的重复利用水量，包括水利工程、自来水公司直接供给企业和企业自采自供的工业用水量。其中，火电工业用水量指火电工业行业用水量，一般工业用水量指除火电工业以外的全部工业用水量。

城市公共用水量，指建筑业、服务业及生态环境用水量。其中，建筑业用水量指土木工程建筑业、线路管道和设备安装业、建筑安装业、建筑装饰业和其他建筑业用水量；服务业用水量指为生产生活服务的行业，即第三产业的用水量，包括行政事业单位、部队营区和公共设施服务、社会服务业、批发零售贸易业、旅馆饮食业及其他社会服务业等单位的用水量；生态环境用水量指人为措施调配的城镇环境用水，包括地下水回灌、绿化、市政环卫等用水量。

居民生活用水量，指居民住宅日常生活用水量。其中，城镇居民用水指城镇居民住宅日常生活用水量，农村居民用水指乡村居民住宅日常生活用水量。

3. 上海市工业、农业、居民生活、公共生活、火电工业用水量情况及评估

2001～2009年，上海市年度总用水量呈波动上升趋势，火电工业、居民生活、公共生活和农业用水量均呈现相似的波动上升趋势，而一般工业用水量则呈下降趋势，如表10-16所示。

表10-16　2001～2009年全市工业、农业、居民生活、公共生活、火电工业用水量及所占比重

年份	火电工业		一般工业		居民生活		城市公共生活		农业		总用水量/亿米^3
	用水量/亿米^3	比重/%	用水量/亿米^3	比重/%	用水量/亿米^3	比重/%	用水量/亿米^3	比重/%	用水量/亿米^3	比重/%	
2001	66.27	62.35	11.27	10.60	7.09	6.67	7.94	7.47	13.72	12.91	106.29
2002	61.67	61.92	10.86	10.90	6.92	6.95	8.16	8.19	11.98	12.03	99.59
2003	59.68	58.67	10.92	10.73	7.49	7.36	8.07	7.93	15.57	15.31	101.73
2004	65.00	58.34	11.05	9.92	8.01	7.19	8.12	7.29	19.23	17.26	111.41
2005	68.15	59.48	11.23	9.80	8.12	7.09	8.32	7.26	18.76	16.37	114.58
2006	65.04	58.30	10.97	9.83	8.53	7.65	8.40	7.53	18.63	16.70	111.57
2007	68.13	56.69	13.21	10.99	11.74	9.77	10.65	8.86	16.46	13.69	120.19
2008	67.18	56.09	12.37	10.33	12.14	10.14	11.03	9.21	17.05	14.24	119.77
2009	73.34	58.58	10.82	8.64	12.63	10.09	11.30	9.03	17.11	13.67	125.20

4. 评估结果分析

在上海市五大类用水领域中，火电工业用水量占到一半以上的比重，这与上海市火电工业的发展水平是密切相关的；其次为农业用水量，一般工业用水量。公共生活和居民生活用水量比重较为接近，且10年来基本保持稳定。从上海市用水量分布中可以推断，通过提高工业用水重复利用效率，冷却水、废水等循环或串联利用等措施，上海市仍具备较大的节水潜力。

（三）全市40类涉水对象行业用水量

1. 指标科学依据和意义

全市40类涉水对象行业用水量，指在《上海市涉水对象分类名称及代码(试行)》基础上制定的“上海市水资源核算统计分类”中的40类主要涉水对象行业分类的用水量，计算各类涉水对象行业分类使用水资源的情况，包括使用自来水、自备水情况，在将来用水统计不断完善和规范的情况下，也可以将雨水、河道水、中水、海水等水量统计在内。该指标根据上海市40类主要的涉水对象特点，分门别类地反映了这些用水部门实际使用水资源的数量和水资源的来源，可为这些部门的水资源管理提供详细的数据支撑。

2. 指标定义和计算公式

全市40类涉水对象行业用水量，指这些用水部门或领域的用水总量。由于各个涉水对象用水量统计和计算的方法具有一定的行业特点和要求，所以没有统一的计算公式，其数据来自《全市水资源统计和核算取水量分类汇总表》。

需要说明的是，各个涉水对象用水量统计和计算的具体计算口径，根据国家相关技术导则确定，或根据上海市实际情况，研究制定规范的统计和计算方法，特别是关于雨水、中水、河道水、海水的统计和计算口径问题，需要进一步研究制定。

3. 上海市40类涉水对象用水量情况及评估

2007年全市40类涉水对象行业用水量统计表如表10-17所示。

表10-17　2007年上海市40类涉水对象用水量表　　单位：万米^3

序号	分类	用水总量	取自环境的自备水量	使用自来水量
1	农业	153 000	153 000	0
2	林业	4 100	4 100	0
3	畜牧业	2 500	2 500	0
4	渔业	5 000	5 000	0

续表

序号	分类	用水总量	取自环境的自备水量	使用自来水量
5	农副食品加工业	961	64	897
6	食品制造业	1 551	111	1 440
7	饮料制造业	1 629	374	1 255
8	纺织业	4 720	1 994	2 726
9	造纸及纸制品业	1 978	1 050	928
10	石油加工、炼焦及核燃料加工业	21 954	21 232	722
11	化学原料及化学制品制造业	11 365	9 456	1 909
12	医药制造业	2 107	116	1 991
13	化学纤维制造业	384	5	379
14	橡胶制品业	1 099	139	960
15	塑料制品业	1 602	120	1 482
16	黑色金属冶炼及压延加工业	12 629	10 545	2 084
17	有色金属冶炼及压延加工业	979	321	658
18	电子元器件制造业	3 103	0	3 103
19	采矿业及其他制造业	50 512	3 664	46 848
20	直流式火力发电业	733 404	733 404	0
21	循环式火力发电业	1 602	1 602	0
22	其他电力工业	0	0	0
23	原水及自来水的生产和供应业	312 541	312 541	0
24	污水处理及其再生利用业	18 957	18 564	393
25	其他水的处理、利用与分配业	0	0	0
26	建筑业	10 767	0	10 767
27	交通运输业	2 900	0	2 900
28	批发零售业	9 532	0	9 532
29	住宿业	3 588	8	3 580
30	餐饮业	1 664	0	1 664
31	金融业	327	0	327
32	教育业	7 054	0	7 054
33	卫生业	4 182	0	4 182
34	水利管理业	0	0	0

续表

序号	分类	用水总量	取自环境的自备水量	使用自来水量
35	其他服务业	0	0	0
36	城市环境卫生管理业	8 704	0	8 704
37	城市园林绿化管理业	39 925	334	39 591
38	深井回灌	1 668	0	1 668
39	农村居民消费	10 657	0	10 657
40	城镇居民消费	79 176	0	79 176

4. 评估结果分析

由表10-17可见，该指标根据上海市40类主要的涉水对象特点，分门别类地反映了这些用水部门实际使用水资源的数量和水资源的来源，从用水总量来看，全市用水量前10位的部门分别是直流式火力发电业，原水及自来水的生产和供应业，农业，城镇居民消费，采矿业及其他制造业，城市园林绿化管理业，石油加工、炼焦及核燃料加工业，污水处理及其再生利用业，黑色金属冶炼及压延加工业，化学原料及化学制品制造业；从自来水使用量来看，全市使用自来水前10位的部门分别是城镇居民消费、采矿业及其他制造业、城市园林绿化管理业、建筑业、农村居民消费、批发零售业、城市环境卫生管理业、教育业、卫生业、住宿业。以上结果说明了全市水资源利用的部门特征，可为这些部门的水资源管理提供详细的数据支撑。

(四) 人均日居民生活用水量

1. 指标科学依据和意义

人均日居民生活用水量，是指居民生活使用的城市自来水用水量与总人口的比值，一般用每人每天使用的自来水量表示。该指标统计口径的用水量是不包括公共供水输水损失的净用水量，即其中的自来水按售水量统计。该指标反映了居民生活，特别是城镇居民生活使用自来水的情况，一方面说明城市自来水服务和保障能力和水平，另一方面过大的人均日生活用水量也可能说明存在用水浪费的现象。因此，该指标是反映供水、用水和节水水平的重要指标。

2. 指标定义和计算公式

人均日居民生活用水量，是居民生活中每人每天使用的自来水量。

$$\text{人均日居民生活用水量}=\frac{\text{生活用水量}}{\text{总人口}\times 365}$$

说明：根据居民居住地，该指标可分为城镇人均日居民生活用水量和农村人均日居民生活用水量。根据上海市城乡统筹一体化发展趋势和全市供水集约化水平的提高，只计算全市人均日居民生活用水量。

3. 上海市人均日居民生活用水量指标情况及评估

上海市是国内经济规模最大、最发达、最国际化的城市之一，居民生活用水已经成为全市水资源利用，特别是自来水消费的主要内容。上海市2001～2009年城市人均日居民生活用水量数据见表10-18。

表10-18　2001～2009年上海市城市人均日居民生活用水量

年份	居民生活用水总量/亿米^3	常住人口/万人	人均日生活用水量/升
2001	7.09	1614.00	118
2002	6.92	1625.00	117
2003	7.49	1711.00	119
2004	8.01	1742.00	125
2005	8.12	1778.42	125
2006	8.53	1815.08	129
2007	11.74	1858.08	132
2008	12.14	1888.46	136
2009	12.63	1921.32	136

注：计算人均日生活用水量时，在居民生活用水总量中扣除了输水损耗量。

4. 评估结果分析

由表10-18可见，全市2009年人均日生活用水量为136升，且近年来呈现逐年升高的趋势。这一方面说明随着全市供水集约化的发展和全市人民生活水平的提高，居民自来水使用量逐渐增长；另一方面也说明城市自来水服务和保障能力和水平提高的同时，也需要加强居民生活的节水力度和管理能力。

（五）供水企业产销差率指标

1. 指标科学依据和意义

供水企业产销差率，指自来水企业供水总量与售水总量之差（产销差水量）占供水总量的百分比。由于存在自来水厂在制水过程中的自用水损失，输配水过程中的漏失水量，以及自来水人为偷盗等原因，供水企业生产出的一部分自来水水量没有进行收费或没有办法收费。该指标反映了一个城市自来水行业的综合技术水平和管理能力，也反映了整个社会对于水资源节约的实际重视程度。

2. 指标定义和计算公式

供水企业产销差率，指供水总量与售水总量之差（产销差水量）占供水总量的比重。

$$\text{供水企业产销差率}=\frac{\text{供水总量}-\text{销售水量}}{\text{供水总量}}$$

3. 上海市供水企业产销差率指标情况及评估

2001～2009年上海市公共供水企业产销差率见表10-19。

表10-19　2001～2009年上海市公共供水企业产销差率

年份	供水量/万米^3	售水量/万米^3	产销差/万米^3	产销差率/%
2001	241 537	200 764	40 773	16.88
2002	244 002	202 619	41 383	16.96
2003	258 222	207 947	50 275	19.47
2004	273 477	218 195	55 282	20.21
2005	286 532	228 052	58 480	20.41
2006	206 604	169 749	36 855	17.84
2007	303 403	238 951	64 452	21.24
2008	214 782	175 293	39 489	18.39
2009	304 706	240 576	64 130	21.05

4. 评估结果分析

由表10-19可见，2009年上海市公共供水行业产销差率为21.05%，与国家规定相关标准和国际国内先进水平相比，处于比较落后位置。就目前上海市实际情况而言，产销差一般为未计量或未统计用水，包括消防用水、部分市政绿化用水、管网漏失、未计量供水、未收费供水等多个方面。产销差的具体组成部分，由于统计资料和研究还比较少，目前难以摸清其现状。因此，迫切需要开展专题的研究，以降低产销差率。

四、排水排污评估指标

（一）排水总量控制指标

1. 指标科学依据和意义

排水总量，指一个地区所排放废水和污水的总的数量。在排水总量指标中，根据其排放去向，可分为排向河流、湖泊、海洋等；根据其排放单位或部门可分为工业排水、居民生活排水等。该指标综合反映了一个地区实际排放废水污水的数量，是与用水总量相配套的一个重要指标。

2. 指标定义和计算公式

排水总量，指一个地区所排放的废水污水的总的数量。

排水总量＝向河流排水量＋向海洋排水量＋向其他水体排水量

排水总量＝工业排水量＋城镇生活排水量＋其他排水量

说明：排水总量的具体计算口径，根据国家相关技术导则确定。

3. 上海市排水量指标情况及评估

2001～2009 年，上海市废污水排放量情况见表 10-20。

表 10-20　上海市 2001～2009 年废污水排放量变化情况

年份	城镇生活废污水排放		工业废污水排放		污水总量/亿吨
	排放量/亿吨	占污水总量比重/%	排放量/亿吨	占污水总量比重/%	
2001	12.70	65.13	6.80	34.87	19.50
2002	12.72	66.22	6.49	33.78	19.21
2003	11.82	59.79	7.95	40.21	19.77
2004	13.63	66.36	6.91	33.64	20.54
2005	14.14	65.07	7.59	34.93	21.73
2006	14.85	67.01	7.31	32.99	22.16
2007	15.09	67.01	7.43	32.99	22.52
2008	16.04	68.81	7.27	31.19	23.31
2009	16.47	71.58	6.54	28.42	23.01

注：农业排水量，因其自然排放入河道，不进入城市雨水或污水管道，在上海市不计入排水总量。

4. 评估结果分析

2001～2009 年，上海市废污水排放量呈逐年增加趋势，2001 年废污水排放量为 19.5 亿吨，2009 年废污水排放量增加至 23.01 亿吨。其中，工业废水的排放量呈逐年递减趋势，而城镇生活污水排放量却在逐年攀升，并且其增加量大于工业废污水排放的减少量，故而污废水排放总量仍呈年际上升趋势。上海市废污水排放量的变化状况与用水量变化有直接关系，居民生活水平的提高导致城镇生活用水量增大，进而使得城镇生活污水量逐年上升。

(二) 污水处理率控制指标

1. 指标科学依据和意义

污水处理率，指达到规定排放标准的污水处理量与污水排放量的比值。该指标综合反映了一个地区实际排放和处理废污水的数量和能力，是反映水资源保护和水环境建设的重要指标。

2. 指标定义和计算公式

污水处理率，达到规定排放标准的污水处理量与污水排放量的比值。

$$污水处理率=\frac{达到规定排放标准的污水处理量}{污水排放量}$$

3. 上海市污水处理率指标情况及评估

上海市 2001～2009 年城镇污水处理率数据见表 10-21。污水产生量主要包括工业废水量和生活污水量。

表 10-21　2001～2009 年上海市城镇污水处理率

年份	污水产生量/亿米^3	其中：工业废水量/亿米^3	其中：生活污水量/亿米^3	污水处理量/(万米^3/日)	污水处理率/%
2001	19.50	6.80	12.70	—	—
2002	19.21	6.49	12.72	—	—
2003	19.77	7.95	11.82	—	—
2004	20.54	6.91	13.63	419.10	65.3
2005	21.73	7.59	14.14	418.10	70.2
2006	22.16	7.31	14.85	429.80	70.8
2007	22.52	7.43	15.09	451.08	73.1
2008	23.31	7.27	16.04	481.18	75.5
2009	23.01	6.54	16.47	497.59	78.9

4. 评估结果分析

由表 10-21 可见，近年来全市污水处理率稳步提高，2009 年达到 78.9%，说明全市排放和处理废污水的数量和能力已经基本上满足水资源保护和水环境建设的需要。

(三) 全市 40 类涉水对象行业污水排放量指标

1. 指标科学依据和意义

全市 40 类涉水对象行业污水排放量，指按《上海市涉水对象分类代码》

规定的40类涉水对象分类，计算各个涉水对象排放废污水的情况。该指标根据上海市40类主要的涉水对象特点，分门别类地反映了这些用水部门实际排放废污水的数量和去向，可为这些部门的水资源管理提供详细的数据支撑。

2. 指标定义和计算公式

全市40类涉水对象行业污水排放量，指这些用水部门或领域的排放的相应水量。由于各个涉水对象用水量统计和计算的方法具有一定的行业特点和要求，所以没有统一的计算公式，其数据来自《全市水资源统计和核算排水量分类汇总表》。

需要说明的是，各个涉水对象排水量统计和计算的具体计算口径，根据国家相关技术导则确定，或根据上海市实际情况，研究制定规范的统计和计算方法。

3. 上海市40个涉水对象排水排污量情况及评估

上海市40类涉水对象行业污水排放量指标见表10-22。

表10-22 上海市40类涉水对象行业污水排放量情况 单位：米^3

序号	类别	总排放量	其中：直接排入水域	其中：排入污水处理系统
1	农村居民	8 526	8 526	
2	城镇居民	71 258	3 362	67 896
3	农业	4 000	4 000	
4	林业			
5	畜牧业（牲畜饲养）	1 600	1 600	
6	渔业			
7	农副食品加工业	769	253	516
8	食品制造业	1 241	449	792
9	饮料制造业	1 140	337	803
10	纺织业	3 304	1 570	1 734
11	造纸及纸制品业	1 780	588	1 192
12	石油加工、炼焦及核燃料加工业	7 203	1 321	5 882
13	化学原料及化学制品制造业	7 956	3 245	4 711
14	医药制造业	1 686	659	1 027
15	化学纤维制造业	269	83	186

续表

序号	类别	总排放量	其中：直接排入水域	其中：排入污水处理系统
16	橡胶制品业	989	424	565
17	塑料制品业	1 282	505	777
18	黑色金属冶炼及压延加工业	3 789	3 017	772
19	有色金属冶炼及压延加工业	783	297	486
20	电子元器件制造业	2 793	517	2 276
21	采矿及其他制造业	40 410	18 229	22 181
22	直流式火力发电业			
23	循环式火力发电业			
24	其他电力工业			
25	原水及自来水的生产和供应业			
26	污水处理业	314		314
27	其他水的利用、处理和分配业			
28	建筑业	6 460	1 525	4 935
29	交通运输业	2 610	616	1 994
30	批发零售业	8 579	2 025	6 554
31	住宿业	3 229	762	2 467
32	餐饮业	1 498	354	1 144
33	金融业	294	69	225
34	教育业	6 349	1 498	4 851
35	卫生业	3 764	888	2 876
36	其他服务业	35 933	8 480	27 453
37	城市环境卫生管理业			
38	城市园林绿化管理业			
39	深井回灌			
40	其他水量			
	总计	229 808	65 199	164 609

4. 评估结果分析

由表 10-22 可见，该指标根据上海市 40 类主要的涉水对象特点，分门别类地反映了这些用水部门实际排水数量和去向情况。从排水总量来看，全市排水量前 10 位的部门分别是城镇居民，采矿及其他制造业，其他服务业，批发零售业，农村居民，化学原料及化学制品制造业，石油加工、炼焦及核燃料加工业，建筑业，教育业，农业；从直接排放进入环境的水量来看，全市前10位的部门分别是采矿及其他制造业、农村居民、其他服务业、农业、城镇居民、化学原料及化学制品制造业、黑色金属冶炼及压延加工业、批发零售业、畜牧业（牲畜饲养）、纺织业；从进入污水处理系统来看，全市前10位的部门分别是城镇居民，其他服务业，采矿及其他制造业，批发零售业，石油加工、炼焦及核燃料加工业，建筑业，教育业，化学原料及化学制品制造业，卫生业，住宿业。以上结果说明了全市污水排放的部门特征，可为这些部门的水资源管理提供详细的数据支撑。

（四）全市40类涉水对象COD和氨氮排放量指标

1. 指标科学依据和意义

全市40类涉水对象COD和氨氮排放量，指按《上海市涉水对象分类名称及代码（试行）》规定的40类涉水对象分类，计算各个涉水对象排放COD和氨氮的情况。该指标根据上海市40类主要的涉水对象特点，分门别类地反映了这些用水部门实际排放COD和氨氮的数量和去向，可为这些部门的水资源管理提供详细的数据支撑。

2. 指标定义和计算公式

全市40类涉水对象COD和氨氮排放量，指这些用水部门或领域的排放的COD和氨氮数量，以污染的重量计。

由于各个涉水对象用水量统计和计算的方法具有一定的行业特点和要求，所以没有统一的计算公式，其数据来自《全市水资源统计和核算COD和氨氮分类汇总表》，具体参见相关表格。

3. 上海市水40类涉水对象COD和氨氮排放量情况及评估

上海市40类涉水对象行业COD排放量指标见表10-23。

表10-23 上海市40类涉水对象行业COD排放量 单位：吨

序号	类别	总排放量	其中：直接排入水域	其中：排入污水处理系统
1	农村居民	29 841	29 841	
2	城镇居民	249 403	11 767	237 636
3	农业	1 200	1 200	
4	林业			
5	畜牧业（牲畜饲养）	160 000	160 000	

续表

序号	类别	总排放量	其中：直接排入水域	其中：排入污水处理系统
6	渔业			
7	农副食品加工业	2 307	759	1 548
8	食品制造业	3 723	1 347	2 376
9	饮料制造业	1 140	337	803
10	纺织业	8 260	3 925	4 335
11	造纸及纸制品业	2 670	882	1 788
12	石油加工、炼焦及核燃料加工业	10 805	1 982	8 823
13	化学原料及化学制品制造业	11 934	4 868	7 067
14	医药制造业	2 529	989	1 541
15	化学纤维制造业	538	166	372
16	橡胶制品业	1 978	848	1 130
17	塑料制品业	3 205	1 263	1 943
18	黑色金属冶炼及压延加工业	1 895	1 509	386
19	有色金属冶炼及压延加工业	392	149	243
20	电子元器件制造业	5 586	1 034	4 552
21	采矿及其他制造业	101 025	45 573	55 453
22	直流式火力发电业			
23	循环式火力发电业			
24	其他电力工业			
25	原水及自来水的生产和供应业			
26	污水处理业	785		785
27	其他水的利用、处理和分配业			
28	建筑业	6 460	1 525	4 935
29	交通运输业	9 135	2 156	6 979
30	批发零售业	25 737	6 075	19 662
31	住宿业	9 687	2 286	7 401
32	餐饮业	5 243	1 239	4 004
33	金融业	588	138	450
34	教育业	15 873	3 745	12 128
35	卫生业	7 528	1 776	5 752

续表

序号	类别	总排放量	其中：直接排入水域	其中：排入污水处理系统
36	其他服务业	89 833	21 200	68 633
37	城市环境卫生管理业			
38	城市园林绿化管理业			
39	深井回灌			
40	其他水量			
	总计	769 300	308 579	460 725

上海市40类涉水对象行业氨氮排放量指标见表10-24。

表10-24 上海市40类涉水对象行业氨氮排放量 单位：吨

序号	类别	总排放量	其中：直接排入水域	其中：排入污水处理系统
1	农村居民	3 410	3 410	
2	城镇居民	28 503	1 345	27 158
3	农业	80	80	
4	林业			
5	畜牧业（牲畜饲养）	7 200	7 200	
6	渔业			
7	农副食品加工业	115	38	77
8	食品制造业	186	67	119
9	饮料制造业	57	17	40
10	纺织业	496	236	260
11	造纸及纸制品业	267	88	179
12	石油加工、炼焦及核燃料加工业	720	132	588
13	化学原料及化学制品制造业	398	162	236
14	医药制造业	169	66	103
15	化学纤维制造业	27	8	19
16	橡胶制品业	148	63	85
17	塑料制品业	256	101	155
18	黑色金属冶炼及压延加工业	189	150	39
19	有色金属冶炼及压延加工业	39	15	24
20	电子元器件制造业	419	78	341

续表

序号	类别	总排放量	其中：直接排入水域	其中：排入污水处理系统
21	采矿及其他制造业	6 062	2 735	3 327
22	直流式火力发电业			
23	循环式火力发电业			
24	其他电力工业			
25	原水及自来水的生产和供应业			
26	污水处理业	47		47
27	其他水的利用、处理和分配业			
28	建筑业	646	153	494
29	交通运输业	392	93	299
30	批发零售业	858	203	655
31	住宿业	323	76	247
32	餐饮业	225	53	172
33	金融业	29	7	22
34	教育业	1 270	300	970
35	卫生业	565	133	432
36	其他服务业	5 390	1 272	4 118
37	城市环境卫生管理业			
38	城市园林绿化管理业			
39	深井回灌			
40	其他水量			
	总计	58 486	18 281	40 206

4. 评估结果分析

由表 10-23 和表 10-24 可见，该指标根据上海市 40 类主要的涉水对象特点，分门别类地反映了这些用水部门实际排放 COD 和氨氮两种污染物的数量和去向情况。从 COD 排放总量来看，全市前 10 位的部门分别是城镇居民，畜牧业（牲畜饲养），采矿及其他制造业，其他服务业，农村居民，批发零售业，教育业，化学原料及化学制品制造业，石油加工、炼焦及核燃料加工业，住宿业；从氨氮排放总量来看，全市前10位的部门分别是城镇居民，畜牧业（牲畜饲养），采矿及其他制造业，其他服务业，农村居民，教育业，批发零售业，石油加工、炼焦及核燃料加工业，建筑业，卫生业。以上评估结果，反映了全市COD和氨氮排放的部门特征，可为这些部门的水资源管理提供详细的数据支撑。

五、用水经济效率核算评估指标

（一）万元GDP用水量

1. 指标科学依据和意义

万元GDP用水量，也称为单位GDP用水量，指一个国家（地区）在一定时期内（通常是一年）总用水量与GDP的比值，以“米^3/万元”为单位。该指标反映了一个地区经济社会发展中每个年度总的新创造的社会财富（即GDP）所使用的水资源量情况，从总体上反映了一个地区的水资源利用效率，是用水经济效率核算评估中最重要、最综合的指标。

2. 指标定义和计算公式

$$\text{万元 GDP 用水量} = \frac{\text{用水总量}}{\text{GDP}}$$

3. 上海市万元GDP用水量情况及评估

2001～2009年，上海市工业增加值保持较快增长，年均增长率达11.9%。其中，2001～2008年工业增加值逐年上升，上升幅度为66.18%，2008～2009年有所下降，下降幅度为7.09%。此外，2001～2009年，上海市工业增加值占GDP的比重呈波动下降趋势。进入21世纪初期，上海市工业化水平便处于一个较高的水平，工业增加值占GDP的比重已达42.99%，此后在2004年达到最高值46.88%。自2005年以来，工业增加值占GDP的比重持续下降，由2005年的45.44%下降到2009年的最低值36.07%。这与近年来上海市调整产业发展战略、优化产业结构，大力推进第三产业发展，形成第二、第三产业共同推动经济增长的新格局等有关，如表10-25所示。

表 10-25　上海市 2001～2009 年工业增加值比重变动情况

年份	GDP/亿元	工业增加值/亿元	工业增加值占 GDP 的比重/%
2001	4 950.84	2 121.19	42.84
2002	5 408.76	2 312.77	42.75
2003	6 250.81	2 865.85	45.84
2004	7 450.27	3 492.89	46.88
2005	9 143.95	4 155.23	45.44
2006	10 296.97	4 641.58	45.07
2007	12 001.16	5 295.90	44.13
2008	13 698.15	5 784.99	42.23
2009	14 900.93	5 374.91	36.07

上海市 2002～2009 年总取（用）水量由 104.27 亿米^3 上升到 125.20 亿米^3，增长了 14.9%，同期万元 GDP 用水量由 182 米^3 下降到 84 米^3，下降了 54.3%，说明全市用水总量保持了基本的稳定，用水效率明显提高。2002～2009 年全市总用水量、GDP 和万元 GDP 用水量的变化情况见表 10-26。

表 10-26　2002～2009 年上海市总用水量、GDP 和万元 GDP 用水量的变化情况

年份	用水总量/亿米^3	GDP/亿元	万元 GDP 用水量/米^3
2002	104.27	5 741.03	182
2003	107.61	6 694.23	161
2004	118.14	8 072.83	146
2005	121.28	9 164.10	132
2006	118.57	10 366.37	114
2007	120.19	12 188.85	99
2008	119.77	13 698.15	87
2009	125.20	14 900.93	84

4. 评估结果分析

由表 10-26 可见，上海市 2009 年万元 GDP 用水量下降到 84 米^3，且近年来呈现逐年下降的趋势。这一方面说明全市经济社会的迅速发展有效提高了水资源的利用效率和效益；另一方面也说明在用水总量保持基本稳定的情况下，用水效率提高的主要动力是经济总量的迅速增加。

(二) 万元工业增加值用水量

1. 指标科学依据和意义

万元工业增加值用水量，一般也称为单位工业增加值用水量，指一个核算期内工业用水量与工业增加值的比值，一般以“米^3/万元”为单位。该指标反映了一个地区工业发展中每个年度总的新创造的工业生产成果（即工业增加值）所使用的水资源量情况，从总体上反映了一个地区工业发展的水资源利用效率，是用水经济效率核算评估中仅次于万元 GDP 用水量的关键指标。

2. 指标定义和计算公式

万元工业增加值用水量，一般也称为单位工业增加值用水量，指一个统计期工业用水量与工业增加值的比值。

$$万元工业增加值用水量=\frac{工业用水总量}{工业增加值}$$

3. 上海市万元工业增加值用水量指标情况及评估

上海市 2001～2009 年单位工业增加值用水量数据见表 10-27。

表 10-27　2001～2009 年上海市万元工业增加值情况

年份	工业用水总量/亿米^3	工业增加值/亿元	万元工业增加值用水量/米^3
2001	72.53	2368.02	306
2002	72.53	2368.02	306
2003	70.60	2941.24	240
2004	77.90	3593.25	217
2005	81.31	4129.52	197
2006	77.98	4670.11	167
2007	81.35	5298.08	154
2008	79.56	5784.99	138
2009	84.16	5374.91	157

4. 评估结果分析

由表 10-27 可见，全市 2009 年万元工业增加值用水量下降到 157 米^3，且近年来呈现逐年下降的趋势，但在 2008～2009 年度，受国际金融危机等多方面影响，该指标波动较大，有所反弹。这一方面说明全市工业经济的迅速发展有效提高了工业对水资源的利用效率和效益；另一方面也说明在工业用水总量保持基本稳定的情况下，用水效率提高的主要影响因素是工业增加值的变化，但在目前工业经济发展的情况下，该指标变动的不确定性明显加大。

（三）万元第三产业增加值用水量

1. 指标科学依据和意义

万元第三产业增加值用水量，也称为单位第三产业增加值用水量，指核算期内第三产业用水量与第三产业增加值的比值，以“米^3/万元”为单位。该指标反映了一个国家（地区）核算期内新创造的第三产业生产成果（即第三产业增加值）所使用的水资源量情况，是反映城市服务业用水效率关键指标。

2. 指标定义和计算公式

万元第三产业增加值用水量，一般也称为单位第三产业增加值用水量，指一个核算期内第三产业用水量与第三产业增加值的比值。

$$\text{万元第三产业增加值用水量}=\frac{\text{第三产业用水总量}}{\text{第三产业增加值}}$$

3. 上海市万元第三产业增加值用水量指标情况及评估

上海市 2001～2009 年万元第三产业增加值用水量数据见表 10-28。

表 10-28　2001～2009 年上海市万元第三产业增加值用水量情况

年份	第三产业用水总量/亿米^3	第三产业增加值/亿元	万元第三产业增加值用水量/米^3
2001	7.61	2509.81	30.3
2002	7.94	2755.83	28.8
2003	8.16	3027.11	27.0
2004	8.07	3565.34	22.6
2005	8.12	4588.38	17.7
2006	8.32	5205.35	16.0
2007	8.40	6223.83	13.5
2008	10.65	7350.43	14.5
2009	11.03	8847.15	12.5

4. 评估结果分析

由表 10-28 可见 2001～2009 年，上海市万元第三产业增加值用水量呈逐年下降趋势，且与同期万元工业增加值用水量的差距逐年扩大。上海市 2009

年万元第三产业增加值用水量为12.5米³，远小于2009年万元工业增加值用水量（157米³），且近年来呈现逐年下降的趋势。这一方面说明全市第三产业的迅速发展，有效提高了全市水资源的利用效率和效益；另一方面也说明在第三产业用水总量保持基本稳定或小幅度增长的情况下，第三产业增加值迅速增加是导致用水效率提高的主要因素。

（四）40类涉水对象行业万元增加值用水量

1. 指标科学依据和意义

40类涉水对象行业万元增加值用水量，也即各个行业万元增加值用水量，指按《上海市涉水对象分类名称及代码（试行）》确定的40个涉水对象大类，分别统计其行业增加值、行业用水量，进而计算其万元增加值用水量，一般以"米³/万元"为单位。该指标反映了全市主要的用水行业，即40个涉水对象大类的每个年度总的新创造的社会财富（即增加值）所使用的水资源量情况，从总体上反映了各个行业的水资源利用效率，是用于行业用水水平分析、行业结构调整、节水重点选择的重要指标。

2. 指标定义和计算公式

40类涉水对象行业万元增加值用水量，也即各个行业万元增加值用水量，指按《上海市涉水对象分类名称及代码（试行）》确定的40个涉水对象大类，各个行业总用水量与其增加值的比值。

$$40类涉水对象万元增加值用水量=\frac{行业用水总量}{行业增加值}$$

3. 2007年全市40类涉水对象行业万元增加值用水量指标情况及评估

根据"上海市水资源统计和核算体系"项目混合和经济账户的研究成果，2007年全市40类涉水对象行业万元增加值用水量情况见表10-29。

表10-29　2007年上海市40个涉水行业分类万元增加值用水量表

分类	增加值/万元	水的总使用量/万米³	直接取自环境量/万米³	自来水供应量/万米³	万元增加值使用自来水量/米³	万元增加值使用自备水量/米³	万元增加值用水量/米³
农业	610 000	153 000	153 000			2 508.2	2 508.2
林业	36 800	4 100	4 100			1 114.1	1 114.1
畜牧业	161 600	2 500	2 500			154.7	154.7
渔业	210 000	5 000	5 000			238.1	238.1

续表

分类	增加值/万元	水的总使用量/万米³	直接取自环境量/万米³	自来水供应量/万米³	万元增加值使用自来水量/米³	万元增加值使用自备水量/米³	万元增加值用水量/米³
农副食品加工业	440 591	961	64	897	20.4	1.5	21.8
食品制造业	928 739	1 551	111	1 440	15.5	1.2	16.7
饮料制造业	381 480	1 629	374	1 255	32.9	9.8	42.7
纺织业	546 834	4 720	1 994	2 726	49.9	36.5	86.3
造纸及纸制品业	589 730	1 978	1 050	928	15.7	17.8	33.5
石油加工、炼焦及核燃料加工业	1 273 306	21 954	21 232	722	5.7	166.7	172.4
化学原料及化学制品制造业	3 684 881	11 365	9 456	1 909	5.2	25.7	30.8
医药制造业	897 098	2 107	116	1 991	22.2	1.3	23.5
化学纤维制造业	254 106	384	5	379	14.9	0.2	15.1
橡胶制品业	550 079	1 099	139	960	17.5	2.5	20.0
塑料制品业	1 438 819	1 602	120	1 482	10.3	0.8	11.1
黑色金属冶炼及压延加工业	4 547 852	12 629	10 545	2 084	4.6	23.2	27.8
有色金属冶炼及压延加工业	619 470	979	321	658	10.6	5.2	15.8
电子元器件制造业	2 236 711	3 103		3 103	13.9		13.9
直流式火力发电业	783 555	733 404	733 404			9 360.0	9 360.0
循环式火力发电业		1 602	1 602		—	—	—
其他电力工业	1 659 486						
原水及自来水的生产和供应业	153 768	312 541	312 541			20 325.5	20 325.5

续表

分类	增加值/万元	水的总使用量/万米³	直接取自环境量/万米³	自来水供应量/万米³	万元增加值使用自来水量/米³	万元增加值使用自备水量/米³	万元增加值用水量/米³
污水处理及其再生利用业	6 951	183 572	18 564	393	565.4	26 706.9	264 094.4
其他水的处理、利用与分配业					—	—	—
采矿及其他工业	31 987 343	50 512	3 664	46 848	14.6	1.1	15.8
建筑业	3 804 300	10 767		10 767	28.3		28.3
交通运输业	6 362 300	2 900		2 900	4.6		4.6
批发零售业	10 777 600	9 532		9 532	8.8		8.8
住宿业	1 075 500	3 588	8	3 580	33.3	0.1	33.4
餐饮业	1 118 100	1 664		1 664	14.9		14.9
金融业	12 090 800	327		327	0.3		0.3
教育业	3 645 000	7 054		7 054	19.4		19.4
卫生业	1 730 700	4 182		4 182	24.2		24.2
水利管理业	53 200						
城市环境卫生管理业	77 636	8 704		8 704	1 121.1		1 121.1
城市园林绿化管理业	158 195	39 925	334	39 591	2 502.7	21.1	2 523.8
其他服务业	26 995 970						
深井回灌		1 668		1 668	—	—	—
农村居民		10 657		10 657	—	—	—
城镇居民		79 176		79 176	—	—	—
合计	121 888 500	1 692 436	1 280 244	247 577	20.3	105.0	138.9

4. 评估结果分析

由表10-29可见，该指标根据上海市40类主要的涉水对象特点，分门别类地反映了这些用水部门万元增加值用水量情况，反映了部门用水效率。从万元增加值用水量来看，全市前10位的部门分别是污水处理及其再生利用业，原水及自来水的生产和供应业，直流式火力发电业，城市园林绿化管理业，农业，城市环境卫生管理业，林业，渔业，石油加工、炼焦及核燃料加工业，畜牧业；从万元增加值使用自来水水量来看，全市前10位的部门分别是城市园林绿化管理业、城市环境卫生管理业、污水处理及其再生利用业、纺织业、住宿业、饮料制造业、建筑业、卫生业、医药制造业、农副食品加工业。以上评估结果，反映了上海市用水效率的部门特征，可为这些部门的水资源管理提供详细的数据支撑。

第三节 评估结论和建议

一、综合指标及综合分析

（一）筛选后的综合指标

依据上海市水资源利用过程中的“取—供—用—排”四个过程，从以上五大类指标中选择了八个指标，作为上海市水资源评估的综合性指标，其指标名称和2007年指标值见表10-30。

表10-30 上海市2007年水资源评估的综合性指标

序号	指标	指标值	单位
F1	全市用水总量	120.20	亿米^3
F2	人均日居民生活用水量	132.00	升
F3	全市水质功能区达标率	10.10	%
F4	“水质型缺水”评估指标	28.70	%
F5	全市万元GDP用水量	99.00	米^3
F6	全市万元工业增加值用水量	154.00	米^3
F7	全市污水处理率	73.10	%
F8	全市COD排放总量	76.93	万吨

（二）综合指标评估分析

对比国家最严格水资源管理制度的要求，及建设节水型社会等方面的要求，将上海市水资源综合评估指标与相关指标对比。

1. 全市用水总量

全市用水总量，是指全市所取用的水资源的总的数量，该指标综合反映了全市实际使用水资源的数量。2009年上海市用水总量为125.2亿米^3，且近年来呈现明显的增长趋势。根据水利部《水资源开发利用控制红线实施方案》中的规定，上海市用水总量控制指标为123.2亿米^3，其中地表水123亿米^3，地下水0.2亿米^3。可见，在全市经济社会迅速发展的形势下，控制全市用水总量，面临着较大的压力和挑战，是当前一项重要的任务。

2. 人均日居民生活用水量

全市人均日居民生活用水量，是指居民生活使用的城市自来水用水量与总人口的比值，一般用每人每天使用的自来水量表示。该指标从城市自来水服务能力的角度说明城市化和居民生活的水平，是反映城市供水、用水和节水的重要指标。全市2009年人均日居民生活用水量为136升，且近年来呈现逐年升高的趋势。这一方面说明了全市供水集约化的发展和全市人民生活水平的提高，另一方面也反映出加强居民生活的节水力度和管理能力的迫切性。

3. 全市水质功能区达标率

全市水质功能区达标率，是根据全市地表水环境功能区划，达到对应的地表水环境质量标准的水功能区的比例，反映了全市水环境质量情况。2009年全市水质功能区达标率为10.1%。这说明目前全市水环境质量较差，距离国家和全市划定的水功能目标还有很大的差距。由于全市水功能区达标率是国家最严格水资源管理制度的重要一项考核指标，所以还需要全市根据实际情况，找出切实的提高和解决办法。

4. “水质型缺水”指数

“水质型缺水”指数，是指全市Ⅰ类、Ⅱ类、Ⅲ类河长占总河长比例。该指标反映了水质污染导致的在水资源丰富地区的缺水，特别是缺少优质水源的情况。2009年全市水质型缺水指数为28.7，近年来呈现逐渐改善趋势。这说明上海市本地地表水中符合Ⅰ类、Ⅱ类、Ⅲ类水质标准，基本上可以满足为城市提供优质水源的要求的河流已经比较稀缺，不足30%。这一结果量化说明了上海市水质恶化的具体情况，可以作为将来水资源管理中的重要考核标准。

5. 全市万元GDP用水量

全市万元GDP用水量，是指全市在一定时期内总用水量与其GDP的比值。该指标反映了全市经济社会发展中每个年度总的新创造的社会财富所使用的水资源量情况，从总体上反映了全市水资源利用效率，是用水经济效率核算评估中最重要、最综合、最可信的指标。全市2009年万元GDP用水量下降到84米^3，且近年来呈现逐年下降的趋势。这一方面说明全市经济社会的迅速发展有效提高了水资源的利用效率和效益；另一方面也说明在用水总量保持基本稳定的情况下，用水效率提高的主要动力是经济总量的迅速增加。

6. 全市万元工业增加值用水量

全市万元工业增加值用水量，是指一个核算期内工业用水量与工业增加值的比值。该指标反映了一个地区工业发展中每个年度总的新创造的工业财富所使用的水资源量情况，从总体上反映了全市工业发展的水资源利用效率。全市 2009 年万元工业增加值用水量下降到 157 米^3，且近年来呈现逐年下降的趋势，但在 2008～2009 年，受国际金融危机等多方面影响，该指标波动较大，有所反弹。这一方面说明全市工业经济的迅速发展有效提高了工业水资源的利用效率和效益；另一方面也说明在工业用水总量保持基本稳定的情况下，用水效率提高的主要影响因素是工业增加值的变化情况，但在目前工业经济发展的情况下，该指标变动的不确定性明显加大。

7. 全市污水处理率

全市污水处理率，指达到规定排放标准的污水处理量与污水排放量的比值。该指标综合反映了一个地区实际排放和处理废污水的数量和能力，是反映水资源保护和水环境建设的重要指标。近年来全市污水处理率稳步提高，2009 年达到 78.9%，说明全市排放和处理废污水的数量和能力已经基本上满足水资源保护和水环境建设的需要。

8. 全市 COD 排放量

全市 COD 排放量，根据全市 40 类涉水对象 COD 排放量统计，反映了全市各个用水部门实际排放 COD 数量，是水务领域节能减排的核心指标。2007 年，全市 COD 排放量为 76.93 万吨，全市前 10 位的部门分别是城镇居民，畜牧业（牲畜饲养），采矿及其他制造业，其他服务业，农村居民，教育业，批发零售业，石油加工、炼焦及核燃料加工业，建筑业，卫生业。

二、评估结论和建议

1. 主要评估结论

第一，本书在调研联合国水资源核算项目的相关指标、政府管理部门提出的水资源指标、学术界关于水资源评估的相关研究进展的基础上，整理和筛选综合类、工业类、农业类、城市类、生活类、生态类共 6 个大类、81 个具有一定代表性、普遍性、通用性的指标，作为上海市水资源综合评估指标中的备选指标库，并对每个指标的概念、定义、计算公式进行了说明。

第二，研究提出了全市水资源评估体系的原则、目标和框架，设计和提出了全市水资源综合评估体系框架。其中水资源量评估指标包括两项，分别为全市水资源总量、全市人均水资源量；水质评估指标包括三项，分别为全市河流湖泊水质类别评价，全市水质功能区达标率，“水质型缺水”评估指标；供水用水指标包括五项，分别为用水总量控制指标，工业、农业、居民生活、公共生活、火电工业用水量总量指标，全市40类涉水对象用水量，全市人均日居民生活用水量，供水企业产销差率；排水排污指标包括四项，分别为排水总量控制指标，污水处理率指标，全市40类涉水对象污水排放量指标，全市40类涉水对象COD和氨氮排放量；用水经济效率核算指标包括四项，分别为全市万元GDP用水量，全市万元工业增加值用水量，全市万元第三产业增加值用水量，全市40类涉水对象行业万元增加值用水量。

第三，依据上海市水资源利用过程中的“取—供—用—排”四个过程，从以上五大类指标中选择了八个指标作为综合性指标，分别是全市用水总量、全市人均日居民生活用水量、全市水质功能区达标率、“水质型缺水”评估指标、全市万元GDP用水量、全市万元工业增加值用水量、全市污水处理率、全市COD排放量。

第四，根据“上海市水资源统计和核算体系”项目的数据成果，采用以上评估体系，开展了全市2007年水资源综合评估。

2. 主要的评估建议

(1) 结合最严格水资源管理制度，推进开展水资源综合评估和管理。实行最严格水资源管理制度，是应对我国严峻水资源形势、保障经济社会可持续发展的重大举措。上海市地处南方平原河网地区，是经济社会相对发达、人口众多的特大型城市，水资源利用以过境水为主，内河河网水质较差，水资源管理基础工作相对较好。建议将水资源综合评估和管理，作为推进最严格水资源管理制度“三条红线”的重要手段和工具，开展年度或定期的全市水资源综合评估工作。

(2) 研究和解决水资源综合评估中的关键指标计算和数据规范问题。但在目前的综合评估和推进最严格水资源管理制度中，尚存在平原河网取水总量难以确定，用水效率难以核定，火电行业用水量统计方法、流域来水为主的功能区达标难以实现等相关基础技术问题，需要深化研究和解决。

(3) 进一步研究全市水资源评估的参考标准体系，结合国家最严格水资源管理制度的要求，建设节水型社会（城市）的要求，以及国内外城市水资源管理的先进标准，针对综合性评估指标，结合相关工作开展单个指标及标准的专题研究，提出适合上海市实际情况的水资源评估的参考标准体系。

第十一章　水资源白皮书

本章主要是在联合国统计司与水利部、国家统计局合作开展“中国水资源统计核算”项目的基础上，结合上海市作为全国水资源核算试点城市的具体需要，以及上海市水资源统计和核算工作的具体情况，在“上海市水资源统计和核算体系研究”项目各个账户研究和专题研究的成果上，特别是“上海市水资源综合评估体系”成果上，尝试编制真实、客观反映上海市水资源现状的水资源信息发布方式，特别是依据国家提出的实行最严格水资源管理制度及“三条红线”的要求，以及上海市的实际情况，就上海市具体落实最严格水资源管理制度的政策措施，明确发展方向。

第一节　上海市水资源的基本情况

一、上海市经济社会发展概况

上海市位于长江三角洲冲积平原，北枕长江，西临太湖，是一座因水而生、依水而兴的城市。2009 年，上海市土地面积为 6340 (千米)^2，常住人口为 1921 万人，地区 GDP 约为 1.5 万亿元，人均 GDP 约为 11 400 美元。

2009 年，上海市实现 GDP14 900.93 亿元，其中，第一产业增加值为 113.82 亿元；第二产业增加值为 5939.96 亿元，其中，工业增加值为 5374.91 亿元；第三产业增加值为 8847.15 亿元。第三产业增加值占全市 GDP 的比重为 59.4%。至年末，全市常住人口为 1921.32 万人，户籍人口为 1400.70 万人。

二、水资源数量

上海市水系发达，河网密布，现有河道3万余条段，各类湖泊26个，河面率为10.1%左右。2009年全市水资源总量为8066.99亿米^3。

在本地水资源量方面，2009年上海市年平均降水量为1322.5毫米，属丰水年；全年地表径流量为34.60亿米^3；浅层地下水资源量为9.92亿米^3；深层下水计划开采量为0.28亿米^3。

在过境水资源量方面，太湖流域来水量主要经黄浦江干流下泄排入长江口，2009年通过黄浦江松浦大桥断面年平均净泄流量为480米^3/秒，相应的年净泄水量为151亿米^3。长江干流来水量，2009年长江徐六泾水文站年平均流量为25 000米^3/秒，折合年入海水量为7881亿米^3。

三、水环境质量

2009年上海市719.8千米评价河道中，优于Ⅲ类（含Ⅲ类）水河长占评价河长28.7%、Ⅳ类水河长占27.2%、Ⅴ类水河长占8.5%、劣Ⅴ类水河长占35.6 %。淀山湖（上海市部分）湖区水质仍属富营养化。全市14个水利控制片中，1个水利片水质属Ⅲ类，3个水利片水质属Ⅳ类，3个水利片水质属Ⅴ类，7个水利片水质属劣Ⅴ类。

2009年上海市浅层地下水及深层承压水的淡水区水质基本处于Ⅱ～Ⅲ类，深层承压水的咸水区水质基本处于Ⅳ～Ⅴ类。

四、水资源开发利用情况

2009年上海市取（用）水总量为125.20亿米^3。按取水水源分，地表水取水量为124.94亿米^3，地下水取水量为0.26亿米^3。按用水性质分，农业用水为17.11亿米^3，火电工业用水为73.34亿米^3，一般工业用水为10.82亿米^3，城市公共用水为11.30亿米^3，居民生活用水为12.63亿米^3。

2009年上海市自来水售水总量为24.06亿米^3。其中，一般工业用水为5.59亿米^3，城市公共用水为8.73亿米^3，居民生活用水为9.73亿米^3。

2009年上海市万元GDP用水量为84米^3，万元工业增加值用水量为157米^3。

2009年上海市城镇污水总量为23.01亿米^3，其中工业废水为6.54亿米^3，生活污水为16.47亿米^3。2009年年底上海市共有52座城镇污水处理厂，总处理能力为686.5万米^3/日。全市城镇污水处理厂日均处理污水497.59万米^3，城镇污水处理率为78.9%，其中，中心城区污水处理率为86.8%，郊区城镇污水处理率为61.1 %。

第二节　上海市水资源利用情况

本研究采用全市用水总量、全市人均日居民生活用水量、全市水质功能区达标率、“水质型缺水”指数、全市万元GDP用水量、全市万元工业增加值用水量、全市污水处理率、全市COD排放总量八个指标，对全市水资源利用现状进行了综合评估，以准确和全面地反映全市水资源及其利用状况。

一、上海市水资源总量

上海市水资源总量，指全市区域内可以利用的水资源总的数量，一般包括降雨产生的本地径流量、过境水量、地下水量等。该指标综合反映了一个区域内可供水利用的水资源的自然赋存条件。全市2001～2009年水资源总量情况见表11-1。

表11-1　上海市2001～2009年水资源情况

年份	降水量深度/毫米	降水量体积/亿米^3	天然年径流/亿米^3	太湖流域过境水/亿米^3	长江干流过境水/亿米^3	地下水/亿米^3	水资源总量/亿米^3
2001	1367.1	86.68	42.28	140.0	9335	0.25	9517
2002	1388.2	88.02	46.07	166.8	9335	0.25	9548
2003	776.1	49.21	15.12	121.7	9335	0.25	9472
2004	1057.6	67.06	24.98	99.3	9335	0.25	9459
2005	1071.2	67.92	25.71	116.3	9019	0.25	9161
2006	1098.4	69.64	28.32	120.4	7518	0.20	7667
2007	1162.9	73.73	27.96	145.0	7734	0.20	7907
2008	1238.2	78.50	29.99	154.0	8381	0.20	8565
2009	1322.5	83.84	34.60	151.0	7881	0.20	8067

由表 11-1 可见，长江干流过境水量是上海市数量最大的水资源组成部分，占全市总水量的 97.8%（2007 年数据）；太湖流域过境水资源量是上海市水资源的重要组成部分，占全市总水量的 1.83%（2007 年数据），占除长江过境水量的 83.8%；而本地水资源量相对匮乏，只是全市总水资源量的 0.35%（2007 年数据），占除长江过境水资源量的 16.2%。以 2007 年为例，本地径流、太湖流域过境水、长江干流过境水之比约为 1∶5∶250。因此，开发利用好长江干流水资源、保护太湖流域过境水资源，是上海市水资源利用的重要内容。

二、上海市用水总量

上海市用水总量，指全市所取用的水资源的总的数量，该指标综合反映了全市实际使用水资源的数量。2009 年上海市用水总量为 125.2 亿米^3，且近年来呈现明显的增长趋势。上海市 2001～2009 年取水总量、用水总量见表 11-2。

表 11-2　2001～2009 年上海市总取水量和总用水量　单位：亿米^3

年份	取水总量	用水总量
2001	110.42	106.29
2002	104.27	99.59
2003	107.61	101.73
2004	111.14	111.41
2005	121.28	114.58
2006	118.57	111.57
2007	120.19	120.19
2008	119.77	119.77
2009	125.20	125.20

根据水利部《水资源开发利用控制红线实施方案》中的规定，上海市用水总量控制指标为 123.2 亿米^3，其中地表水为 123 亿米^3，地下水为 0.2 亿米^3。可见，在全市经济社会迅速发展的形势下，控制全市用水总量，面临着较大的压力和挑战，是当前一项重要的任务。

三、上海市人均日居民生活用水量

上海市人均日居民生活用水量，指居民生活使用的城市自来水用水量与总人口的比值，一般用每人每天使用的自来水量表示。该指标从城市自来水服务能力的角度说明城市化和居民生活的水平，是反映城市供水、用水和节水的重要指标。

上海市是国内经济规模最大、最发达、最国际化的城市之一，居民生活用水已经成为全市水资源利用，特别是自来水消费的主要内容。上海市 2001～2009 年城市人均日居民生活用水量数据参见表 11-3。

表 11-3　2001～2009 年上海市城市人均日居民生活用水量

年份	居民生活用水总量/亿米^3	常住人口/万人	人均日居民生活用水量/(升/(天·人))
2001	7.09	1614.00	118
2002	6.92	1625.00	117
2003	7.49	1711.00	119
2004	8.01	1742.00	125
2005	8.12	1778.42	125
2006	8.53	1815.08	129
2007	11.74	1858.08	132
2008	12.14	1888.46	136
2009	12.63	1921.32	136

注：计算人均日生活用水量时，在居民生活用水总量中扣除了输水损耗量。

由上可见，全市 2009 年人均日居民生活用水量为 136 升，且近年来呈现逐年升高的趋势。这一方面说明了全市供水集约化的发展和全市人民生活水平的提高；另一方面也反映出加强居民生活的节水力度和管理能力的迫切性。

四、上海市水质功能区达标率

上海市水质功能区达标率，是根据全市地表水环境功能区划，达到对应的地表水环境质量标准的水功能区的比例，反映了全市水环境质量情况。2009 年全市水质功能区达标率为 10.1%，详细见表 11-4。

表 11-4 分类水功能区达标评价成果表

分级分类水功能区	所有水体类型水功能区		河流类水功能区		湖泊类水功能区	
	评价个数	个数达标比例/%	评价河长/千米	河长达标比例/%	评价湖泊面积/(千米)^2	面积达标比例/%
保护区	1	0.0	16.5	0.0		
保留区						
缓冲区	14	0.0	68.7	0.0		
其中省际缓冲区	14	0.0	68.7	0.0		
一级区水功能区合计	15	0.0	85.2	0.0		
饮用水源区	14	0.0	114.9	0.0	50.3	0.0
工业用水区	6	33.3	137.0	33.6		
农业用水区	3	0.0	77.5	0.0		
渔业用水区						
景观娱乐用水区	36	19.4	556.4	25.3	5.0	0.0
过渡区	15	0.0	110.4	0.0		
排污控制区						
二级区水功能区合计	74	12.2	996.2	18.8	55.3	0.0
水功能区合计	89	10.1	1081.4	17.3	55.3	0.0

由上可见，2009 年全市水质功能区达标率仅为 10.1%。这说明目前全市水环境质量较差，距离国家和全市划定的水功能目标还有很大的差距。由于全市水功能区达标率是国家最严格水资源管理制度的重要一项考核指标，所以还需要全市根据实际情况，找出切实的提高和解决办法。

五、"水质型缺水"指数

"水质型缺水"指数，指全市Ⅰ类、Ⅱ类、Ⅲ类河长占总河长比重。该指标反映了因为水质污染导致的在水资源丰富地区的缺水，特别是缺少优质水源的情况。2009 年全市水质型缺水指数为 28.7，近年来呈现逐渐改善趋势。详细见表 11-5。

表 11-5 全市水质型缺水指数情况

年份	评价河流长度/千米	Ⅰ类		Ⅱ类		Ⅲ类		Ⅳ类		Ⅴ类		劣Ⅴ类		水质型缺水指数
		河长/千米	占总河长比重/%	河长/千米	占总河长比重/%	河长/千米	占总河长比重/%	河长/千米	占总河长比重/%	河长/千米	占总河长比重/%	河长/千米	占总河长比重/%	
2006	617.9	0	0	0	0	77.3	12.5	108.0	55.7	88.7	14.3	343.9	55.7	12.5
2007	617.9	0	0	0	0	77.3	12.5	110.2	17.9	79.9	12.9	350.5	56.7	12.5
2008	719.8	0	0	0	0	187.5	26.0	106.8	14.8	159.1	22.2	266.4	37.0	26.0
2009	719.8	0	0	0	0	206.7	28.7	195.9	27.2	61.2	8.5	256.0	35.6	28.7

由表 11-5 可见，上海市本地地表水中符合Ⅰ类、Ⅱ类、Ⅲ类水质标准，基本上可以满足为城市提供优质水源的要求的河流已经比较稀缺，不足 30%。这一结果量化说明了上海市水质恶化的具体情况，可以作为将来水资源管理中的重要考核标准。

六、上海市万元 GDP 用水量

万元 GDP 用水量，是指在一定时期内（通常是一年）总用水量与 GDP 的比值。该指标反映了核算期内新创造的生产成果使用的水资源量情况，从总体上反映了水资源利用效率，是用水经济效率核算评估中最重要、最综合指标，详细见表 11-6。

表 11-6　2002～2009 年上海市总用水量、GDP 和万元 GDP 用水量的变化情况

年份	用水总量/亿米^3	GDP/亿元	万元 GDP 用水量/米^3
2002	104.27	5 741.03	182
2003	107.61	6 694.23	161
2004	118.14	8 072.83	146
2005	121.28	9 164.10	132
2006	118.57	10 366.37	114
2007	120.19	12 188.85	99
2008	119.77	13 698.15	87
2009	120.50	14900.93	84

由表 11-6 可见，2002～2009 年，上海市万元 GDP 用水量呈逐年下降趋势，至 2009 年下降到 84 米^3。这一方面说明全市经济社会的迅速发展有效提高了水资源的利用效率和效益；另一方面也说明在用水总量保持基本稳定的情况下，用水效率提高的主要动力是经济总量的迅速增加。

七、上海市万元工业增加值用水量

万元工业增加值用水量指一定时期（通常是一年）工业用水量与工业增加值的比值。该指标反映了核算期内新创造的工业生产成果所使用的水资源量情况，反映工业发展的水资源利用效率。

上海市 2001～2009 年单位工业增加值用水量数据见表 11-7。

表 11-7 2001～2009 年上海市万元工业增加值情况

年份	工业用水总量/亿米³	工业增加值/亿元	万元工业增加值用水量/米³
2001	72.53	2368.02	306
2002	72.53	2368.02	306
2003	70.60	2941.24	240
2004	77.90	3593.25	217
2005	81.31	4129.52	197
2006	77.98	4670.11	167
2007	81.35	5298.08	154
2008	79.56	5784.99	138
2009	84.16	5374.91	157

由表 11-7 可见，全市 2009 年万元工业增加值用水量下降到 157 米³，且近年来呈现逐年下降的趋势，但在 2008～2009 年，受国际金融危机等多方面影响，该指标波动较大，有所反弹。这一方面说明全市工业经济的迅速发展有效提高了工业水资源的利用效率和效益；另一方面也说明在工业用水总量保持基本稳定的情况下，用水效率提高的主要影响因素是工业增加值的变化，但在目前工业经济发展的情况下，该指标变动的不确定性明显加大。

八、上海市污水处理率

污水处理率，指达到规定排放标准的污水处理量与污水排放量的比值。该指标综合反映了一个地区实际排放和处理废水污水的数量和能力，是反映水资源保护和水环境建设的重要指标。上海市 2001～2009 年城镇污水处理率数据见表 11-8。

表 11-8 2001～2009 年上海市城镇污水处理率

年份	污水产生量/亿米³	其中：工业废水量/亿米³	其中：生活污水量/亿米³	污水处理量/（万米³/日）	污水处理率/%
2001	19.50	6.80	12.70	—	—
2002	19.21	6.49	12.72	—	—
2003	19.77	7.95	11.82	—	—
2004	20.54	6.91	13.63	419.10	65.3
2005	21.73	7.59	14.14	418.10	70.2
2006	22.16	7.31	14.85	429.80	70.8
2007	22.52	7.43	15.09	451.08	73.1
2008	23.31	7.27	16.04	481.18	75.5
2009	23.01	6.54	16.47	497.59	78.9

由表 11-8 可见，近年来全市污水处理率稳步提高，2009 年达到 78.9%，

说明上海市排放和处理废水污水的数量和能力已经基本上满足水资源保护和水环境建设的需要。

九、上海市 COD 排放量

全市 40 类涉水对象 COD 排放量统计，反映了全市各个用水部门实际排放 COD 数量，是水务领域节能减排的核心指标。2007 年上海市 40 类涉水对象行业 COD 排放量指标见表 11-9。

表 11-9 2007 年上海市 40 类涉水对象行业 COD 排放量 单位：吨

序号	类别	总排放量	其中：直接排入水域	其中：排入污水处理系统
1	农村居民	29 841	29 841	0
2	城镇居民	249 403	11 767	237 636
3	农业	1 200	1 200	0
4	林业			
5	畜牧业（牲畜饲养）	160 000	160 000	0
6	渔业			
7	农副食品加工业	2 307	759	1 548
8	食品制造业	3 723	1 347	2 376
9	饮料制造业	1 140	337	803
10	纺织业	8 260	3 925	4 335
11	造纸及纸制品业	2 670	882	1 788
12	石油加工、炼焦及核燃料加工业	10 805	1 982	8 823
13	化学原料及化学制品制造业	11 934	4 868	7 067
14	医药制造业	2 529	989	1 541
15	化学纤维制造业	538	166	372
16	橡胶制品业	1 978	848	1 130
17	塑料制品业	3 205	1 263	1 943
18	黑色金属冶炼及压延加工业	1 895	1 509	386
19	有色金属冶炼及压延加工业	392	149	243
20	电子元器件制造业	5 586	1 034	4 552
21	采矿及其他制造业	101 025	45 573	55 453
22	直流式火力发电业			
23	循环式火力发电业			
24	其他电力工业			
25	原水及自来水的生产和供应业			
26	污水处理业	785	0	785
27	其他水的利用、处理和分配业			
28	建筑业	6 460	1 525	4 935
29	交通运输业	9 135	2 156	6 979

续表

序号	类别	总排放量	其中：直接排入水域	其中：排入污水处理系统
30	批发零售业	25 737	6 075	19 662
31	住宿业	9 687	2 286	7 401
32	餐饮业	5 243	1 239	4 004
33	金融业	588	138	450
34	教育业	15 873	3 745	12 128
35	卫生业	7 528	1 776	5 752
36	其他服务业	89 833	21 200	68 633
37	城市环境卫生管理业			
38	城市园林绿化管理业			
39	深井回灌			
40	其他水量			
	总计	769 300	308 579	460 725

2007 年，全市 COD 排放量为 76.93 万吨，全市前 10 位的部门分别是城镇居民，畜牧业（牲畜饲养），采矿及其他制造业，其他服务业，农村居民，教育业，批发零售业，石油加工、炼焦及核燃料加工业，建筑业，卫生业。以上数据，反映了全市 COD 排放的部门特征，可为这些部门的节能减排提供详细的数据支撑。

第三节　落实国家最严格水资源管理制度的前进方向

一、落实国家最严格水资源管理制度的要求

实行最严格水资源管理制度，是应对我国严峻水资源形势，保障经济社会可持续发展的重大举措。国家实行最严格水资源管理制度，是要突出抓好水资源开发利用控制、水功能区限制纳污、用水效率控制的“三条红线”管理，即①水资源开发利用控制“红线”，严格实行用水总量控制；②水功能区限制纳污“红线”，严格控制入河排污总量；③用水效率控制“红线”，坚决遏制用水浪费。落实最严格水资源管理制度“三条红线”成为今后全市水资源管理的重要方向和依据。

二、落实国家最严格水资源管理制度的目标

上海市属于水质型缺水城市，水资源的主要特点是：本地水资源不足，且时间分配不均；过境水量丰富，但达到饮用水质量标准的保证率不高；地表水体污染严重，降低了水资源数量的可利用性。这些问题已经成为上海市可持续发展、和谐发展的制约因素。因此，各级水行政主管部门要加大水资源管理力度，实行最严格的水资源管理制度，从整体上全面提高上海市水资源管理水平。

落实国家最严格水资源管理制度的指导思想是：深入贯彻落实科学发展观，积极践行可持续发展治水思路，注重城乡水务统筹发展，以服务上海市发展大局和改善民生为中心，以水资源优化配置、节约和保护为重点，以总量控制、节水型社会建设、水功能区管理为手段，实行最严格的水资源管理制度，提升水资源管理能力，提高水资源利用效率和效益，推进资源节约型社会建设，促进水务又好又快发展。

落实国家最严格水资源管理制度的具体目标如下。到 2015 年，全市取水总量控制在 123 亿米^3/年；全市万元工业增加值用水量控制在 122 米^3 以下，万元 GDP 用水量控制在 63 米^3 以下；实现郊区集约化供水，供水水质综合合格率达到 95%以上；城镇污水处理率达到 85%以上；中心城区骨干河道水质主要指标基本达到 V 类水标准，郊区其他河道水质稳中有升。到 2020 年，城乡居民享有安全清洁的饮用水，节水型社会格局基本形成，水环境质量达到水功能区划要求，并建成制度完备、运行高效，与经济社会发展相适应、与生态环境保护相协调的水资源管理体系，基本实现水资源的可持续利用。

三、基于用水总量控制的水资源配置管理

1. 实施取水总量控制

充分考虑上海市水资源量和水环境承载能力，在统筹经济和社会总体发展需求的基础上，重点研究取水总量控制方案的制度建设、取水总量控制方案的实施细则和管理方式等。在 2009 年完成上海市的取水总量控制方案的基础上，细化落实各区县及各行业的取水总量指标，2010 年按总量指标实施监管（试行）。

2. 加强取水管理

推进取水许可规范化建设，完善取水许可法规体系；加快实现取水许可信息化、网络化的高效管理模式；促进社会公众积极参与，主动向社会公布上海市年度取水许可情况；全面实行取水口标志牌管理，树立水资源是国家财产的观念，增强保护水资源的意识。

3. 强化水资源论证

研究建立水资源论证工作的信息沟通机制，促进信息沟通和技术交流；加强水资源论证监督管理工作，建立健全备案制度、日常抽查机制、后评估制度；加强水资源论证队伍建设，组织人员举办相关技术培训；研究开展规划水资源论证工作，将选择部分区（县）进行试点，在总结经验的基础上逐步推开，并完善相关规章。

4. 实行水资源有偿使用制度

全面加强取水计量管理工作，2010 年前，所有取水户必须安装取水计量设施，对《取水许可和水资源费征收管理条例》实施后审批的取水许可项目，实行取水设施和取水计量设施同步验收，合格后再予发放《取水许可证》；完善水资源费征收制度，严格计量收费管理，并实行超计划、超定额累进加价收费的机制，落实电力循环水水资源费的征收；加强水资源费使用管理，建立相应的水资源费使用申请审批程序和管理规定。

5. 确保地下水采灌平衡

为确保地下水采灌平衡目标的实现，对上海市地下水开采量实行总量控制，到 2010 年上海市地下水开采量控制在 2500 万米^3 以内，到 2015 年要控制在 2000 万米^3 以内，基本消除因地下水开采对地面沉降的影响。

四、基于用水效率提升的水资源节约管理

1. 推进水源分质利用

制定节水激励政策，推进雨水、海水、污水处理回用等非传统水资源利用示范工程建设，规范绿化浇灌、景观水体、道路冲洗等市政杂用水。

2. 加强节水基础设施建设

建设自来水管网 GPS 在线监测检漏系统，健全用水计量监督设施，加强对重点用水单位监管，推广普及节水器具。

3. 加强供水管网改造

上海市现有供水管网长度（DN75 毫米及以上）约 3 万千米，其中 50 年

管龄以上管道、无内衬管道、易爆易漏管道约占7.5%。这些管道需要编制计划、逐步进行改造，以减少爆管、降低漏损、提高水资源利用效率。

4. 加大科技节水力度

推进工业冷却水循环利用改造，建立大用水户实时监测系统，开展工业园区企业间水资源梯级利用工程，发展农业节水灌溉技术，完善上海市节水产品认证和用水效率标志管理体系，研究水务领域节水减碳技术。

5. 推进节水示范试点建设

加强青浦、金山、浦东新区节水型社会试点建设，继续创建节水工业园区、校区、小区和企业。组织开展大型节水宣传活动，注重日常宣传和发动，在全社会提高节水意识和营造节水氛围。

五、基于纳污总量控制的水资源保护管理

1. 推进水源地保护

根据《上海市饮用水水源保护条例》，推进黄浦江上游、青草沙、陈行水库三大水源地的保护和管理，在完成水源保护区划定工作的基础上，对涉及保护区内的相关水务设施进行评估，落实相关的保护措施；落实水源地的应急保障机制建设，增强避咸蓄淡及应对突发性水污染事故的能力。

2. 强化水功能区划管理

在完成上海市水功能区划的基础上，进一步核定内河河网的水域纳污能力，编制完成上海市水环境纳污能力报告，向环境保护部门提出限制排污总量控制方案；编制上海市水功能区划管理办法，强化对水功能区的监督管理。

3. 严格入河排污口管理

严格执行入河排污口设置申请、审批程序，完善新、改、扩建入河排污（水）口设置的审批工作；建立入河排污口设置论证制度，完善入河排污口设置论证报告书的审批程序；继续完善入河排污口普查、登记工作。

4. 开展深基坑建设过程中地下水保护研究

对高层建筑、人防工程和地铁工程产生的深基坑进行生命周期监督管理，防止其可能引起的打断地下裂隙水、影响承压水层而出现大规模涌水现象，研究深基坑工程的地下水保护方案。

六、基于水务行业发展的供水能力建设管理

1. 加快水源地建设

推进青草沙水源地供水工程建设，到2011年7月全面通水；加快推进陈行水库供水能力建设，进一步提高水库的避咸蓄淡和避污蓄清能力；继续推进崇明岛东风西沙水源地建设，进一步提高崇明岛岛域的饮用水水源的安全保障能力。

2. 推进二次供水改造

推进二次供水设施改造工作，全面提升供水服务水平；进一步加强二次供水设施接管机制研究，确保在按要求完成改造的基础上，全面理顺二次供水设施管理体制；深化研究二次供水设施的监管措施，推进二次供水设施的规范化建设和管理。

3. 推进郊区供水集约化建设

关闭所有内河取水的中小水厂及地表水公共供水管网所到区域的公共供水深井，郊区所有水厂取水口集中到《上海市饮用水水源保护条例》明确的四大水源保护区内，各郊区（县）全面完成郊区集约化供水；推进黄浦江上游水厂深度处理工艺改造，供水水质达到国家新颁布的自来水水质标准，城乡居民共享公共供水均等化服务。

七、基于水生态建设的水环境治理

1. 开展第四轮环保三年行动计划水环境治理

以环保三年行动计划为契机，大力开展水环境治理工作。在总结前三轮环保三年行动计划水环境治理的基础上，提炼成功经验，分析薄弱环节，开展第四轮环保三年行动计划水环境治理工作。到2011年，基本形成“两江并举、多源互补”的饮用水水源格局；污水收集系统覆盖所有城镇和工业区，建成区实现污水收集管网全覆盖，城镇污水处理率达到83%；污水处理厂污泥基本得到安全处置；巩固和提高河道整治成效，全市河道水环境面貌进一步改善，城镇化地区河道基本消除黑臭。

2. 落实太湖流域水环境综合治理

贯彻落实《太湖流域水环境综合治理总体方案》，分解任务，落实分工，协调推进。根据《上海市淀山湖水环境综合治理规划》，加强淀山湖富营养化的防治

工作。

3. 实施水资源调度

组织拟订并监督实施全市水资源调度方案，审定区域性水资源调度方案，进一步改善水环境质量；配合开展流域引江济太水资源调度工作，加大长江口枯水期避咸蓄淡和长江下游枯水期调度方案的研究。

4. 加强污水处理厂监管

加强对城镇污水处理厂运行的监督，坚持每月对污水处理厂进行飞行检查与运行情况分析；积极开展污水处理厂绩效考核活动，提高污水处理厂运行管理水平，促进污水处理厂进行达标排放；严格实行城市排水许可制度，加强对排入城镇污水收集系统的各类排放口特别是重点工业污染源排放口水量水质的监督和监测。

5. 开展政策制度建设

组织落实郊区污水管网建设市级资金补贴政策和COD超量削减补贴政策，配合市发改委推进污泥处理补贴政策的落地工作；研究制订《上海市郊区集约化供水市级资金补贴实施方案》。

八、水资源管理的支撑能力建设

1. 完善水务规划体系

在《上海市水资源综合规划纲要》和十大水务专项规划的基础上，根据经济社会发展变化情况，进一步修改完善各专项规划，并推进城镇雨水排水规划修编，保障民生安全；推进初期雨水治理规划和骨干河道规划，改善生态环境；推进长江、太湖流域（上海地区）综合规划修编，加强流域区域联动；推进水务“十一五”规划的实施完成，做好“十二五”规划的编制工作。

2. 完善法规体系

组织《上海市节约用水管理办法》修订草案的上报工作，加快完善《上海市取水许可管理办法》和《上海市水资源费征收使用管理办法》；开展《上海市水文管理办法（草案）》立法调研工作，做好制定政府规章的相关准备工作。

3. 加强执法监督

开展取水许可和水资源费征收工作专项检查，重点清理整顿上海市取水许可工作中的违法违规行为；加强排水稽查执法力度，凡超标排放的，责令限期整改，直至达标排放；对损害排水设施或对正常运行造成影响的应承担经济赔偿责任，情节严重的应追究其法律责任。

4. 开展科技攻关

开展《上海市水资源核算体系》框架研究，推进《核算体系行业分类》、《数据采集系统建设》、《水资源采集管理模式》等若干个专题的研究；结合长江流域综合规划和淀山湖富营养化的综合治理，开展相关市科委重大科研项目，推进“长江口水源地咸潮控制和保障体系研究”和“淀山湖蓝藻水华控制与预警关键技术集成与示范”等课题。

5. 推进信息建设

加强水资源管理信息系统、水资源统计工作、水资源公报、水资源实时监控系统等信息工作，推进水资源信息平台的建设。

九、水资源管理的保障措施

1. 加强组织协调

水资源管理涉及取、供、节、排等方面，部门协调工作任务重，需要各级水行政主管部门领导将水资源管理作为重点，加强组织协调，狠抓落实。

2. 明确分工责任

以实行最严格水资源管理制度为指导，紧紧结合水务工作，细化目标，分解任务，落实责任。

3. 抓好队伍建设

深入学习实践科学发展观，把可持续发展治水思路的要求贯彻落实到水资源管理工作中；开展水资源管理业务培训，努力提高科学管水的素质和能力。

4. 推进改革创新

创新科技，加强理论研究、技术研发和推广应用，力争在水安全保障、水资源配置与高效利用、水生态与环境保护等领域实现科技新突破。

第四节　编制说明

第一，上海市水资源评估的综合性指标说明。

在《水资源白皮书》第二部分，采用全市用水总量、全市人均日居民生活用水量、全市水质功能区达标率、“水质型缺水”指数、全市万元 GDP 用水量、全市万元工业增加值用水量、全市污水处理率、全市 COD 排放总量八个指标，对全市水资源利用现状进行了综合评估。这八个指标的说明如表 11-10 所示。

表 11-10　全市水资源评估的综合性指标说明

序号	指标	指标说明
1	全市用水总量	指全市所取用的水资源的总的量
2	居民人均日生活用水量	指居民生活使用的城市自来水用水量与总人口的比值，一般用每人每天使用的自来水量表示
3	全市水质功能区达标率	按功能区达标个数（面积）及百分比评价
4	"水质型缺水"指数	Ⅰ类、Ⅱ类、Ⅲ类河长占总河长比例
5	全市万元 GDP 用水量	指全市在一定时期内总用水量与其 GDP 的比值。该指标从总体上反映了一个地区的水资源利用效率，是用水经济效率核算评估中最重要、最综合、最可信的指标
6	全市万元工业增加值用水量	指一个统计期工业用水量与工业增加值的比值，从总体上反映了一个地区工业发展的水资源利用效率
7	全市污水处理率	指达到规定排放标准的污水处理量与污水排放量的比值，是反映水资源保护和水环境建设的重要指标
8	全市 COD 排放总量	指按《上海市涉水对象分类代码》规定的 40 类涉水对象排放 COD 的总量

第二，关于上海落实最严格水资源管理制度。

实行最严格水资源管理制度，是应对我国严峻水资源形势，保障经济社会可持续发展的重大举措。国家实行最严格水资源管理制度，是要突出抓好水资源开发利用控制、水功能区限制纳污、用水效率控制的"三条红线"管理：①水资源开发利用"红线"，严格实行用水总量控制；②用水效率控制"红线"，坚决遏制用水浪费；③水功能区限制纳污"红线"，严格控制入河排污总量。落实最严格水资源管理制度"三条红线"成为今后全市水资源管理的重要方向和依据。

上海市地处南方平原河网地区，是经济社会相对发达、人口众多的特大型城市，水资源利用以过境水为主，内河河网水质较差，水资源管理基础工作相对较好。水利部、上海市政府十分重视上海市建设"四个中心"和经济社会快速发展过程中的水资源问题，积极推进上海市落实最严格水资源管理制度的相关前期准备工作。上海市作为国内率先进行水行政管理体制改革的城市，近年来不断加强在地表水、地下水、海洋资源等各领域及水利、供水、排水等各行业管理制度的健全和完善，在管理体制、机制和制度建设等方面取得了一定的经验和成果，实施了水资源综合性、系统性、全覆盖的管理，为上海市落实最严格水资源管理制度提供了坚实的基础。

第三，最严格水资源管理制度与水资源保护、节约和配置管理的关系。

水资源配置管理（water allocation management），对应于最严格水资源管理制度中的提高用水效率和效益，主要是针对水质型缺水地区所拥有的不同类型、水质、水量和投资价值的水资源，根据区内经济社会发展的需要，将这些水资源合理和优化地配置到经济社会发展的各个部门和单位中去，以实现水资源的合理、高效利用，创造经济效益。水资源配置，最重要是实现水资源的经济效益，只有实现了较好的经济效益，才能为保障和提高水资源的生态效益和社会效益提供产业和资金条件。

水资源节约管理（water conservation management），对应于最严格水资源管理制度中的总量控制，主要是针对水质型缺水地区水资源条件和经济社会发展，从全社会的角度，减少和节约水资源使用的数量，减少水资源利用造成的对生态环境的影响，形成节水型的社会运行方式，从而提高水资源利用的全社会效益。

水资源保护管理（water protection management），对应于最严格水资源管理制度中的水功能区管理，主要是针对水质型缺水地区所缺少的优质水资源，如Ⅰ～Ⅲ类的地表水资源、水源地范围内的水资源等，这些优质的水资源构成了水资源管理中最重要的保护对象，是解决“水质型缺水”的水资源管理工作的核心和前提。水资源保护，最重要的是实现水资源的生态效益，也是实现经济效益和社会效益的基础。

第十二章 2007年上海市水资源社会循环分析

本章从水资源社会循环的全过程，应用水资源物质流和价值流的分析方法，整合水资源统计和核算成果，揭示和反映了上海市水资源社会循环中的“取—供—用—排”流动过程、数量特征及其价值驱动规律，并从整体上把握和形象地描述了上海市水资源统计和核算的总体图景和特征。水资源社会循环的物质流分析，可以为实物量供给使用表提供一个水资源“物质流”的表达方式，形象表达水量数据及其流动情况；水资源社会循环的价值流分析，可以为混合使用表提供一个水资源“价值流”的表达方式，形象表达水资源价值量的价值数据及其流动情况。

第一节 水资源社会循环概述

一、水资源社会循环的构成和特征

水资源社会循环指基于人类生活和生产等需要，从水资源自然循环获取部分水资源，使用后重新排放到自然水体的过程。水资源社会循环是自然循环的一个侧支，其起点和终点都是自然循环的一部分，如图12-1所示。

与水资源自然循环水的形成、转化和输送过程相对应，水资源社会循环由取水系统、供水系统、用水系统和排水系统组成，通常又称做城市水资源配置系统或城市人工水系统，如图12-2所示。

(1) 取水系统，指从地表、地下等取水的过程，包括蓄水、引水、提水等地表水系统，以及深层与浅层地下水、外流域调水等。

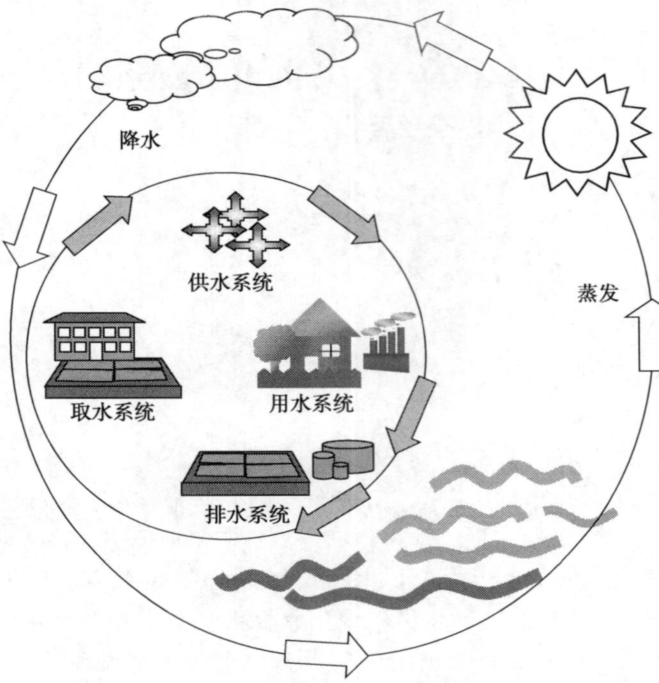

图 12-1 水资源社会循环——自然循环的侧支

图 12-2 水资源社会循环的基本组成示意图

（2）供水系统，指取水后，采用一定的工程措施使水资源进入用水系统的过程，包括输水河道、输水管道、输水渠道等，又称输水系统。

（3）用水系统，指生活、生产和生态环境的用水过程，包括工业、农业、服务业、住户和生态环境等。

（4）排水系统，指水资源被使用后，收集并处理及最终排放的过程，包括污水处理厂等。

需要指出的是：①水的供应和处理业是水资源社会循环的主支，如图 12-2 中实线管网所示，用水单位直接从环境中取水或排水，是水资源社会循环的旁支，如图 12-2 中虚线管网所示；②图 12-2 没有涉及回水系统，如污水回用等，建议在具体研究中可纳入取水系统研究，也可视情况作为一个单独系统研究。

水资源社会循环受到市场价值和人为计划的驱动，而且由于人类社会组织形式的复杂性，呈现了庞杂交织的社会管理特征，如图 12-3 所示。

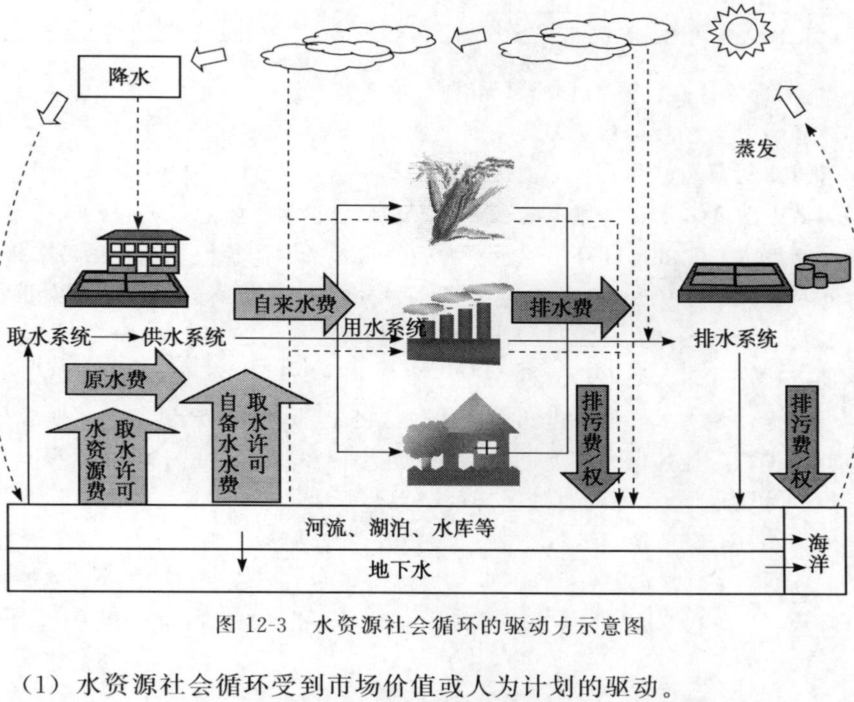

图 12-3　水资源社会循环的驱动力示意图

（1）水资源社会循环受到市场价值或人为计划的驱动。

（2）水资源在取水、用水和排水的各个系统中，涉及诸多管理部门，其中，取水和供水系统，一般主要由水务或水利部门管理，并涉及城建、原水厂、制水厂和供水企业等，企业直接从环境取水作为自备水也纳入水务部门的管理范畴。用水系统的主体由相应的国民经济生产部门构成，其涉水行为由水务部门管理；居民用水由水务或城建部门管理。排水系统，其中，污水处理厂由水务部门和环保部门共同管理，而工业企业的纳管和排污等主要由环保部门管理。

二、水资源社会循环与自然循环的关系

1. 水资源社会循环与自然循环的相似之处

作为水资源循环的两种运动形式，水资源社会循环与自然循环都有各自的循环动力和运动规律，内容各有不同，如表 12-1 所示。

表 12-1 水资源社会循环与自然循环的循环动力和运动规律比较

	自然循环	社会循环
循环动力	热力、重力	市场价值及人为计划
运动规律	蒸发→运输→降水→径流→下渗	取水→供水→用水→排水

2. 水资源社会循环与自然循环的不同之处

水资源社会循环与自然循环不同之处，主要表现在水资源社会循环从环境取水和排水对自然循环的水文物理过程的影响。一方面是对水资源进入和回到环境方式的改变，如进入城市的水资源，不仅包括自然降水，还包括人工取水，因此水量变大；又如回到环境的水资源，不仅包括暴雨径流，还包括污水排放，因此水量变大、水质变差。另一方面是对水资源自然循环蒸发、降水、下渗和地表径流的影响，如在蒸发过程中，蒸发量相对减小；在降水过程中，城市化导致的气候变化对大气降水的过程和特征有少许影响；在下渗过程中，下渗的可能性和下渗量大大降低，进而导致水位线的上升；在径流过程中，地表径流形成时间缩短，流速增大，地下径流流速减小，并滞后，如图 12-4 所示。

3. 水资源社会循环与自然循环的联系

水资源社会循环是自然循环的一个侧支，二者相互作用、相互影响。从全球水文循环的角度看，水资源社会循环是自然循环的一个侧支，二者在自然循环蒸发、降水、径流和下渗的每一个环节都相互作用、相互影响，如图 12-5 所示。

三、水资源社会循环与水资源核算的关系

水资源社会循环研究是水资源核算的全局性、拓展性研究，主要体现在以下三方面。

一是从区域水资源社会循环的视角，有利于从整体上把握水资源核算的总体特点和总体框架，为水资源核算提供一个整体的视角。

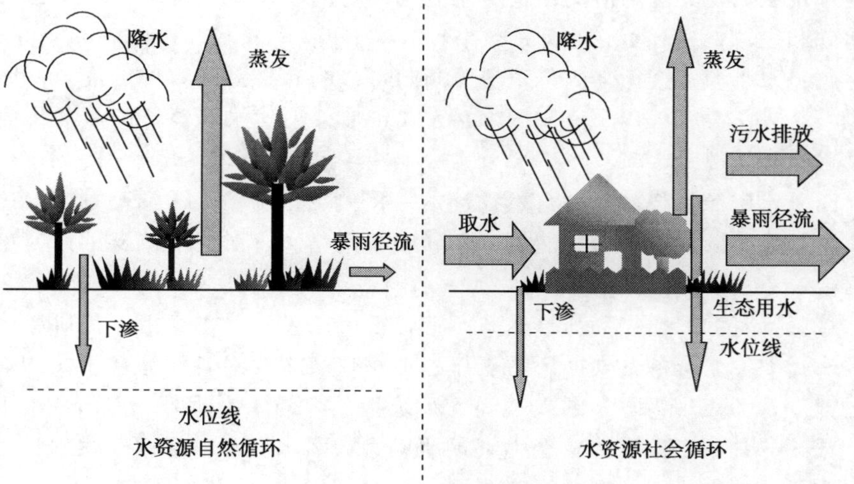

图 12-4　水资源自然循环和社会循环的水文物理过程区别

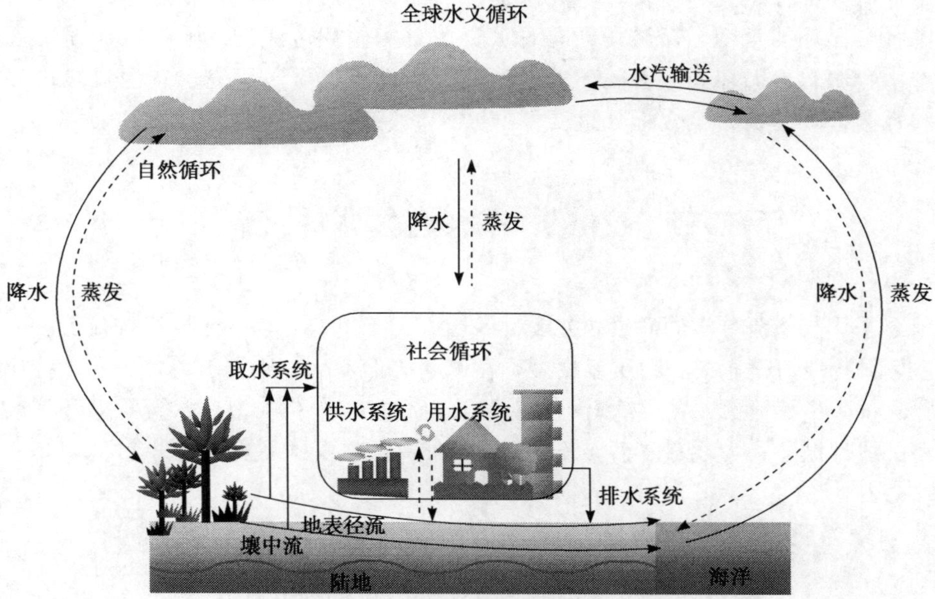

图 12-5　水资源社会循环与自然循环的关系

二是水资源社会循环的物质流分析，可以为水资源核算中的实物量供给使用表提供一个表达方式，用“物质流”的方式，形象表达实物量供给使用表的水量数据及其流动情况；物质流方法分析及物质流图也可以用于污染物的研究和表达，达到更好的分析效果。

三是水资源社会循环的价值流分析，可以为水资源核算中的混合使用表提供一个表达方式，用“价值流”的方式，形象表达水资源价值量的价值数据及其流动情况。

(1) 水资源社会循环是自然循环的一个侧支，随着人类活动加剧，这一侧支的规模不断增大，对自然循环的影响日渐增大，对这一侧支的研究也十分必要和重要。

(2) 水资源社会循环与自然循环有着很大差异，其本身规律的研究十分必要和重要。水资源社会循环的规律特征不仅表现为对自然循环水文物理过程的改变，还表现为复杂的人类经济系统特征，具体包括两个方面：①市场机制或人为计划是水资源社会循环的驱动力；②水资源的取水、供水、用水和排水系统，先后涉及多个管理部门。

(3) 水资源社会循环的研究成果，对于开展自然循环和社会循环良好耦合的研究十分必要和重要。研究水资源社会循环的规律和特征，可以从水资源社会循环的角度，探讨其可能对水资源自然循环造成的影响，进而完善现有水资源自然循环和社会循环相互作用的研究，这对于研究水资源自然循环和社会循环的良好耦合十分重要。

第二节 2007 年水资源物质流分析

采用物质流分析的理论和方法，从自然-社会二元循环的角度，构建上海市水资源物质流概念图和物质流模型，在此基础上，从物质需求总量、直接物质投入、生产性输出、物质输出总量和隐流等角度，分析上海市水资源循环呈典型的线性循环，为上海市水资源可持续发展提供了重要决策依据和参考。

一、物质流分析方法

物质流分析是一种核算方法，它追踪物质从自然环境开采进入人类经济体系中，并经过经济活动在不同时段和区域中流动，最后回到自然环境中。

它适用于监测和追踪那些货币价值很低但对自然环境影响较大的物质的流动。该方法的基本观点是，人类活动所产生的环境影响在很大程度上取决于进入经济系统的自然资源和物质的数量与质量，以及从经济系统排入环境的资源和废弃物的数量与质量。前者产生对环境的扰动，引起环境的退化；后者则引起环境的污染。

水是人类生产和生活的稀缺资源和公共商品，货币价值相对较低。水资源社会循环的物质流分析，可以为水资源核算中的实物量供给使用表提供一个表达方式，用“物质流”的方式，形象表达实物量供给使用表的水量数据及其流动情况，也即水资源社会循环的取水系统提供了多少水资源；在供水系统中有多少水资源被供应和分配到哪些行业和用户；在用水系统中，有多少水资源被使用和消耗；在排水系统中，有多少水资源直接排放至环境或进入污水处理厂处理后排放。这对于理解水资源在社会循环中的运动规律和特征十分有益。

二、上海市水资源循环物质流

按照水资源的自然循环和社会循环，并结合工业物质流分析方法，构建上海市水资源循环的物质流分析模型。

1. 上海市水资源循环

水循环包括自然循环和社会循环。其中，自然水循环包括蒸发、水汽输送、凝结降水、下渗及径流五个环节，陆地小循环和海上小循环两个循环区；社会水循环包括取水、制水、用水、回水、排水五个过程，本书结合自然水循环，提出上海市水循环物质流概念图（图12-6）。

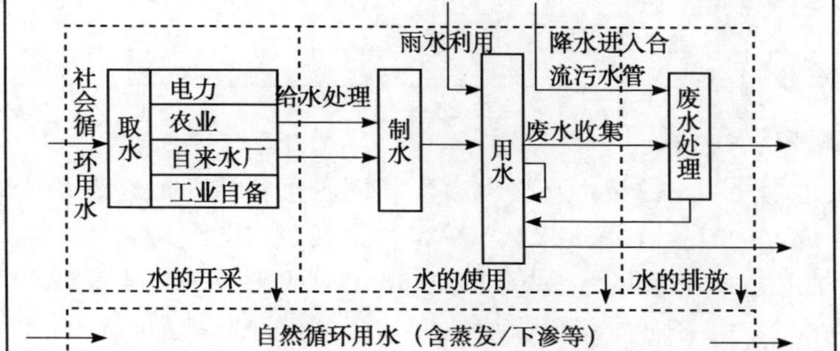

图12-6　上海市水循环物质流概念图

上海市水资源物质流分析主要包括自然循环和社会循环两部分。自然循环部分以水资源为研究主体：外部输入项为太湖来水和长江干流来水，本地输入为本地径流和本地地下水；然后水资源进入生态环境、社会经济和损耗（隐流）；最终输出回到自然环境。社会循环部分以经济体为研究主体：外部输入项包括火电工业用水、农业用水、自来水供水、自备水，输出项为火电、农业、生活污水和工业污水。

需要说明的是：对于未参与社会经济系统的自然循环，如蒸发、下渗等，统一纳入生态环境用水部分；对于通过合流污水管进入污水处理系统的降水，由于缺乏数据，暂无法计算，不考虑。上海市水资源的人工进口和出口量可视为0，而回用水的数据数量微小，忽略不计。

2. 上海市水资源循环物质流分析

在2007年上海市水资源实物量供给使用表的基础上，根据水资源物质流概念图，分类归并得到2007年上海市水资源物质流模型（图12-7）。

三、上海市水资源循环物质流的分析

1. 水资源总量

水资源的总量，即水资源的存量情况，是水资源物质流动的源头。2007年上海市水资源总量包括本地水资源量和过境水资源量，其中，本地水资源包括本地地表径流和本地地下水，过境水资源量包括长江干流来水和太湖来水，如表12-2所示。

表12-2 上海市水资源总量情况

项目	本地地表径流	本地地下水	长江干流来水	太湖来水
水资源量/亿米^3	27.96	9.81	7334.00	145.00
占总量比重/%	0.37	0.13	97.57	1.93

2. 物质需求总量

水资源物质需求总量由直接取自环境的水量和从其他经济系统进口的水资源量组成，2007年上海市未从其他经济系统进口水资源，因此进口水资源量为0，直接取自环境的水量，包括火电工业取水、农林牧渔业取水、公共供水业取水、一般工业（指除火电工业和公共供水业外的行业总和）取水和城市公共生活（包括第三产业和城市环境卫生管理业、城市园林绿化管理业和深井回灌部门的总和）取水。2007年上海市物质需求总量为121.35亿米^3，分类取水分量见表12-3。

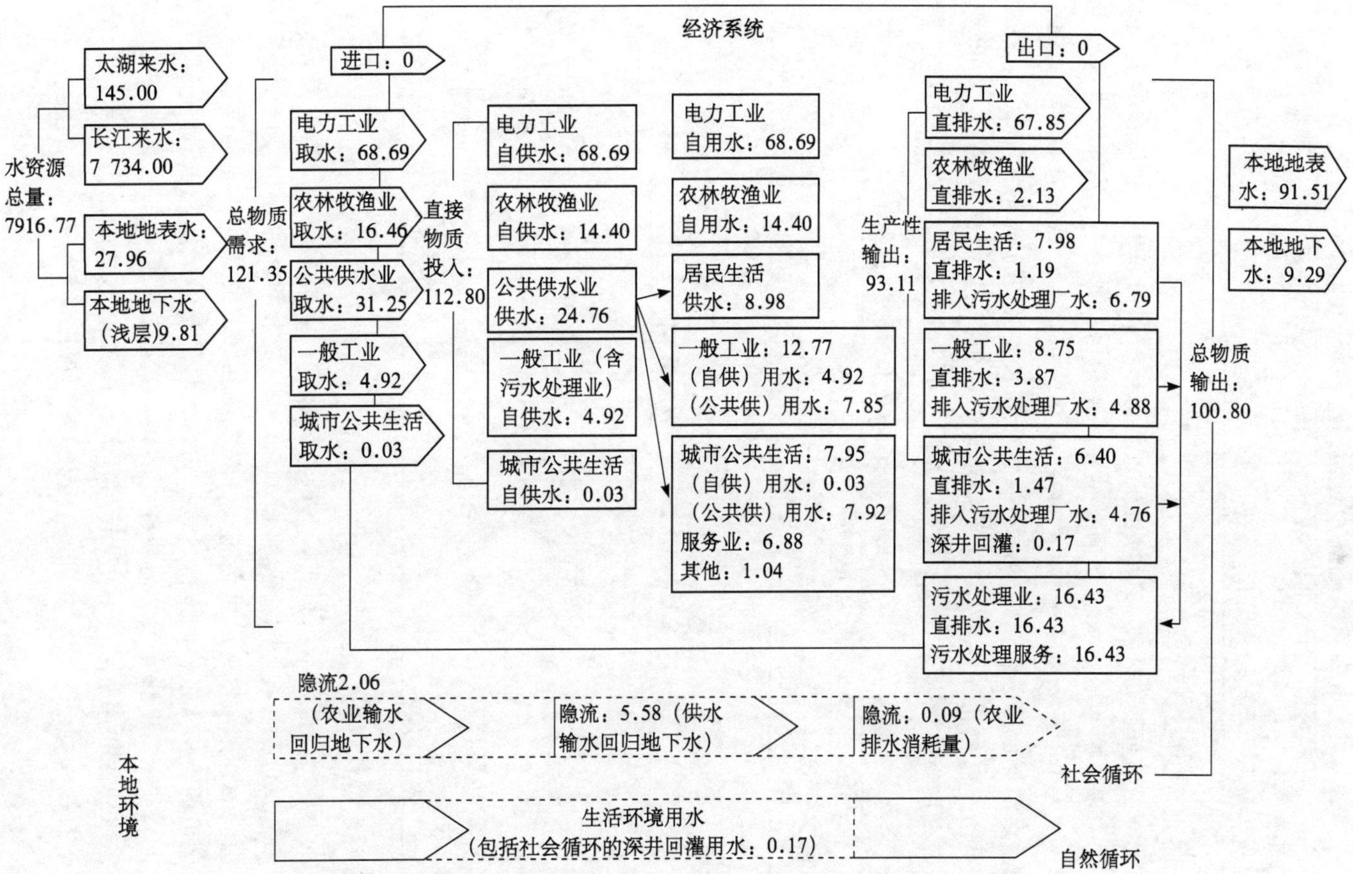

图12-7　2007年上海市水资源社会循环物质流模型　（单位：亿米³）

表 12-3　上海市水资源物质需求总量情况

项目	火电工业	农林牧渔业	公共供水业	一般工业	城市公共生活
取水量/亿米^3	68.69	16.46	31.25	4.92	0.03
占总量比重/%	56.60	13.56	25.75	4.05	0.02

3. 直接物质投入

水资源的直接物质投入指直接投入经济系统，用于生产和消费的水资源量。它与水资源物质需求总量的差别在于不包含“取水-供水”及“供水-用水”环节发生的水资源隐流。由于在供水环节扣除了农林牧渔业和公共供水业的输水消耗这部分隐流，供水和用水环节的直接物质投入总量相同，只是分类不同：供水环节只有生产，而用水环节还包括居民生活等消费。2007 年上海市直接物质投入为 112.80 亿米^3，具体分量情况见表 12-4 和表 12-5。

表 12-4　上海市水资源直接物质投入情况（供水）

项目	火电工业	农林牧渔业	公共供水业	一般工业	城市公共生活
供水量/亿米^3	68.69	14.40	24.76	4.92	0.03
占总量比重/%	60.90	12.77	21.95	4.36	0.03

表 12-5　上海市水资源直接物质投入情况（用水）

<table>
<tr><th rowspan="2">项目</th><th rowspan="2">火电工业</th><th rowspan="2">农林牧渔业</th><th rowspan="2">居民生活</th><th colspan="2">一般工业</th><th colspan="2">城市公共生活</th></tr>
<tr><th>自供</th><th>公供</th><th>自供</th><th>公共</th></tr>
<tr><td rowspan="2">用水量/亿米^3</td><td rowspan="2">68.69</td><td rowspan="2">14.40</td><td rowspan="2">8.98</td><td>4.92</td><td>7.85</td><td>0.03</td><td>7.92</td></tr>
<tr><td colspan="2">12.77</td><td colspan="2">7.95</td></tr>
<tr><td rowspan="2">占总量比重/%</td><td rowspan="2">60.90</td><td rowspan="2">12.77</td><td rowspan="2">7.96</td><td>38.53</td><td>61.47</td><td>0.38</td><td>99.62</td></tr>
<tr><td colspan="2">11.32</td><td colspan="2">7.05</td></tr>
</table>

4. 生产性输出

水资源的生产性输出指通过经济系统的生产和消费后向自然环境输出的水资源量，包括直接和间接两种方式，其中，直接排水量包括火电工业和农林牧渔业的直排水量，居民生活、一般工业和城市公共生活的直排水量及污水处理厂的直排水量；间接排水包括污水处理厂接纳的居民生活、一般工业和城市公共生活的排水量。需要注意的是，城市公共生活的直排水中还包括生态需水的深井回灌量。2007 年上海市水资源生产性输出为 93.11 亿米^3，相当于直接物质投入的 82.54%，具体分量情况见表 12-6。

表 12-6 上海市水资源生产型物质输出情况

<table>
<tr><td rowspan="2">项目</td><td rowspan="2">火电工业</td><td rowspan="2">农林牧渔业</td><td colspan="2">居民生活</td><td colspan="2">一般工业</td><td colspan="3">城市公共生活</td><td colspan="2">污水处理业</td></tr>
<tr><td>直排</td><td>入污水处理厂</td><td>直排</td><td>入污水处理厂</td><td>直排</td><td>入污水处理厂</td><td>深井回灌</td><td>直排</td><td>入污水处理厂</td></tr>
<tr><td rowspan="2">排水量/亿米^3</td><td rowspan="2">67.85</td><td rowspan="2">2.13</td><td>1.19</td><td>6.79</td><td>3.87</td><td>4.88</td><td>1.47</td><td>4.76</td><td>0.17</td><td>16.43</td><td>16.43</td></tr>
<tr><td colspan="2">7.98</td><td colspan="2">8.75</td><td colspan="3">6.40</td><td colspan="2">16.43</td></tr>
<tr><td rowspan="2">占总量比重/%</td><td rowspan="2">72.87</td><td rowspan="2">2.29</td><td>14.91</td><td>85.09</td><td>44.23</td><td>55.77</td><td>22.97</td><td>74.38</td><td>2.66</td><td>100</td><td>100</td></tr>
<tr><td colspan="2">8.57</td><td colspan="2">9.40</td><td colspan="3">6.87</td><td colspan="2">17.65</td></tr>
</table>

5. 隐流

水资源的隐流指在经济系统中因输送等原因未投入生产和消费的水资源量，是水资源利用率的表征之一，具体包括取水-供水、供水-用水和用水-排水三个环节产生。2007年上海市水资源隐流为7.69亿米^3，占水资源需求总量121.35亿米^{3}的6.34%，三个环节的隐流情况见表12-7，其中供水-用水环节产生的隐流最大，亟待解决。

表 12-7 上海市水资源隐流情况

项目	取水-供水	供水-用水	用水-排水
损耗/亿米^3	2.02	5.58	0.09
占总隐流比重/%	26.27	72.56	1.17

6. 物质输出总量

水资源的物质输出总量指经取水后返回到自然循环的水资源量，包括生产性输出、隐流量和出口到其他经济系统的水量。2007年上海市未向其他经济系统出口水量，故出口水量为0。水资源生产性输出为93.11亿米^3，隐流为7.69亿米^3，因此，2007年上海市水资源输出总量为100.80亿米^3。

7. 讨论

相对于其他城市和地区，上海市水资源资料积累丰富，比较容易开展水的物质流分析。上海市在有效结合自然循环和社会循环的基础上，通过设立生态环境用水，统一未参与社会经济系统的垂直交换和水平交换的自然水循环，并通过借鉴目前国际上公认的工业物质流衡算框架，来分析社会循环，进而解决水物质流循环研究的一个难点。

分析上海市水资源循环物质流，从总物质量需求、物质输入、物质消耗和物质输出的角度看，上海市水资源物质流具体表现为需求量大、高输入、高消耗、低输出的特点，呈现典型的线性经济。通过直接物质输入总量减量化，物质利用率最大化和隐流量最小化，以及输出最小化，从物质流的全过程控制水资源利用，改变现有的现状利用状态，对于上海市水资源利用有着指导意义。

鉴于水资源物质循环涵盖广的特点，更多的工作需要开展，需要各个产业、重点产业和用水大户的用水数据积累分析，需要更多的数据来追踪水在污染转移载体过程中的重要作用。

第三节 2007年水资源价值流分析

一、价值流分析方法

在水资源社会循环中，基于水资源物质流上的，因实物量交易而产生价值量的过程即水资源的价值流。这一概念描述了水资源社会循环中取—供—用—排水系统产生价值量（水资源费、原水费、自来水费、中水费或再生水费、排水费和排污费等）的流转过程。

在价值流中，价值量和发生交易的实物量是一一对应的，而那些非市场交易部分的实物量则不产生价值量，如除深井回灌外的生态环境用水量、城市径流量等。因此，由发生市场交易的实物量所构成的物质流与由价值量构成的价值流是一一对应的。水资源的价值流是物质流的内在动因，是实物量交易的驱动力。同时，它决定了物质流的流动方向和实物量在社会经济系统中的分配结果，如图12-8所示。

水资源的价值流有以下三个特征。

一是水资源的生产过程产出的价值量等于水资源消费过程使用的价值量。水资源在社会循环各系统，未进行交易前对水资源进行原材料购买、加工、运输、销售或提供服务（如污水处理服务）等过程称为水资源的生产过程；在发生交易后，用水户使用水资源产品或享用与水相关服务的过程称为水资源的消费过程。在进行实物量交易的临界点，买卖双方对水资源产品或服务的价值量经博弈达成一致时，水资源生产过程产生的价值量等于消费过程使用的价值量，如图12-9所示。

二是水资源的生产过程中价值量递增，消费过程中价值量递减。水资源的生产过程是原水及自来水的生产和供应业及污水处理业的行业内部价值流过程，应当遵循一般企业价值流原理。在生产过程中，原水及自来水的生产和供应业及污水处理业的实体企业中，以整个水产品或服务的价值量最大化为目的，而同时尽可能控制生产成本，以达到利润最大化。在消费过程中，伴随着消费者对水资源产品功能或服务的享用，又将水资源直接或间接排放至自然环境中而未发生再次交易的，其价值量将递减至0。

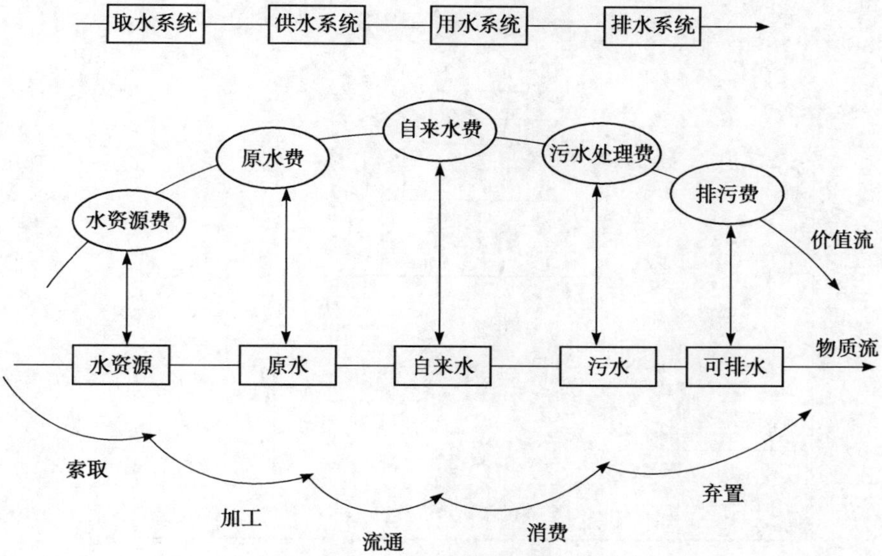

图12-8　水资源价值流图（无回用水）

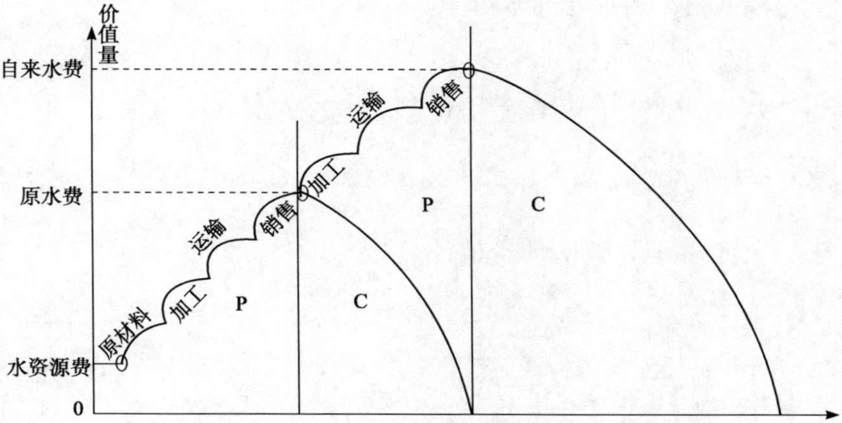

图12-9　水资源价值流理论图

注：P为生产；C为消费。

三是水资源总的市场交易价值量可以不断增加，价值流不断延长。任何一部分的价值量增加都会带来价值流的延长；在有回用水交易的水资源社会循环中，只要能进行下一次的市场交易，被消费过的水资源仍能产生新的价值量。不断交易，新增的价值量将不断产生，水资源价值流也随之不断延长，如图 12-10 所示。

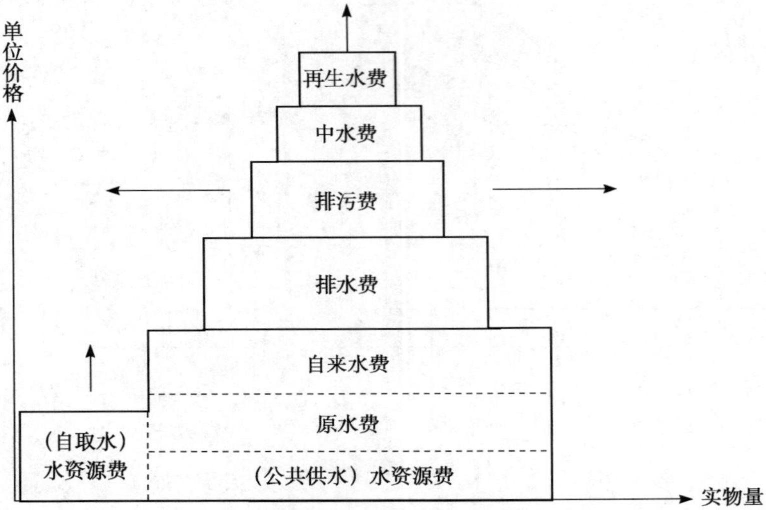

图 12-10 水资源价值流理论图Ⅱ

注：图中黑实线围成的面积即水资源的各种价值量组成的价值流。
自来水费中包含了原水费，而原水费中包含了（公共供水）水资源费，不重复计。

二、上海市水资源价值流

水资源价值流分析如图 12-11 和图 12-12 所示。

三、上海市水资源循环价值流分析

1. 价值流整体描述

2007 年上海市水资源社会循环共产生 49.72 亿元价值量，从价值流的流动状况来看，取水系统产生了 1.19 亿元价值量、供水系统产生了 31.34 亿元价值量、用水系统产生了 31.34 亿元价值量、排水系统产生了 17.19 亿元价值量。

水资源价值流整体情况见图 12-13。

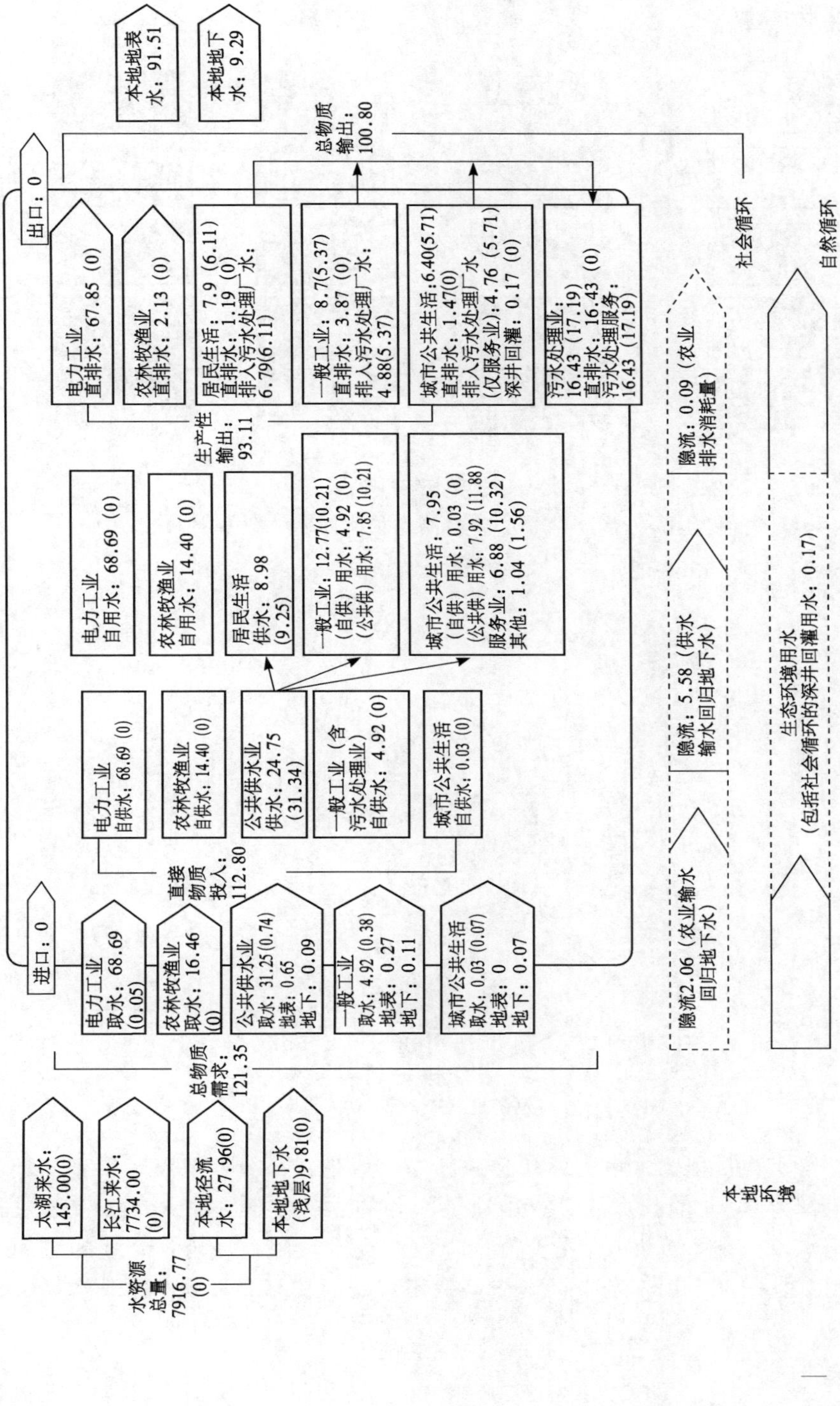

图12-11　2007年水资源物质流到价值流的过渡分析模型

（单位：亿米³/亿元）

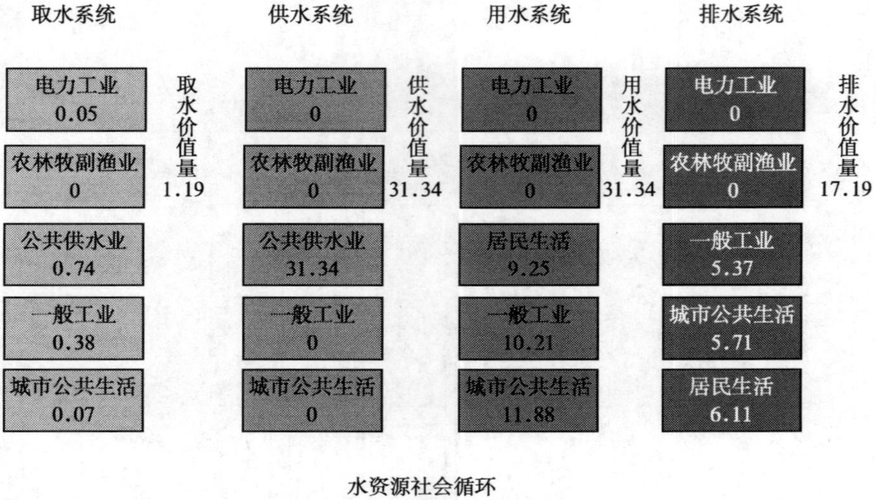

图 12-12　2007 年上海市水资源价值流分析模型（单位：亿元）

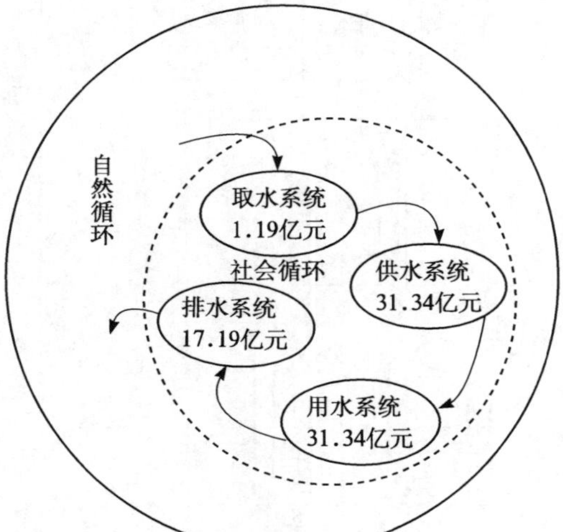

图 12-13　2007 年上海市水资源社会循环取—供—用—排水系统的价值量

与实物量相比，水资源社会循环的价值量在部分环节没有得到体现，其价值量为 0，如直接取用，很难计量部分的农林牧渔业、火电工业和农村居民用水等的排水费为 0，在价值量中没有得到反映；另外，企业的自用水部分由于是内部自用未发生买卖交易费用，所以核算只反映其水资源费，没有反映其自身的制水成本；此外，对于物质流分析得出的水资源隐流部分，由于没有进入生产和消费的交易环节，所以没有产生任何价值量，如从取水到供水，农业输水回归了2.06亿米³，从供水到用水，公共供水业输水回归了5.58亿米³，从用水到排水，农业排水耗用的水资源实物量，未产生价值量。

2. 取水—供水—用水—排水系统的价值流分析

(1) 取水系统的价值量是取用水资源产生的，也即水资源费。2007年上海市水资源取水系统产生的价值量为1.19亿元，是供水系统产生的31.34亿元价值量的3.80%。其中公共供水业的取水产生价值量最大，为0.74亿元，占该系统总价值量的62.18%。这一系统的价值流体现了自取用水企业与政府间发生水资源所有权和实物量交易现状，水资源费偏低，取水系统的价值量不能与其庞大的实物量相匹配，如图12-14所示。

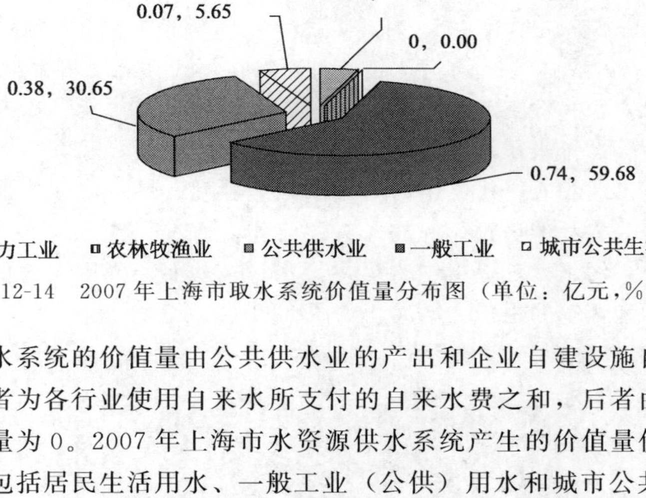

图12-14　2007年上海市取水系统价值量分布图（单位：亿元，%）

(2) 供水系统的价值量由公共供水业的产出和企业自建设施自供水的成本组成，前者为各行业使用自来水所支付的自来水费之和，后者由于未发生交易而价值量为0。2007年上海市水资源供水系统产生的价值量仅由公共供水业产生，包括居民生活用水、一般工业（公供）用水和城市公共生活（公供）用水所支付的自来水费之和，为31.34亿元，占整个价值流总价值量的38.77%。

(3) 用水系统的价值量由用水户使用自来水的支出构成，也即自来水费。2007年上海市水资源用水系统产生的价值量为31.34亿元，因上述(2)中多种原因，与供水系统产生的价值量相同。居民生活、一般工业（公供）、城市公共生活（公供）对于该系统价值量的贡献大小分别为29.51%、32.58%和37.91%，如图12-15所示。

(4) 排水系统的价值量由污水处理费（排水费）和排污费组成，不包含

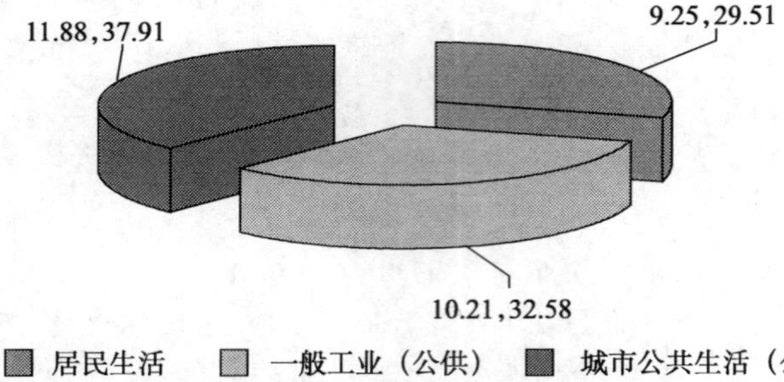

图 12-15　2007 年上海市用水系统价值量分布图（单位：亿元,%）

直接排放至自然水体的排污费，仅由用水户购买污水处理服务的支出构成。2007 年上海市水资源排水系统产生的价值量为 17.19 亿元，对于该系统价值量的贡献大小降序排列为居民生活 35.54%、城市公共生活（污处服务）33.22%和一般工业（污处服务）31.24%。排水系统价值量与供水系统价值量之比为 54.85%，约为一半；而排水系统产生价值量的实物量为总排水量的 17.65%，因农林牧渔业、火电工业和农村居民生活直排水的难以计量而不征收排水费，一般工业和城市公共生活的自处理或偷排，以及所有最终排水的排污费等，排水系统价值量还有很大的上升空间，一方面要加强农林牧渔业、火电工业和农村居民生活的排水计量管理；另一方面要加强对一般工业和城市公共生活的偷排行为的监管。此外，通过完善处水处理设施和配套管网的建设，污水处理业将纳入更多污水量，从而产生更大的价值量，而整个价值流的增幅空间也随之增大，如图 12-16 所示。

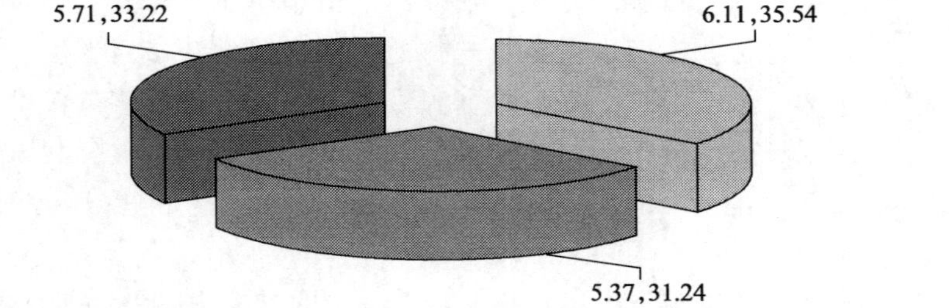

图 12-16　2007 年上海市排水系统价值量分布图（单位：亿元,%）

3. 三次产业和居民生活的价值流分析

三次产业和居民生活的价值流如图 12-17 所示。

第一产业即农林牧渔业在取—供—用—排水四个系统中产生的价值量均

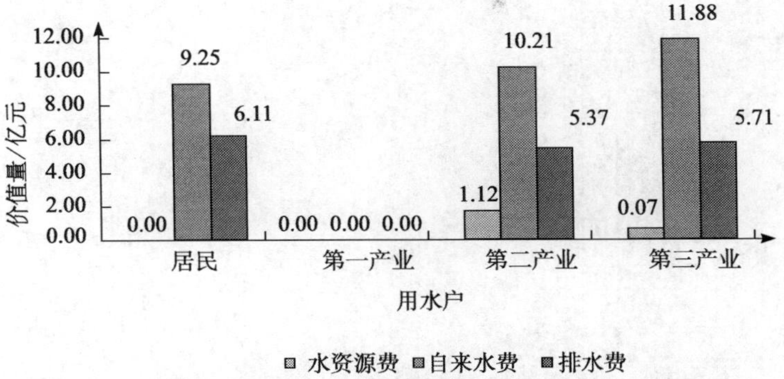

图 12-17　2007 年上海市三次产业和居民生活水资源价值量分布图

为 0，而其相对应的实物量占各系统总量的比重分别为 13.56%、12.77%、12.77%、2.29%，是除火电工业和公共供水外的水资源使用大户，价值量与实物量的极不匹配，使得第一产业可以任意取用水资源，无法意识到水资源的稀缺性，同时也挤占了社会循环中其他产业和各行业的用水机会。另外，在排放系统中，第一产业向环境直排水 2.13 亿米^3，是重要的面源污染。因此，亟待向第一产业开征水资源费用和排污费，使水资源在社会循环各产业和居民生活用水间得到合理配置，同时也有助于控制面源污染。

第二产业（除公共供水业和污水处理业）在取—供—用—排水四个系统中产生的价值量依次为 1.12 亿元、0、10.21 亿元和 5.37 亿元，其中取水系统的价值量主要集中于第二产业，供、用和排水环节与居民生活方面和第三产业的价值量平分秋色。但与实物量占各系统均超过 80%的比例来看，价值量过于偏小，主要是受到火电行业在各环节中的价值量偏小影响（下文火电行业价值流分析将作进一步讨论）。此外，第二产业中各行业在取水、用水、排水三个系统的价值量排序情况详见图 12-18～图 12-20。

第三产业在取—供—用—排水四个系统中产生的价值量依次为 0.07 亿元、0、10.32 亿元和 5.71 亿元。因自取用水取用量仅占总取水量的 0.03%，其价值量很小，而在用水和排水环节，虽然实物量与居民生活、第二产业有差距，但其单位水价——自来水费（1.50 元/米^3）和排水费（1.20 元/米^3）是三次产业和居民生活中最高的，因而在这些环节第三产业起到了三足鼎立之一的价值量贡献作用。2007 年第三产业各行业取水、用水及排水系统的价值量排序情况见图 12-21～图 12-23。

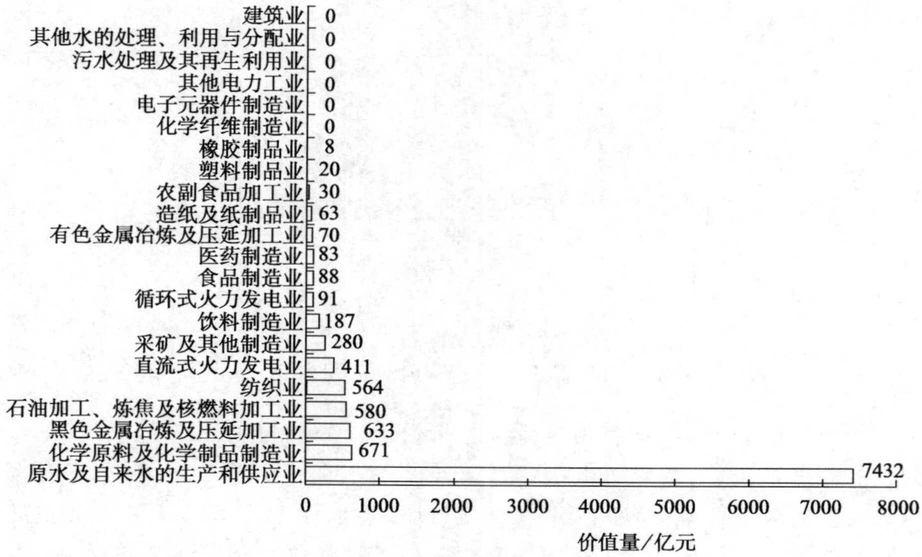

图 12-18　2007 年上海市第二产业取水系统各行业价值量排序图

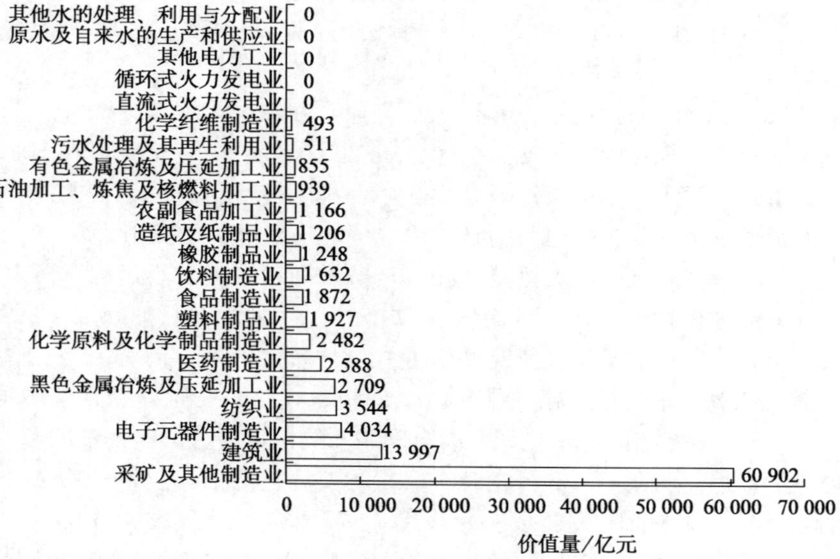

图 12-19　2007 年上海市第二产业用水系统各行业价值量排序图

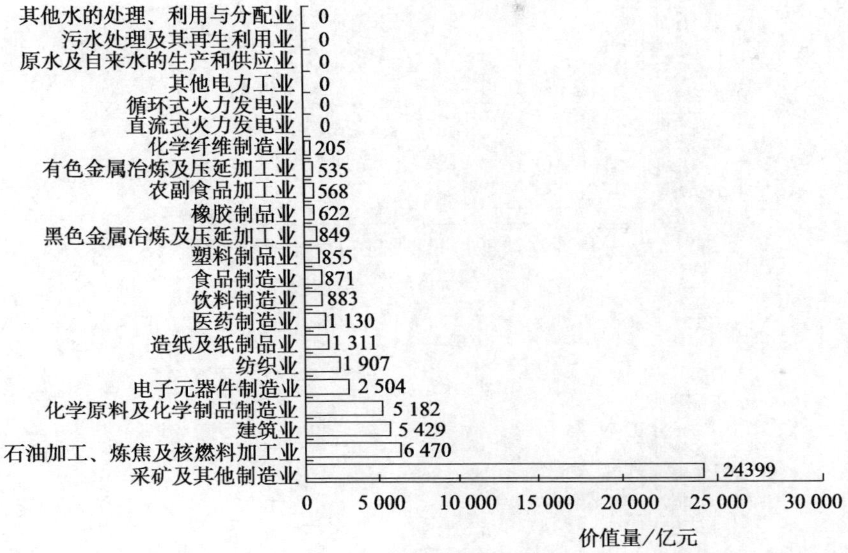

图 12-20　2007 年上海市第二产业排水系统各行业价值量排序图

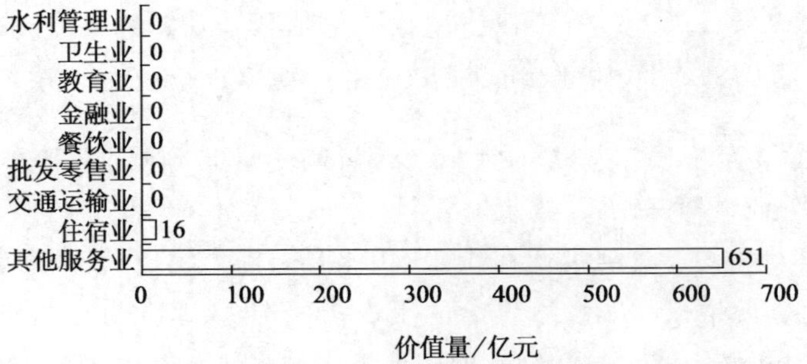

图 12-21　2007 年上海市第三产业取水系统各行业价值量排序图

居民生活是水资源社会循环的重要服务对象，在取水系统中未从自然环境中取水，实物量为 0，价值量也为 0；在供水、用水和排水环节中分别产生 9.25 亿元、9.25 亿元和 6.11 亿元价值量，供、用水环节中的价值量都由购买公共供水业的自来水产生，排水环节中价值量的产生取决于污水管网的纳管覆盖情况，农村居民生活排水管网覆盖率很低，在核算中其排水价值量为 0。

4. 重要行业的水资源价值流分析

1）公共供水业和污水处理行业

公共供水系统在取—供—用—排水四个系统中产生的价值量依次为 0.74

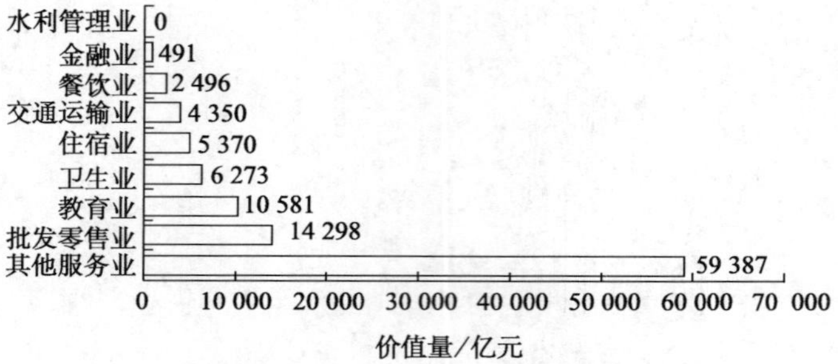

图 12-22 2007 年上海市第三产业用水系统各行业价值量排序图

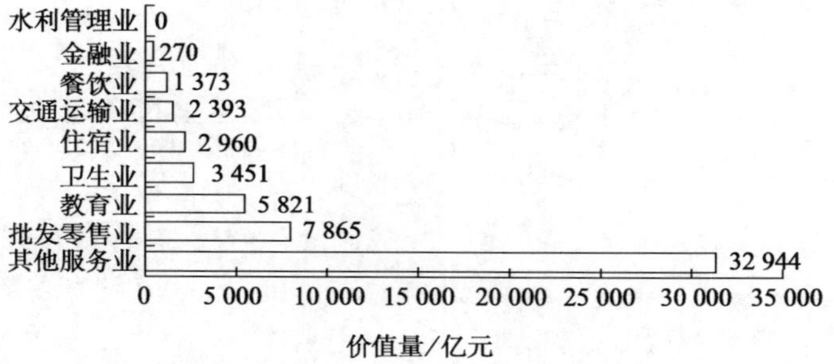

图 12-23 2007 年上海市第三产业排水系统各行业价值量排序图

亿元、31.34 亿元、0（忽略不计）、0（忽略不计），在用水和排水系统中，因与供应量相比数值极小，故忽略不计，价值量为 0；通过与各环节实物量的比较可以发现，公共供水业在供水-用水环节存在 5.58 亿米^3 输水回归地下水的隐流，而根据“实物量供给使用表”，公共供水业自用水量为 6.50 亿米^3（包括内部使用的水量、输水回归地下水的水量、管道等清洗水量、计量损失量以及蒸发等水量），则内部使用的水量、管道等清洗水量、计量损失量以及蒸发等水量为 0.92 亿米^3。由此可以看出，一方面，在计算自来水定价时，公共供水业必将自用水量转嫁于其生产成本中，抬高自来水的市场价格，由此用水户使用自来水产生的价值量偏高，对国民经济的再生产未带来正面效益；另一方面，这一问题也反映了公共供水业在自用水利用效率上存在严重管理问题，急需补上这个洞，大大降低输水过程中产生的隐流及其他损耗。

污水处理业在取—供—用—排水四个系统中产生的价值量依次为 0、0、0.05 亿元和 17.19 亿元，前三者对于排水系统产生的价值量来说可以忽略不计；污水处理业仅提供污水收集和处理服务，因此在排水系统中只包含向居民生活、一般工业和城市公共生活提供服务产生的排水费。目前仅由污水处理业贡献的排水系统价值量约为供水系统价值量的一半，而排水系统产生价值量的实物量也仅为总排水量的17.65%。今后，随着污水处理设施和配套收集管网的建设，污水处理业将纳入更多污水量处理排放，其产生的价值量将日益增多，在整个价值流中也将起到越来越重要的作用，而对于自然循环来看，污水处理业的价值量的提高将使自然环境的污染得以减少，使水资源社会循环更健康。

2）火电行业

火电行业在取—供—用—排水四个系统中产生的价值量分别为0.05亿元、0、0、0，价值量如此之小，与其各环节实物量均超过总量55%的物质流状况格格不入。这存在多种原因，一则本研究未核算没有发生交易的企业自取及自供水成本；二则主要是水资源使用权的分配政策问题，因火电行业取水量庞大，大多用于冷却，使用后可直接排放至环境中，如此庞大的取水量若按照其他行业执行的水资源费征收，将是一笔巨大支出，因此该行业的水资源费不是由取水量×单位水价得出，而是由耗水量×单位水价得出，耗水量约为取用水量的1%。这对于水资源的合理分配来说是有失偏颇的，亟待做出相应调整，避免因廉价获取水资源而任意使用的状况。

四、上海市水资源价值量核算关键指标应用探讨

万元GDP用水量、万元工业增加值用水量等指标是衡量经济系统用水效率的重要指标，上海市水资源价值量核算为这些关键指标的获得提供了一个集合水资源实物量和价值量的综合信息平台，其中实物量信息包含了符合各行业取水、供水、用水和排水量，COD排放量，氨氮排放量等，而价值量信息包含了各行业的水资源费、自来水费、排水费、行业增加值等，通过这些信息即可以方便地推导出上述指标，如通过2007年上海市水资源价值量核算可以推导出万元增加值用水量情况，具体见图12-24。

1.水资源价值流核算的三个问题探讨

（1）水资源的价值量反映了水资源在社会经济系统中的稀缺性。合理的水资源价值量能够使水资源在社会经济系统中得到优化配置；现行有计划的市场经济、政府主宰调控的水资源价格和由此导致的水资源配置，存在着低估和扭曲，资源的价值量没有得到很好的体现。水资源的价值量核算建立在

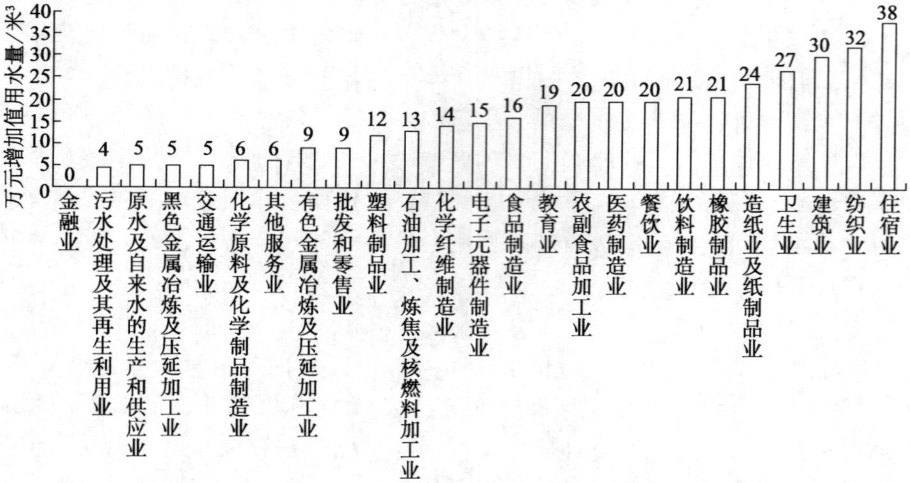

图 12-24　2007 年上海市水资源价值量核算推得的万元增加值用水量图

社会循环各系统的实物量基础之上，由实物量与其对应水资源价格决定。

(2) 通过上海市水资源价值流分析，水资源价值量得到显化，水资源在国民经济各部门中产生的经济效益得到反映，水资源低估、免费福利等现象得到体现，为水资源综合管理和水业向市场化过渡中的水权交易、水价定价等问题提供一定的参考依据和改革、完善的方向。

(3) 现有的水资源价值流分析完全基于市场交易的前提开展，没有挖掘政府行政手段产生的超价水资源、超标排污费等价值量。另外，水利设施的基建、运行、维护、更新升级等价值量将通过混合和经济账户中的经济账户部分进行统计和核算，水资源在社会循环，在国民经济中各系统、各部门的投入产生的效益将“有账可依，符合市情”，最终为水资源综合管理与决策提供更合理的参考。

2. 水资源价值量核算的应用前景探讨

(1) 水资源价值量核算为政策制定者提供了一个综合信息平台。这在水资源多用途开发、配置和管理方面越来越重要。例如，实物量账户可以反映各行业不同用途的水量以及在生产过程中所产生的废水量和最终排放量。同时通过混合账户核算表反映这些产业的增加值信息，从而可以得到水资源的利用效率（米^3/万元 GDP）和生产率（万元 GDP/米^3）等指标。此外，在混合账户核算表中，主要提供的取水、用水、排水和排污的付费信息和对应的实物量信息可以服务于政策制定者进行水价调整或计划用水管理等。

（2）水资源价值量核算可用于帮助提高水资源的利用效率。通过管理供给方和需求方来提高用水效率，政策制定者可以利用价格杠杆改变用水户的用水行为，同时也可以采取经济激励来减少供给方不必要的自用水量。

（3）水资源价值量核算可用于获取对基础设施投资效益的评价。对基础设施的投资需要依据对其长期成本和效益的评价。政策制定者需要获得有关基础设施维护、水资源服务和可能的成本回收方面的经济信息。而混合账户核算表及在此基础上探讨的经济账户将可以提供现有与水相关的基础设施维护的成本信息，取水、供水、用水和排水价值量以及供水业和污水处理业的成本构成信息，这些信息再通过成本效益分析，用于评价基础设施的投资回报情况。

（4）水资源价值量核算可聚焦社会循环对自然循环的影响。把取水和排水信息按照行业进行分解，将有利于了解其对自然循环的影响程度，并结合取水系统和排水系统的投入产出分析，合理调整对供水和排水系统的建设力度和处理深度。

第十三章 水资源统计和核算信息系统

第一节 系统概述

一、系统目标

水资源统计和核算涉及大量的基础和统计信息，上海市水资源统计和核算信息系统作为水资源统计核算体系的一个重要组成部分，运用信息化技术手段，建立了覆盖水资源统计核算信息采集、传输、汇总、上报、发布、应用全过程的信息化、网络化、规范化、制度化应用支撑，实现了传统统计工作的网上流转，为上海市水资源统计和核算提供重要技术支撑。

系统建设依托水资源统计核算体系各个专题和账户的研究成果，充分利用水务信息化已有基础设施和信息资源，基于在建的水资源综合管理系统，实现了统计和核算信息的内网流转和分层应用。

二、系统设计原则

系统设计主要有以下四项原则。

(1) 需求先导，务求实用。系统设计紧密围绕水资源核算体系管理的需要，理清业务流程和信息需求，突出系统的实用性。

(2) 技术先进，注重实效。按照水资源核算体系管理的要求，以现有资料和技术条件为基础，选择成熟先进的技术，特别是数据库管理技术、在线分析等技术，注重技术运用的适应性。

（3）遵循标准，共享资源。充分利用现有的信息资源，在已开发的业务系统和运行环境的基础上，遵循国家行业相关标准，为系统的不断完善扩展及信息资源的共享提供规范接口。

（4）维护方便，确保安全。应用现代软件工程方法，确保系统的开放性、可扩充性和可维护性，有效降低系统运行与维护的难度与代价。遵循系统安全、保密的有关要求，在便于资源共享的前提下，处理好数据资源共享与数据安全保密的关系。

第二节　需求分析

一、系统工作流程

水资源统计和核算涉及市水务局相关处室，以及水利、供水、排水、水文等多个行业管理单位，通过对业务工作的分析，对水资源统计核算系统中各个环节的工作内容和工作分工梳理，如图 13-1 所示。

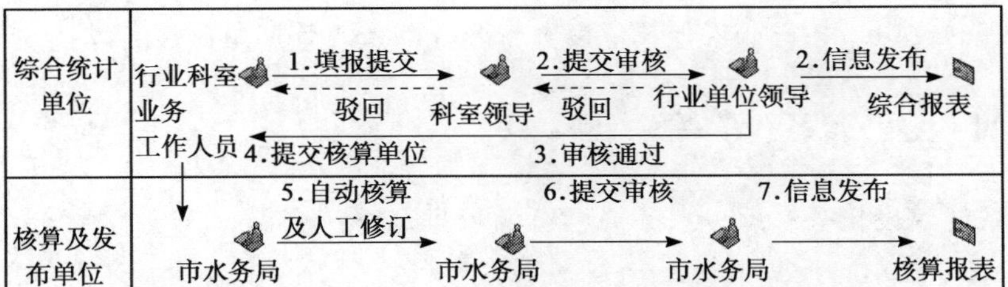

图 13-1　工作流程图

二、系统数据流程

通过对项目数据流程的梳理，分析水资源统计核算信息采集体系中三级报表体系的相互关系和数据流转过程，具体如图 13-2 所示。

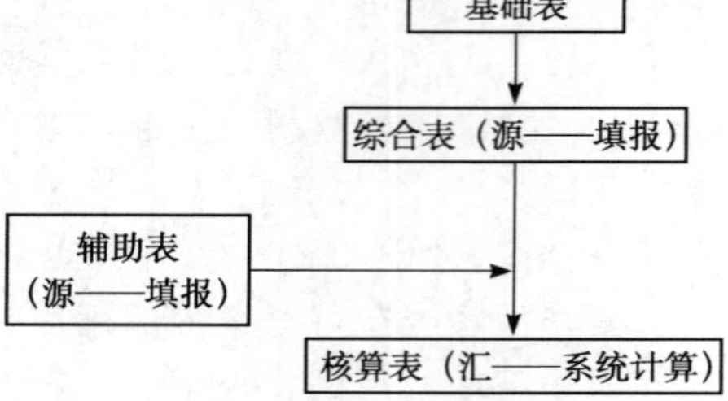

图 13-2　数据流程图

三、系统用户

系统用户按角色分为综合统计、核算发布和系统管理三类。

（1）系统综合统计角色包括市水利处、市供水处、市排水处、市水文总站、市水务局（计划财务处），主要任务是实现各行业综合表数据的填报、审核、审批、发布等工作。

（2）系统核算发布角色包括市水务局领导和局水资源处、计划财务处等，主要任务是实现水资源核算表的核算、审核、发布等工作。

（3）系统管理角色即系统管理员，主要任务是实现系统用户角色、权限的管理。其中，各行业管理单位设置行业内的系统管理角色一名。

四、与已有系统的关系

系统建设充分利用市水务局已有的数据和系统资源，与已有系统的关系如图 13-3 所示。

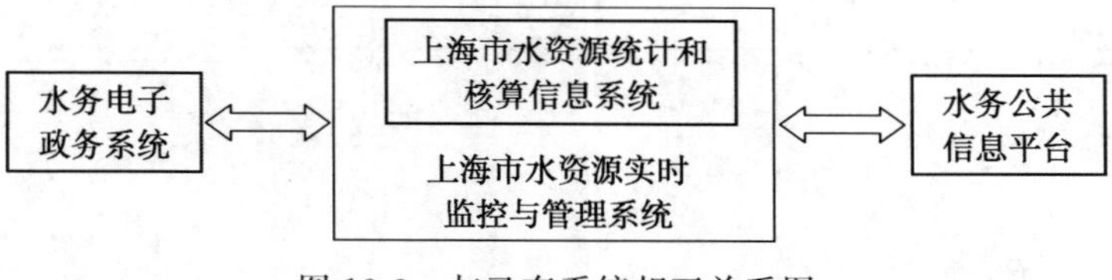

图 13-3　与已有系统相互关系图

与已有系统的关系主要包括三方面内容：①系统实现与市水务局电子政务门户统一登录与权限管理；②系统建设充分利用水资源实时监控与管理系统的已建成果，实现相关成果的接入；③系统通过水务公共信息平台实现部分统计和核算成果在水务内网的信息发布和应用服务。

第三节　系统设计

一、系统物理部署

系统运行物理部署如图 13-4 所示。

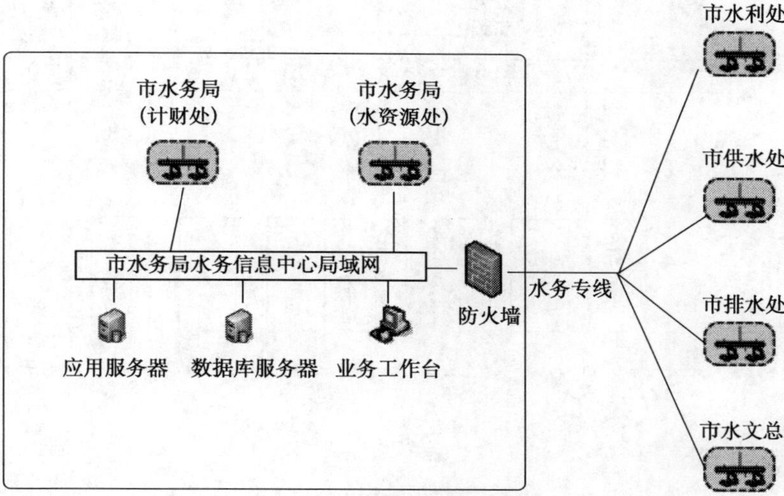

图 13-4　系统物理拓扑图

系统部署在水务大厦局域网中，市水务局各相关处室通过局域网进行系统访问，各行业管理单位通过水务专线进行系统访问。

二、系统总体框架

系统总体框架见图 13-5，可分为四个层次。

(1) 第一层是使用层，主要为系统用户提供系统登录服务，系统用户通过浏览器及权限认证登录应用系统，主要完成用户的各类请求，最终将结果输出并显示。

(2) 第二层是系统应用层，主要包括整个系统角色层次关系及相应的应用功能，主要功能包括系统说明、基础采集、综合统计、资源核算、附属信息、指标分析与系统管理。

(3) 第三层是数据层，用于存储系统中各类数据，主要包含综合表数据、核算表数据、附属表数据、管理过程数据、资产账户数据、行业单位数据、系统功能权限数据和系统日志数据。

(4) 第四层是信息支撑层，主要是支撑系统运行的硬件网络、数据库服务器、应用服务器、电子政务平台、水务公共信息平台等应用。

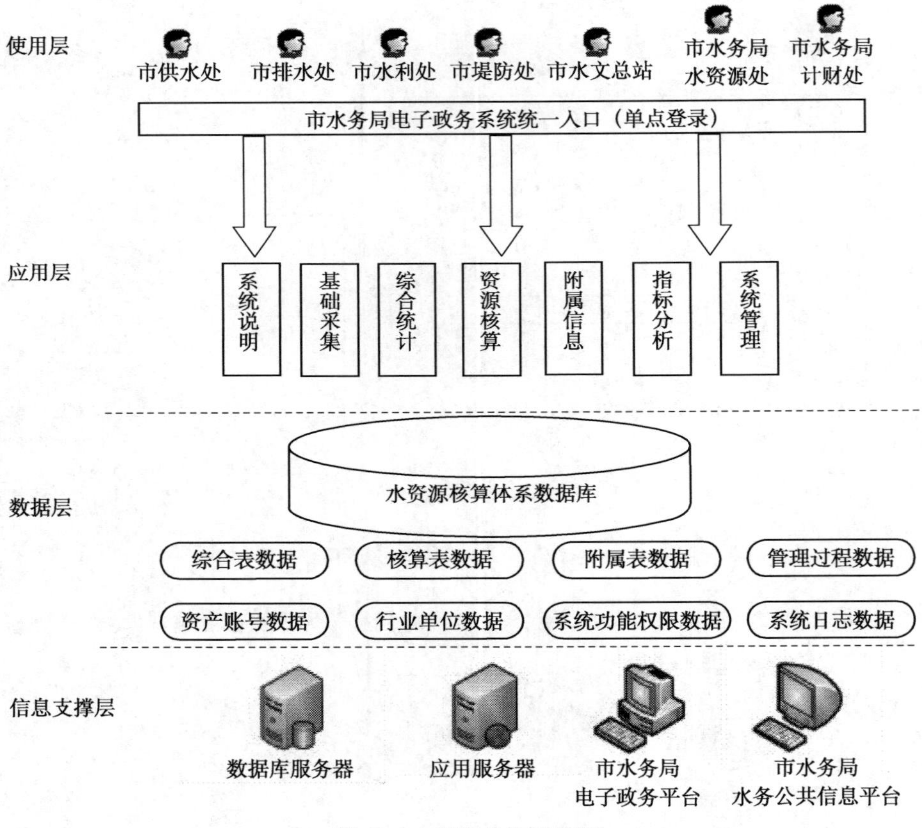

图 13-5　系统总体框架图

三、系统技术路线

用户通过浏览器访问 Web 服务器，提出数据查询请求，由 Web 服务器对应用服务器发出客户请求，由应用服务器对数据库进行数据访问。系统包括以下四个方面。

(1) 数据库管理系统，考虑到需要存储文字、多媒体数据（图片、文档），同时结合目前已有的数据库软件，采用 Oracle 数据库，数据库服务器选用 Windows 2003 Server 等操作系统。

(2) 应用软件采用 B/S 技术开发，由于其无须客户端安装，升级、维护方便，是目前应用的方向和主流。B/S 结构实现目前有两种，一种是微软 .NET 技术体系，另一种是 J2EE 结构。考虑到 J2EE 在系统集成性和跨平台上的优势，系统采用 J2EE 构架。

(3) Web 服务器使用 Tomcat Web 服务软件，采用服务器端专用接口技术，并发处理多用户请求。Web 服务器主要响应客户端发来的请求，处理和调用应用服务及向数据库发送 SQL 请求，最终把结果生成新的 HTML 页面返回给客户端。

(4) JXLS 开源 Excel 报表工具的使用。系统使用了 JXLS 开源工具，并做了适当修改以适应系统的需要。JXLS 通过 XML 配置文件读取 Excel 报表，通过 Excel 模板导出报表。通过 JXLS，系统在增加新报表模板和修改报表模板时均无须修改系统代码，只需要增加、修改相应的 XML 配置文件、数据库表和 Excel 模板即可。这大大增强了系统的可扩展性，也方便了各行业单位修改 Excel 报表格式。

四、系统运行环境

(1) 客户端：普通 PC；操作系统 Windows XP 或 Windows 2003 及以上版本；浏览器 IE 6.0 或以上；

(2) 服务器端：主机（内存最小 512MB，建议 1GB 及以上；硬盘最小 40GB，建议 80GB 及以上；CPU 双核、主频 2.8GHz 及以上）；操作系统 WIN2003 Server 企业版；数据库系统 ORACLE 9i 以上；应用服务平台 Tomcat。

五、系统应用安全

(1) 操作系统安全。利用现有的硬件防火墙，并在服务器端的操作系统上配置相应的防火墙及杀毒软件，病毒库定期进行自动更新从而保证操作系统的安全。

（2）数据访问。为保证数据库上存储的数据的安全性，对数据库的访问权限加以限制，针对不同用户拥有的角色分配相应的权限。

（3）系统安全。采用用户身份验证、用户权限设置、系统使用日志，确保系统不被非法用户使用和破坏。

（4）数据备份。在数据的备份上，通过数据库系统自带的工具，编制服务自动提供定期（每周备份一次）的异地数据备份操作，每三个月至半年将相应的数据刻入光盘存档，最大限度地降低风险。

第四节　系统实现

一、数据库建设

数据库表结构设计按照水务信息相关规范进行设计，同时符合关系数据库范式要求，具有良好的扩展性。数据库建设内容如表 13-1 所示。

表 13-1　数据库主要内容

序号	数据分类项	数据说明
1	基础表	43 张基础表，提供表格检索
2	综合表	53 张综合表，按照模板设计
3	核算表	11 张核算表，按照模板设计
4	附属表	16 张附属表，按照模板设计
5	管理过程表	记录报表管理过程中的轨迹
6	行业单位表	涉及用户相关行业单位的信息
7	用户权限表	用户访问系统的权限信息
8	系统日志表	系统用户操作的日志信息

（1）基础表，共计 43 张，详细内容如表 13-2 所示。

表 13-2　上海市水资源统计核算信息采集基础表

行业或部门	表名	报告期别
供水行业管理部门（16 张）	用水单位用水情况表	月报
	区（县）计划用水情况	月报
	用水利用情况	月报
	供水情况月报（一）	月报

续表

行业或部门	表名	报告期别
供水行业管理部门（16张）	供水情况月报（二）	月报
	原水供水情况表	月报
	供水量日报	日报
	供水情况年报（一）	年报
	供水情况年报（二）	年报
	自建设施供水企业供水情况表	月报
	自建设施取水单位地表水取水情况月报	月报
	公共供水行业地表水取水情况月报	月报
	自建设施取水单位地表水取水情况年报	年报
	公共供水行业地表水取水情况年报	年报
	涉水对象水量分类统计表（简表）	月报
	涉水对象用水量分类统计表	月报
排水行业管理部门（10张）	城镇排水管道设施量情况	年报
	污水输送情况	月报
	防汛排水情况	月报
	污水处理企业生产运行情况	月报
	排水管道维修养护工程完成情况	月报
	排水管道基建、维修、代办完成情况	月报
	排水管道维修保养人工情况	月报
	临时封堵排水管道审批情况	月报
	排水泵站设施情况	月报
	污水处理厂设施情况	年报
水利行业管理部门（11张）	水利主要指标	年报
	水闸情况	年报
	水利工程情况	年报
	低洼地及水灾情况	年报
	水利专项工程完成情况	年报
	水利基建工程完成情况	年报
	郊区堤防及管理情况	日报

续表

行业或部门	表名	报告期别
水利行业管理部门（11 张）	灌溉及排涝设施情况	年报
	郊区渠道、水闸工程拥有量	年报
	船闸运行情况	年报
	引清调水情况	年报
涉水经济和财务信息部门（1 张）	固定资产投资完成情况	年报
除水务以外的市政府部门（5 张）	生产法地区生产总值表	年报
	收入法地区生产总值表	年报
	支出法地区生产总值表	年报
	投入产出表	年报
	水环境保护表	年报

（2）综合表，共计 55 张，详细内容如表 13-3 所示。

表 13-3　上海市水资源统计核算信息采集综合表

行业或部门	表名	填报单位	报告期别
供水行业管理部门（15 张）	供水行业月报	市供水管理处	月报
	供水行业月报（续）	市供水管理处	月报
	供水行业年报一	市供水管理处	年报
	供水行业年报二	市供水管理处	年报
	供水行业年报三	市供水管理处	年报
	供水行业年报四	市供水管理处	年报
	城市供水统计表	市供水管理处	年报
	取水情况表	市供水管理处	年报
	用水情况表	市供水管理处	年报
	公共供水主要原水工程取水情况表	市供水管理处	年报
	重要水源地取水情况表	市供水管理处	年报
	主要用水指标	市供水管理处	年报
	水资源统计和核算取水量分类汇总表	市供水管理处	年报
	涉水对象水量分类统计表（简表）	市供水管理处	年报
	涉水对象水量分类统计表	市供水管理处	年报

续表

行业或部门	表名	填报单位	报告期别
排水行业管理部门（13 张）	水资源统计和核算排水量分类汇总表	市排水管理处	年报
	公共排水管道设施量总表	市排水管理处	年报
	公共排水管道设施量详表	市排水管理处	年报
	公共排水泵站设施量总表	市排水管理处	年报
	公共排水泵站设施量详表	市排水管理处	年报
	城镇污水处理情况	市排水管理处	年报
	城镇污水处理厂设施量总表	市排水管理处	年报
	城镇污水处理厂设施量详表	市排水管理处	年报
	城镇污水处理厂污水处理情况表	市排水管理处	月报
	城镇污水处理厂主要污染物进、出水浓度一览表	市排水管理处	月报
	环保局监管直接排放水体的企业排水量分类汇总表一	市排水管理处	年报
	环保局监管直接排放水体的企业排水量分类汇总表二	市排水管理处	年报
	农业灌溉污水及污染物排放情况调查统计表	市排水管理处	年报
水文专业部门（11 张）	降水量统计表	市水文总站	年报
	地表水资源统计表	市水文总站	年报
	地下水资源统计表	市水文总站	年报
	水资源总量统计表	市水文总站	年报
	骨干河道水质监测点数据表	市水文总站	月报
	水质监测数据表	市水文总站	月报
	水功能区达标评价表	市水文总站	月报
	河流水质状况评价统计表（综合）	市水文总站	年报
	湖泊水质状况评价统计表（综合）	市水文总站	年报
	水功能区达标评价表（综合）	市水文总站	年报
	水资源资产账户表（综合）	市水文总站	年报
计划财务统计部门（9 张）	涉水对象行业产值和增加值汇总表	市水务局（计财处）	年报
	涉水对象行业涉水活动费用汇总表（一）	市水务局（计财处）	年报
	涉水对象行业涉水活动费用汇总表（二）	市水务局（计财处）	年报
	固定资产投资完成情况（水务 01 表）	市水务局（计财处）	年报
	涉水对象行业涉水活动费用汇总表（二）	市水务局（计财处）	年报

续表

行业或部门	表名	填报单位	报告期别
计划财务统计部门（9张）	水资源统计和核算行政事业性收费分类汇总表	市水务局（计划财务处）	年报
	水资源统计和核算供水节水补贴分类汇总表	市水务局（计划财务处）	年报
	涉水对象行业涉水活动费用——水务行政罚款	市水务局（计划财务处）	年报
	涉水对象行业涉水活动费用——环保征收排污费	市水务局（计划财务处）	年报
水利行业管理部门（7张）	农业用水统计表	市水利管理处	年报
	农业灌溉污水及污染物排放情况调查统计表	市水利管理处	年报
	水利主要指标（水利01表）	市水利管理处、市堤防处	年报
	水闸情况（水利02表）	市水利管理处	年报
	低洼地及水灾情况（水利04表）	市水利管理处	年报
	灌溉及排涝设施情况（水利07表）	市水利管理处	年报
	郊区渠道、水闸工程拥有量（水利08表）	市水利管理处	年报

（3）核算表，共计11张，详细内容如表13-4所示。

表13-4　上海市水资源统计核算信息采集核算表

序号	核算表	账户	责任单位
1	水资源资产账户表	资产账户	市水文总站
2	河流水质评价表	质量账户	市水文总站
3	湖泊水质评价表	质量账户	市水文总站
4	全市水功能区达标评价表	质量账户	市水文总站
5	实物量供给使用表	实物量供给使用账户	市供水处
6	总排放量和净排放量标准表	排放账户	市排水处
7	混合供给使用表	混合和经济账户	市水务局（计划财务处） 市统计局
8	经济账户表-1：生产账户	混合和经济账户	市水务局（计划财务处） 市统计局
9	经济账户表-2：使用账户	混合和经济账户	市水务局（计划财务处） 市统计局
10	经济账户表-3：水产品的生产成本	混合和经济账户	市水务局（计划财务处） 市统计局
11	经济账户表-4：与水有关的税（费）、补贴账户	混合和经济账户	市水务局（计划财务处） 市统计局

（4）附属表，共计16张，详细内容如表13-5所示。

表 13-5　上海市水资源统计核算信息采集附属表

行业或部门	表名	责任单位
供水行业管理部门（3 张）	涉水对象分类表	市供水管理处
	涉水对象分类简表	市供水管理处
	上海市水资源核算涉水对象分类表	市供水管理处
排水行业管理部门（3 张）	各行业污水排放系数表	市排水管理处
	各行业 COD 污染物排放系数表	市排水管理处
	各行业氨氮污染物排放系数表	市排水管理处
水利行业管理部门（2 张）	主要湖泊统计表	市水利管理处
	主要河流统计表	市水利管理处
水文专业部门（3 张）	上海市水资源分区名称及代码表	市水文总站
	全市水质测站基础信息表	市水文总站
	水功能区域表	市水文总站
涉水经济和财务信息部门（4 张）	水资源费价格表	市水务局（计划财务处）
	自来水价格表	市水务局（计划财务处）
	地下水价格表	市水务局（计划财务处）
	排水价格表	市水务局（计划财务处）
除水务以外的市政府部门（1 张）	环保部门监管直接排放水体企业汇总表	市环保局

二、系统功能结构

水资源统计和核算信息系统功能主要分为系统说明、基础采集、综合统计、资源核算、附属信息、指标分析、系统管理七大功能模块，具体功能架构如图 13-6 所示。

三、系统主要功能

1. 系统说明模块

模块按“核算体系”、“核算框架”、“核算流程”、“三级报表体系”四个部分对系统进行了简要说明，如图 13-7 所示。

2. 基础采集模块

基础采集模块对各行业处的基础表（共计 43 张）进行了简要说明，并提供了基础表模板的下载功能，如图 13-8 所示。

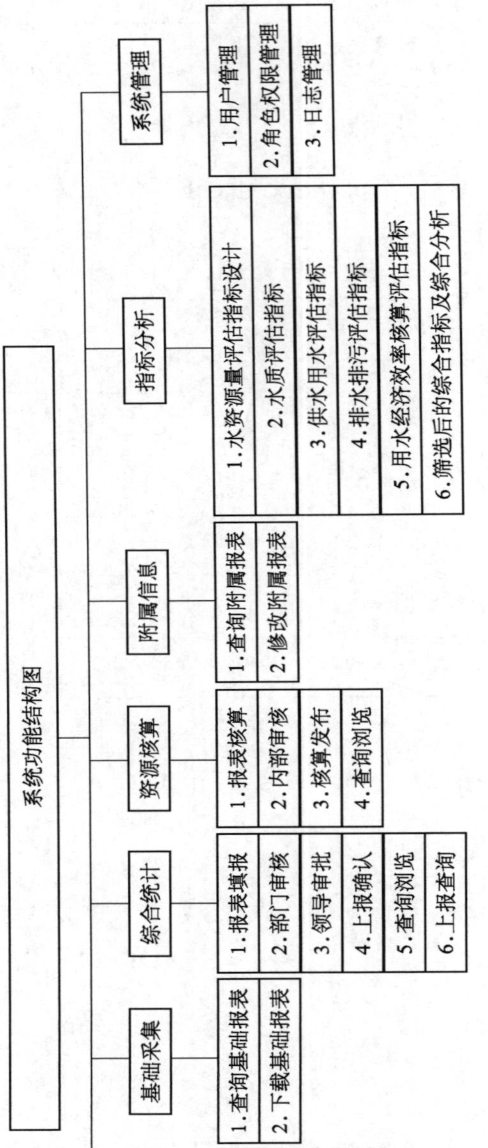

图13-6 系统功能结构图

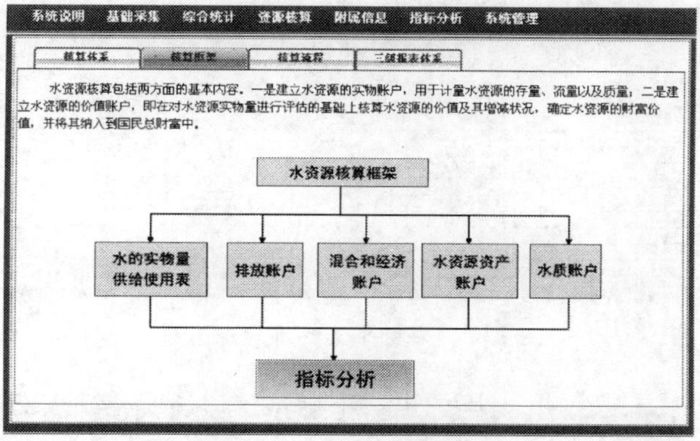

图 13-7　系统说明界面

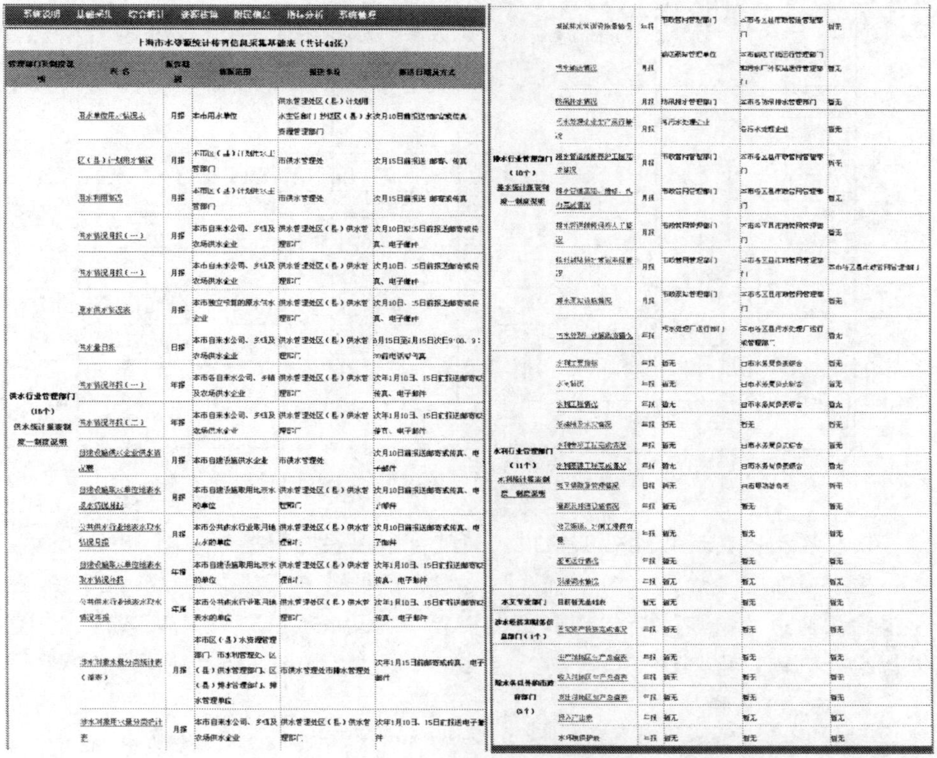

图 13-8　基础采集报表列表

鼠标点击相应模板名称链接后可下载 Excel 模板，如图 13-9 所示。

图 13-9　基础采集标准模板下载

鼠标点击“制度说明”，则弹出一个浏览窗口说明基础表的填报制度。

3. 综合统计模块

综合表填报审核流程如图 13-10 所示。

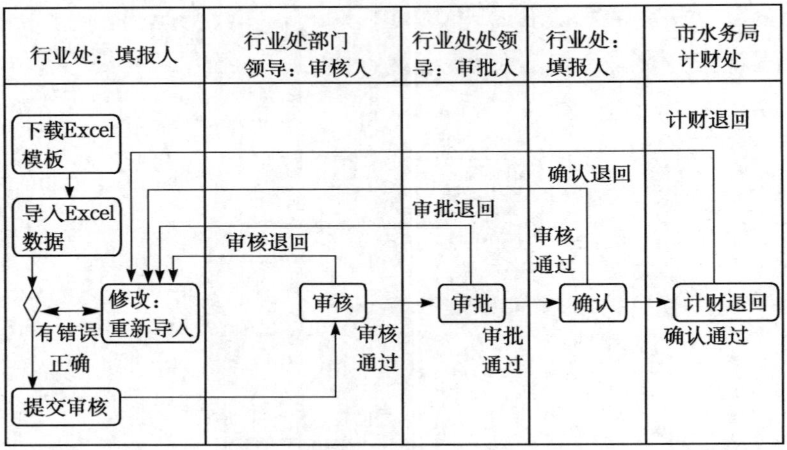

图 13-10　综合报表填报审核流程图

报表填报由相应行业处的填报人员进行。报表填报界面如图 13-11 所示。

报表发布前要经过“内部审核”、“领导审批”、“填报人确认”三个流程。上报确认通过的报表才会出现在查询浏览中，可按部门、类别、表名、年份进行组合查询，可将任意报表导出为 Excel 文档，如图 13-12 所示。

4. 资源核算模块

点击“生成核算”按钮，此时系统根据相应年份的综合表数据自动生成核算表。核算表状态变为核算中，并可以进行“预览”、“导出”、“人工修订”、“提交审核”等操作，如图 13-13 所示。

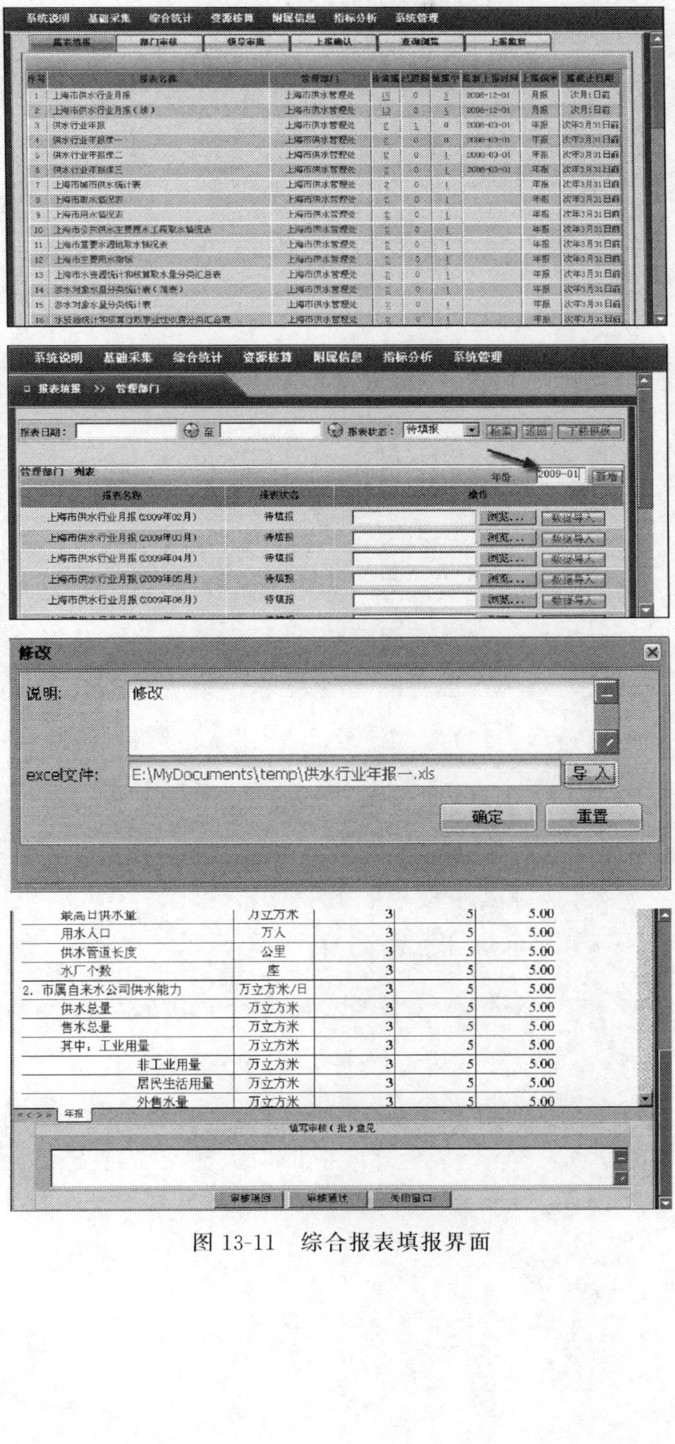

图 13-11　综合报表填报界面

图 13-12　综合报表查询、浏览界面

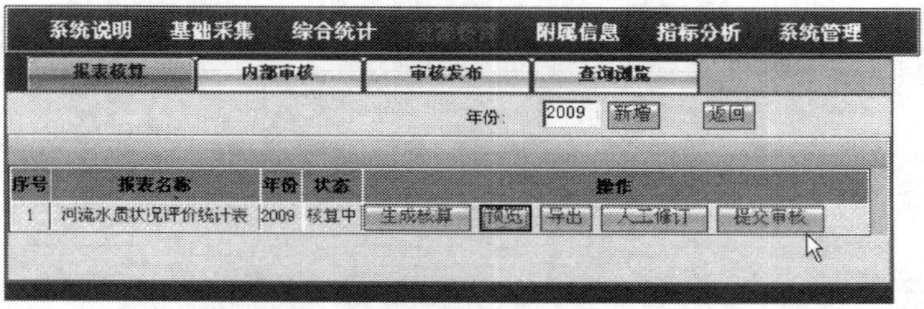

图 13-13　资源核算主要工作界面

对于系统生成的核算表可以作人工修订。首先“导出”核算表，在Excel中做修改，然后点击“人工修订”将修改后的Excel文件导出就完成了“人工修订”，如图13-14所示。

图 13-14　资源核算表人工修正、审核审批界面

点击“查询浏览”标签，系统进入“查询浏览”功能。系统列出已发布和未发布核算表列表页面，对于已发布核算表，可进行“预览”、“导出”等操作。通过年份下拉框，列出相应年份的核算表，如图 13-15 所示。

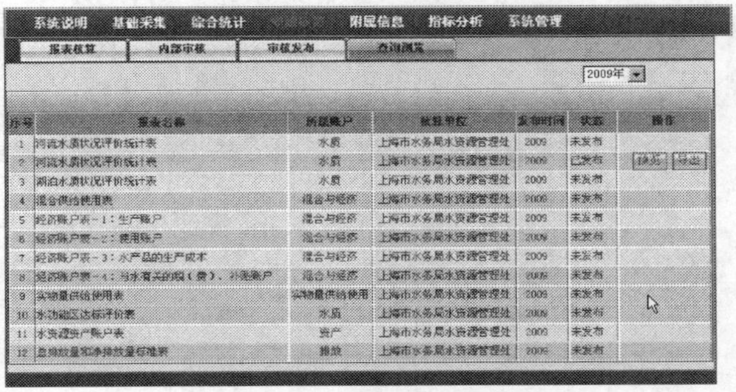

图 13-15　资源核算表浏览界面

5. 附属信息模块

点击“附属信息”菜单，系统列出全部附属信息表，如图 13-16 所示。

在上图中，点击相应附属信息表表名，即可下载附属信息表的 Excel 文件，打开后在 Excel 中查看。如需要修改附属信息表，可下载附属信息表并在 Excel 中修改保存后上传。

上海市水资源统计核算附属信息表（共计16张）

行业或部门	表名	责任单位	修改
供水行业管理部门(3个)	上海市涉水对象分类表	市供水管理处	
	上海市涉水对象分类简表	市供水管理处	
	上海市水资源核算涉水对象分类表	市供水管理处	
排水行业管理部门(3个)	各行业污水排放系数表	市排水管理处	
	各行业COD污染物排放系数表	市排水管理处	
	各行业氨氮污染物排放系数表	市排水管理处	
水利行业管理部门(2个)	主要湖泊统计表	市水利管理处	
	主要河流统计表	市水利管理处	
水文专业部门(3个)	上海市水资源分区名称及代码表	市水文总站	
	全市水质测站基础信息表	市水文总站	
	水功能区域表	市水文总站	
涉水经济和财务信息部门(4个)	水资源费价格表	市水务局计划财务处	
	自来水价格表	市水务局计划财务处	
	地下水价格表	市水务局计划财务处	
	排水价格表	市水务局计划财务处	
除水务以外的市政府部门(1个)	环保部门监管直接排放水体企业汇总表	市环保局	

图 13-16　附属表浏览界面

6. 指标分析模块

指标分析详细描述了各水资源评估指标的定义及评估结果，主要包括水资源量评估指标设计、水质评估指标、供水用水评估指标、排水排污评估指标、用水经济效率核算评估指标、筛选后的综合指标及综合分析，如图 13-17 所示。

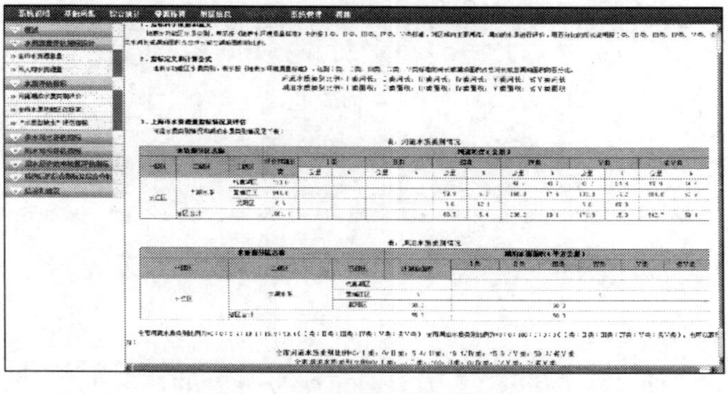

图 13-17　指标分析浏览界面

7. 系统管理模块

系统管理包括行业处管理、用户管理、报表模板管理、用户权限管理、系统日志等子模块，如图 13-18～图 13-24 所示。

图 13-18　行业处列表显示

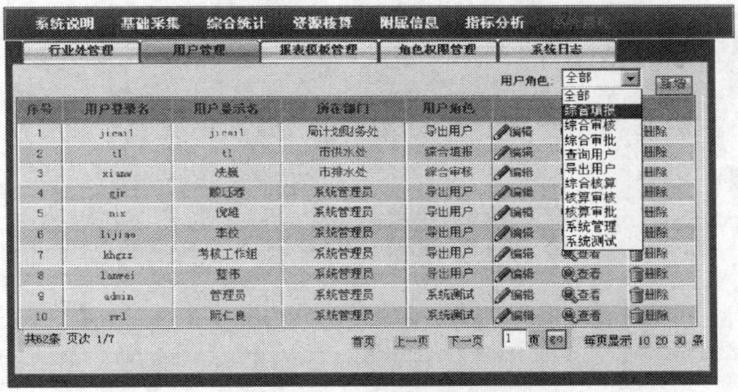

图 13-19　用户列表显示

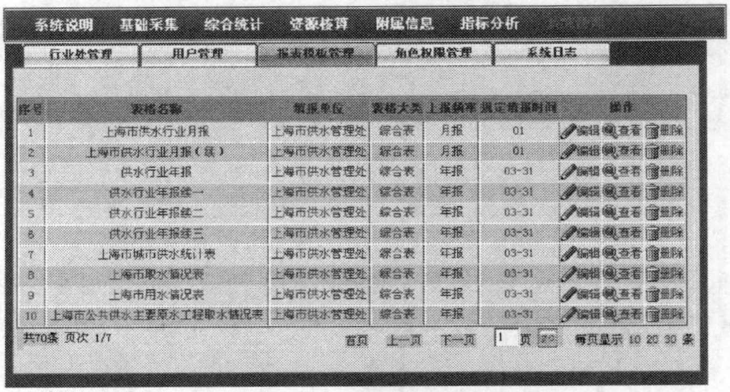

图 13-20　报表模板列表显示

除了系统管理员外，各行业处也有自己的管理员可管理报表的填报人员、审核人员、审批人员等，从而减轻了市水务局管理员的工作。

在查看页面可以“下载填报模板”、“下载导入配置文件”、“下载导出模板”。

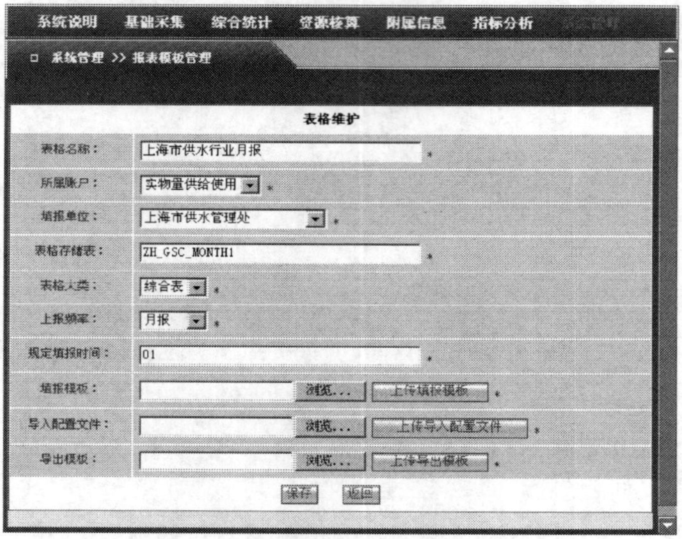

图 13-21 报表模板编辑页面

在模板编辑页面可以“上传填报模板”、“上传导入配置文件”、“上传导出模板”。

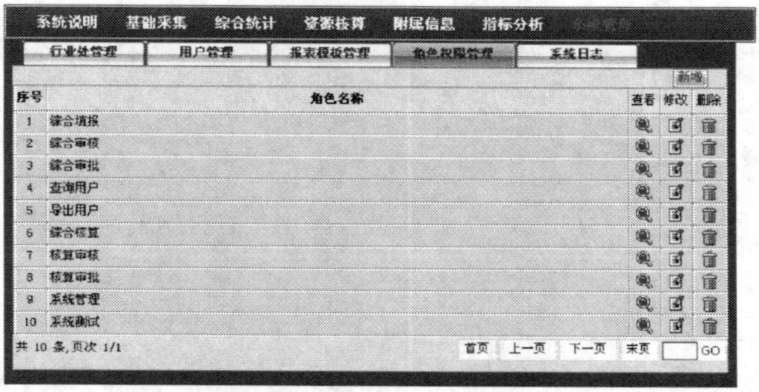

图 13-22 角色权限列表查看页面

新增角色或修改角色权限时，通过鼠标点击相应权限设置角色权限即可。

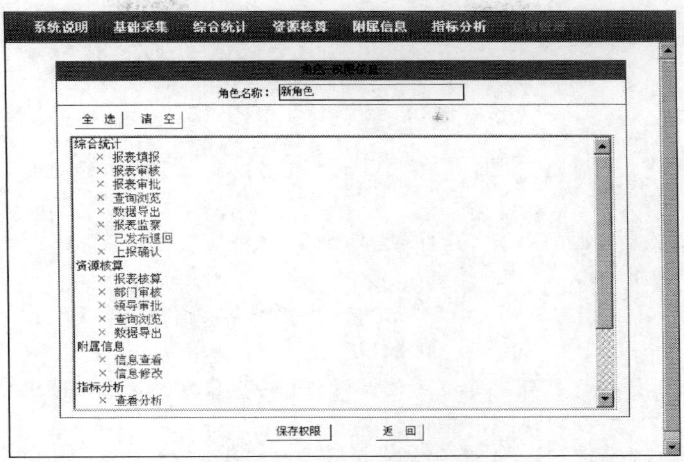

图 13-23　角色权限修改页面

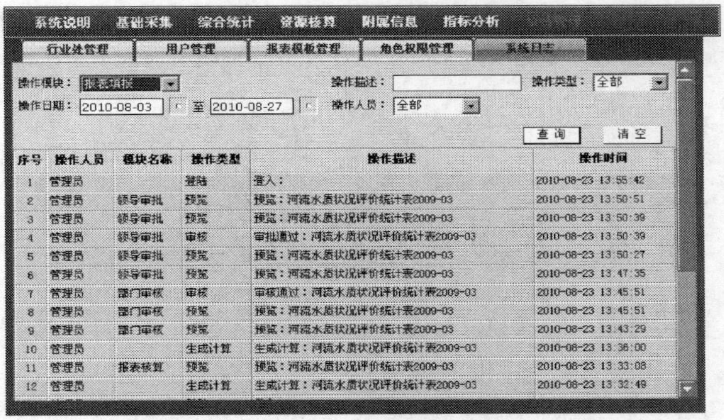

图 13-24　系统日志查看页面

主要参考文献

陈静，杨凯，张勇，等.2008. 基于节水理念的工业水资源价格模型. 资源科学，30（7）：968－974.

陈庆秋，陈晓宏.2004. 基于社会水循环概念的水资源管理理论探讨. 地域研究与开发，23（3）：109－113.

陈效逑，乔立佳.2000. 中国经济环境系统的物质流分析. 自然资源学报，15（1）：17－23.

陈永梅，张天柱.2005. 北京住宅建设活动的物质流分析. 建筑科学与工程学报，22（3）：80－83.

褚俊英，王建华，秦大庸，等.2006. 我国节水型社会建设的模式研究. 中国水利，(23)：36－39.

方红远，王银堂.2004. 边际成本分析在水资源开发利用决策中的应用. 水科学进展，15（2）：243－248.

甘泓，高敏雪.2008. 创建我国水资源环境经济核算体系的基础和思路. 中国水利，(17)：1－5.

高敏雪.2001. 环境统计与环境经济核算. 北京：中国统计出版社.

贾绍凤，何希吾，夏军.2004. 中国水资源安全问题及对策，中国科学院院刊，(05)：347－351.

贾绍凤，王国，夏军，等.2003. 社会经济系统水循环研究进展. 地理学报，(02)：255－262.

姜文来，龚良发.1999. 我国资源核算演变历程问题及展望. 国土与自然资源研究，(4)：43－46.

姜文英，柴立元，何德文，等.2006. 循环经济建设中物质流分析的研究现状与进展. 工业安全与环保，32（4）：48－50.

李刚.2004. 基于可持续发展的国家物质流分析. 中国工业经济，(11)：11－18.

李刚.2006. 中国对外贸易生态环境代价的物质流分析. 统计研究，(9)：60－64.

林亲铁，易春叶，唐跃文.2006. 循环经济发展中的物质代谢分析. 化工环保，26(2)：119－121.

刘毅，陈吉宁.2006. 滇池流域磷循环系统的物质流分析. 环境科学，27（8）：1549－1553.

陆钟武，岳强.2004. 物质流分析的两种方法及应用. 有色金属再生与利用，(02)：27－28.

倪红珍.2004. 基于绿色核算的水资源价值与价格研究. 中国水利水电科学研究院，博士学位论文.

阮仁良．2003．上海市水资源和水环境的可持续发展．水资源保护（01）：21－61．

上海市统计局．2005．上海统计年鉴 2005．北京：中国统计出版社．

上海市统计局．2006．上海统计年鉴 2006．北京：中国统计出版社．

上海市统计局．2007．上海统计年鉴 2007．北京：中国统计出版社．

上海市统计局．2008．上海统计年鉴 2008．北京：中国统计出版社．

沈镭，刘晓洁．2006．资源流研究的理论与方法探析．资源科学，28（3）：9－15．

沈威，尹贻林，金钰．2006．基于物质流分析的公共工程项目评价．天津理工大学学报，22（1）：43－46．

汪松年，阮仁良．2001．上海市水资源普查报告．上海：上海科技出版社．

王浩，游进军．2008．水资源合理配置研究历程与进展．水利学报，39（10）：168－175．

王瑜．2007．水资源环境综合经济核算框架内容．中国水利，（18）：15－16．

吴优，李锁强．2007．重视水资源核算——联合国统计司水资源统计和核算介绍．统计方略，（5）：10－12．

夏传勇．2005．经济系统物质流分析研究述评．自然资源学报，20（3）：415－421．

徐明，张天柱．2004．中国经济系统中化石燃料的物质流分析．清华大学学报（自然科学版），44（9）：1166－1170．

徐明，张天柱．2005．中国经济系统的物质投入分析．中国环境科学，25（3）：324－328．

徐一剑，张天柱，石磊，等．2004．贵阳市物质流分析．清华大学学报（自然科学版），44（12）：28－31．

臧景红，刘俊良，王鹏飞，等．2003．综合资源规划和需求方管理应用于水行业．中国给水排水，19（9）：35－38．

臧漫丹，诸大建．2006．基于循环经济理论的上海水资源治理模式研究．给水排水，32（03）：40－47．

张杰，熊必永．2003．水环境恢复方略与水资源可持续利用．中国水利，（11）：13－16．

张杰，臧景红．2004．城市污水深度处理在水循环水环境和水资源可持续利用中的作用．长春工程学院学报（自然科学版），18（5）：189－192．

Bringezu S，Moll S. 1997. Coordination of regional and national material flow accounting for environmental sustainability// Bringezu S，Fischer- Kowalski M，Kleijn R，et al. editors. The ConAccount Agenda：The Concerted Action on Material Flow Analysis and Its Research & Development Agenda. WuppertalSpecial8. Wuppertal，Germany.

Bringezu S，Behrensmeier R，Schtz H. 1995. Material Flow Accounts，Final Report of Phase Ⅰ of the Eurostat Project of “Material Flow Accounts of Selected Products and Substances Harmful to the Environment”. Wuppertal Institute.

Matthews E，A mann C，Bringezu S，et al. 2000. The Weight of Nations：Material outflows from Industrial Economies. Washington DC：World Resources Institute.

附录 上海市水资源统计和核算部分基础表表式

表 F1 用水单位用水情况表（供水 01 表）

用水单位用水情况表

________年____月

统 计 登 记 号：□□□□□□□□□　　　　表　号：供水 01 表

制表机关：上海市水务局

组织机构代码 ：□□□□□□□□□—□　　　　批准机关：上海市统计局

批准文号：沪统审字［2010］3 号

有效期至：2012 年 4 月

单位名称（盖章）：　　　　用户代号：

指标名称	计量单位	本月	指标名称	计量单位	本月
一、新水量	立方米		三、非常规水资源利用量	立方米	
（一）按水源分类			1. 海水利用量	立方米	
1. 地表水	立方米		2. 雨水利用量	立方米	
2. 地下水	立方米		四、锅炉产汽量	吨	
3. 自来水	立方米		五、用水重复利用率	%	
（二）按用途分类			1. 间接冷却水循环率	%	
1. 间接冷却用新水量	立方米		2. 工艺水回用率	%	
2. 工艺用新水量	立方米		3. 锅炉蒸汽冷凝水回用率	%	
3. 锅炉用新水量	立方米		4. 生活用水回用率	%	
4. 生活用新水量	立方米		六、水表计量率		
5. 其他新水量	立方米		1. 二级水表计量率	%	
二、重复利用水量	立方米		2. 三级水表计量率	%	
1. 间接冷却水循环量	立方米		七、产值单耗		
2. 工艺水回用量	立方米		1. 工业总产值	万元	
3. 锅炉蒸汽冷凝水回用量	立方米		2. 万元产值新水量	立方米/万元	
4. 生活用水回用量	立方米		—	—	—
5. 串联水量	立方米		—	—	—

续表

八、产品单耗							
主要产品 1		产量		新水量（立方米）		单位产品 1 新水量	
主要产品 2		产量		新水量（立方米）		单位产品 2 新水量	
主要产品 3		产量		新水量（立方米）		单位产品 3 新水量	
九、节水项目							
节水项目 1		日节水量（立方米/日）		投入资金（万元）		其中：财政投入（万元）	
节水项目 2		日节水量（立方米/日）		投入资金（万元）		其中：财政投入（万元）	
节水项目 3		日节水量（立方米/日）		投入资金（万元）		其中：财政投入（万元）	
备注：							

注：1. 规模及用水结构有变化请填在备注内；　　2. 节水项目请填报当月完成的节水项目。

统计负责人：　　填表人：　　联系电话：　　报出日期：

表 F2　区（县）计划用水情况（供水 02 表）

区（县）计划用水情况

______年____月

统计登记号：□□□□□□□□□　　表　号：供水 02 表

制表机关：上海市水务局

组织机构代码：□□□□□□□□－□　　批准机关：上海市统计局

批准文号：沪统审字［2010］3 号

单位名称（盖章）：　　有效期至：2012 年 4 月

指标名称	计量单位	本　月	上年同期	1～本月	上年同期
计划户数	户			—	—
其中：工业	户			—	—
非工业	户			—	—
计划水量	立方米				
其中：工业	立方米				
非工业	立方米				
新水量	立方米				
其中：工业	立方米				
非工业	立方米				
加价水量	立方米				
其中：工业	立方米				
非工业	立方米				
加价水费	元				
其中：工业	元				
非工业	元				

续表

指标名称	计量单位	本　月	上年同期	1～本月	上年同期
计划完成率	%				
非居民有效供水总量	立方米				
计划用水率	%				
水平衡完成户数	户				
节水项目数	项				
最高日节水量	立方米/日				
节水项目资金投入	万元				
其中：自筹资金投入	万元				
节水器具安装件套数	套/件				
节水器具安装日节水量	立方米/日				
财政节水专项资金投入	万元				

统计负责人：　　　填表人：　　　联系电话：　　　报出日期：

表 F3　区（县）用水利用情况（供水 03 表）

区（县）用水利用情况

________年____月

统 计 登 记 号：□□□□□□□□□

表　号：供水 03 表

制表机关：上海市水务局

组织机构代码：□□□□□□□□－□

批准机关：上海市统计局

批准文号：沪统审字［2010］3 号

单位名称（盖章）：

有效期至：2012 年 4 月

指标名称	计量单位	本月	上年同期	1～本月	上年同期
一、工业用水	—	—	—	—	—
1.1　工业用新水量	立方米				
1.2　工业用水重复利用量	立方米				
1.3　工业用水重复利用率	%				
2.1　间接冷却用新水量	立方米				
2.2　间接冷却水循环量	立方米				
2.3　间接冷却水循环率	%				
3.1　工艺用新水量	立方米				
3.2　工艺水回用量	立方米				
3.3　工艺水回用率	%				
4.1　锅炉产汽量	吨				
4.2　锅炉蒸汽冷凝水回用量	立方米				
4.3　锅炉蒸汽冷凝水回用率	%				
5.1　工业总产值（现价）	万元				
5.2　万元产值新水量	立方米/万元				
二、城市公共用水	—	—	—	—	—
1.1　城市公共用新水量	立方米				

续表

指标名称	计量单位	本月	上年同期	1～本月	上年同期
1.2　城市公共用水重复利用量	立方米				
1.3　城市公共用水重复利用率	%				
2.1　间接冷却用新水量	立方米				
2.2　间接冷却水循环量	立方米				
2.3　间接冷却水循环率	%				
三、非常规水资源利用量	立方米				
1. 海水利用量	立方米				
2. 雨水利用量	立方米				

统计负责人：　　　　填表人：　　　　联系电话：　　　　报出日期：

表 F4　供水情况月报（一）（供水 04 表）

供水情况月报（一）

________年____月

统 计 登 记 号：□□□□□□□□　　　　表　号：供水 04 表

制表机关：上海市水务局

组织机构代码：□□□□□□□□－□　　　　批准机关：上海市统计局

批准文号：沪统审字［2010］3 号

单位名称（盖章）：　　　　有效期至：2012 年 4 月

指标名称	计量单位	本 月	上年同期	1～本月	上年同期
1. 自来水供水能力	万立方米/日			—	—
其中：地下水供水能力	万立方米/日			—	—
2. 供水总量	万立方米				
其中：外购水量	万立方米				
3. 售水总量	万立方米				
其中：工业用水	万立方米				
非工业用水	万立方米				
其中：农业用水	万立方米				
建筑业用水	万立方米				
服务业用水	万立方米				
生态环境用水	万立方米				
居民生活用水	万立方米				
其中：农村居民用水	万立方米				
外售水量	万立方米				
其中：市属间外售水量	万立方米				
其他水量	万立方米				
4. 最高日供水量	万立方米				
5. 供水管道长度	千米			—	—
6. 出厂水水质九项合格率	%				
其中：出厂水细菌总数合格率	%				

续表

指标名称	计量单位	本 月	上年同期	1～本月	上年同期
出厂水大肠菌群合格率	%				
出厂水余氯合格率	%				
出厂水浊度合格率	%				
出厂水 COD_{Mn} 合格率	%				
7. 管网水水质七项合格率	%				
8. 管网水平均压力值	千帕				
9. 管网压力合格率	%				
10. 产销差率	%				
11. 供水管网漏损率	%				
12. 水厂数	座			—	—
13. 深井数	口			—	—

统计负责人：　　填表人：　　联系电话：　　报出日期：

表 F5　供水情况月报（二）（供水 05 表）

供水情况月报（二）

______年____月

统 计 登 记 号：□□□□□□□□□　　表　号：供水 05 表

制表机关：上海市水务局

组织机构代码：□□□□□□□□－□　　批准机关：上海市统计局

批准文号：沪统审字［2010］3 号

单位名称（盖章）：　　有效期至：2012 年 4 月

指标名称	计量单位	本 月	上年同期	1～本月	上年同期
1. 外装水表数	只				
其中：外装居民水表数	只				
2. 新装水表数	只				
其中：新装居民水表数	只				
3. 抄表准确率	%				
4. 定期调表数	只				
5. 故障调表及时率	%				
6. 修漏数	只				
其中：管网修漏数	只				
7. 修漏及时率	%				
其中：管网修漏及时率	%				
8. 检出暗漏数	只				
9. 暗漏检出率	%				
10. 大阀门完好率	%				
11. 机泵设备完好率	%				
12. 售水单位成本	元/千立方米				

统计负责人：　　填表人：　　联系电话：　　报出日期：

表 F6　原水供水情况表（供水 06 表）

原水供水情况表

______年____月

统 计 登 记 号：□□□□□□□□□　　　　表　　号：供水 06 表

制表机关：上海市水务局

组织机构代码 ：□□□□□□□□－□　　　　批准机关：上海市统计局

批准文号：沪统审字［2010］3 号

单位名称（盖章）：　　　　有效期至：2012 年 4 月

指标名称	计量单位	本 月	上年同期	1～本月	上年同期
1. 原水供水能力	万立方米/日			—	—
其中：黄浦江系统	万立方米/日			—	—
长江系统	万立方米/日			—	—
2. 供水量	万立方米				
其中：黄浦江系统	万立方米				
长江系统	万立方米				
3. 售水量	万立方米				
其中：黄浦江系统	万立方米				
长江系统	万立方米				
4. 最高日供水量	万立方米				
5. 供水管道长度	千米			—	—
其中：黄浦江系统	千米			—	—
长江系统	千米			—	—
6. 水库容积	万立方米			—	—
7. 从业人数	人			—	—

注：黄浦江系统填写以黄浦江为取水水源地的取水单位相关的数据，长江系统填写以长江为取水水源地的取水单位相关的数据。

统计负责人：　　　　填表人：　　　　联系电话：　　　　报出日期：

表 F7　供水量日报（供水 07 表）

供水量日报

______年____月

统 计 登 记 号：□□□□□□□□□　　　　表　　号：供水 07 表

制表机关：上海市水务局

组织机构代码 ：□□□□□□□□－□　　　　批准机关：上海市统计局

批准文号：沪统审字［2010］3 号

单位名称（盖章）：　　　　有效期至：2012 年 4 月

指标名称	计量单位	数　量
供水量	万立方米	

统计负责人：　　　　填表人：　　　　联系电话：　　　　报出日期：

表 F8 供水情况年报（一）（供水 08 表）

供水情况年报（一）

______年

统 计 登 记 号：□□□□□□□□□ 表 号：供水 08 表

制表机关：上海市水务局

组织机构代码 ：□□□□□□□□－□ 批准机关：上海市统计局

批准文号：沪统审字［2010］3 号

单位名称（盖章）： 有效期至：2012 年 4 月

指标名称	计量单位	本年	上年同期
1. 自来水供水能力	万立方米/日		
其中：地下水供水能力	万立方米/日		
2. 供水总量	万立方米		
其中：外购水量	万立方米		
3. 售水总量	万立方米		
其中：工业用水	万立方米		
非工业用水	万立方米		
其中：农业用水	万立方米		
建筑业用水	万立方米		
服务业用水	万立方米		
生态环境用水	万立方米		
居民生活用水	万立方米		
其中：农村居民用水	万立方米		
外售水量	万立方米		
其中：市属间外售水量	万立方米		
其他水量	万立方米		
4. 免费供水量	万立方米		
5. 漏损水量	万立方米		
6. 最高日供水量	万立方米		
7. 供水管道长度	千米		
其中：更新改造供水管道长度	千米		
8. 供水面积	平方公里		
9. 用水人口	万人		
其中：农村居民用水人口	万人		
10. 用水户数	户		
其中：工业用水户数	户		
居民用水户数	户		
11. 外装水表数	只		
其中：外装居民水表数	只		
12. 新装水表数	只		
其中：新装居民水表数	只		
备 注			

统计负责人： 填表人： 联系电话： 报出日期：

表 F9 供水情况年报（二）（供水 09 表）

供水情况年报（二）

______年

统计登记号：□□□□□□□□□

组织机构代码：□□□□□□□□—□

单位名称（盖章）：

表号：供水 09 表
制表机关：上海市水务局
批准机关：上海市统计局
批准文号：沪统审字［2010］3 号
有效期至：2012 年 4 月

指标名称	计量单位	本年	上年同期
1. 出厂水水质九项合格率	%		
2. 管网水水质七项合格率	%		
3. 管网水平均压力值	千帕		
4. 管网压力合格率	%		
5. 水厂数	%		
6. 深井数	口		
7. 从业人数	人		
8. 产销差率	%		
9. 供水管网漏损率	%		
10. 动力单耗	千瓦时/千立方米		
11. 混凝剂单耗	千克/千立方米		
12. 消毒剂单耗	千克/千立方米		
13. 售水单位成本	元/千立方米		
14. 制水、送（配）水耗电总量	万千瓦时		
15. 售水量销售收入	万元		
16. 水费回收率	%		
17. 工业总产值	万元		
18. 利润总额	万元		
19. 财政补贴	万元		
备　　注			

统计负责人：　　填表人：　　联系电话：　　报出日期：

表 F10　自建设施供水企业供水情况表（供水 10 表）

自建设施供水企业供水情况表

________年____月

统 计 登 记 号：□□□□□□□□□□　　　　表　　号：供水 1 0 表

制表机关：上海市水务局

组织机构代码 ：□□□□□□□□□—□　　　　批准机关：上海市统计局

批准文号：沪统审字［2010］3 号

单位名称（盖章）：　　　　有效期至：2012 年 4 月

指标名称	计量单位	本　月	上年同期	1～本月	上年同期
1. 供水能力	万立方米/日			—	—
其中：地下水供水能力	万立方米/日			—	—
2. 供水量	万立方米				
3. 最高日供水量	万立方米				
4. 供水管道长度	千米			—	—
5. 深井数	口			—	—
6. 从业人数	人			—	—
7. 供水单位成本	元/千立方米				
8. 出厂水水质九项合格率	%				
其中：出厂水细菌合格率	%				
出厂水大肠菌合格率	%				
出厂水余氯合格率	%				
出厂水浊度合格率	%				

统计负责人：　　填表人：　　联系电话：　　报出日期：

表 F11　自建设施取水单位地表水取水情况月报（供水 11 表）

自建设施取水单位地表水取水情况月报

________年____月

统 计 登 记 号：□□□□□□□□□□　　　　表　　号：供水 1 1 表

制表机关：上海市水务局

组织机构代码 ：□□□□□□□□□—□　　　　批准机关：上海市统计局

批准文号：沪统审字［2010］3 号

单位名称（盖章）：　　　　有效期至：2012 年 4 月

指标名称	计量单位	本月	1～本月	备注
一、取水量	立方米			
其中：直流冷却用新水量	立方米			
二、自来水量	立方米			
三、电厂发电量	万千瓦时			
四、取水计量情况	—	—	—	—

续表

取水计量表编号	抄表日期	本月抄码	上月抄码	本月抄见量（立方米）	抄表状态（0. 正常、1. 估计、2. 调表、3. 估调）
合　　计	—	—	—		—
……					

统计负责人：　　　填表人：　　　联系电话：　　　报出日期：

表 F12　公共供水行业地表水取水情况月报（供水 12 表）

公共供水行业地表水取水情况月报

________年____月

统 计 登 记 号：□□□□□□□□□　　　　表　　号：供水 1 2 表

制表机关：上海市水务局

组织机构代码 ：□□□□□□□□－□　　　　批准机关：上海市统计局

批准文号：沪统审字［2010］3 号

单位名称（盖章）：　　　　有效期至：2012 年 4 月

一、取水情况

—	取水量（立方米）		原水管渠原水量（立方米）	
—	本月	1～本月	本月	1～本月
供水企业：				
下属水厂：				
……				

二、取水计量情况

取水计量表编号	抄表日期	本月抄码	上月抄码	本月抄见量（立方米）	抄表状态（0. 正常、1. 估计、2. 调表、3. 估调）
合　计	—	—	—		—
……					

统计负责人：　　　　填表人：　　　　联系电话：　　　　报出日期：

表 F13 自建设施取水单位地表水取水情况年报（供水 13 表）

自建设施取水单位地表水取水情况年报

________年

统 计 登 记 号：□□□□□□□□□　　表　　号：供水 1 3 表

制表机关：上海市水务局

组织机构代码：□□□□□□□□－□　　批准机关：上海市统计局

批准文号：沪统审字［2010］3 号

单位名称（盖章）：　　有效期至：2012 年 4 月

行政区	取水工程名称	取水量（万立方米）	自来水量（万立方米）	退水量（万立方米）	退水地点	工业废水排放量（万立方米）	工业用水重复利用率（%）	工业总产值（万元）	电厂发电量（万千瓦时）	主要污染物		
										名称	总量（吨）	浓度（毫克/升）
—	合计				—					COD		
										氨氮		
										BOD_5		
										SS		
										油		
	……									COD		
										氨氮		
										BOD_5		
										SS		
										油		

统计负责人：　　填表人：　　联系电话：　　报出日期：

表 F14 公共供水行业地表水取水情况年报（供水 14 表）

公共供水行业地表水取水情况年报

________年

统 计 登 记 号：□□□□□□□□□　　表　　号：供水 1 4 表

制表机关：上海市水务局

组织机构代码：□□□□□□□□－□　　批准机关：上海市统计局

批准文号：沪统审字［2010］3 号

单位名称（盖章）：　　有效期至：2012 年 4 月

行政区	取水工程名称	取水量（万立方米）	原水管渠原水量（万立方米）	退水量（万立方米）	退水地点	工业总产值（万元）	主要污染物		
							名称	总量（吨）	浓度（毫克/升）
—	合计				—		COD		
							氨氮		
							COD		
							氨氮		

续表

行政区	取水工程名称	取水量（万立方米）	原水管渠原水量（万立方米）	退水量（万立方米）	退水地点	工业总产值（万元）	主要污染物		
							名称	总量（吨）	浓度（毫克/升）
							COD		
							氨氮		

统计负责人：　　填表人：　　联系电话：　　报出日期：

表 F15　涉水对象水量分类统计表（简表）（水资源 01 表）

涉水对象水量分类统计表（简表）

______年____月

统计登记号：□□□□□□□□□　　表　　号：水资源 0 1 表

制表机关：上海市水务局

组织结构代码：□□□□□□□□—□　　批准机关：上海市统计局

批准文号：沪统审字［2010］3 号

单位名称（盖章）：　　有效期至：2012 年 4 月

水量类别：□取水量　□用水量　□排水量

水资源四级区：　　行政区：　　计量单位：立方米

序号	分类	对应分类代码	本月水量	1～本月水量	备注
	总计	—			
	（一）居民生活水量合计	—			
1	1. 农村居民	1010、1080			
2	2. 城镇居民	1020-1070			
	（二）农业水量合计	—			
3	1. 农业（种植业）	2010			
4	2. 林业	2020			
5	3. 畜牧业（牲畜饲养）	2030			
6	4. 渔业	2040			
	（三）工业水量合计	—			
	1. 一般工业水量合计	—			
7	（1）农副食品加工业	6010			
8	（2）食品制造业	6020			
9	（3）饮料制造业	6030、6040			

续表

序号	分类	对应分类代码	本月水量	1～本月水量	备注
10	(4) 纺织业	6060			
11	(5) 造纸业及纸制品业	6100			
12	(6) 石油加工、炼焦及核燃料加工业	6120			
13	(7) 化学原料及化学制品制造业	6130			
14	(8) 医药制造业	6140			
15	(9) 化学纤维制造业	6150			
16	(10) 橡胶制品业	6160			
17	(11) 塑料制品业	6170			
18	(12) 黑色金属冶炼及压延加工业	6190			
19	(13) 有色金属冶炼及压延加工业	6200			
20	(14) 电子元器件制造业	6260			
21	(15) 采矿业及其他制造业	6050、6070-6090、6110、6180、6210-6250、6270-6290、6500			
	2. 电力工业水量合计	—			
22	(1) 直流式火力发电业	7010			
23	(2) 循环式火力发电业	7020			
24	(3) 其他电力工业	7030、7040			
	3. 水工业水量合计	—			
25	(1) 原水及自来水的生产和供应业	8010			
26	(2) 污水处理及其再生利用业	8020			
27	(3) 其他水的处理、利用与分配业	8030			
	(四) 建筑业水量合计	—	—	—	—
28	建筑业	3010			
	(五) 服务业水量合计	—			
29	1. 交通运输业	4010			

续表

序号	分类	对应分类代码	本月水量	1～本月水量	备注
30	2. 批发和零售业	4050			
31	3. 住宿业	4060、4070			
32	4. 餐饮业	4080			
33	5. 金融业	4090			
34	6. 教育业	4130-4160			
35	7. 卫生业	4170			
36	8. 水利管理业	4280			
37	9. 其他服务业	4020-4040、4100-4120、4180-4270、4510、4520			
	（六）城市生态环境水量合计	—			
38	1. 城市环境卫生管理业	5010			
39	2. 城市园林绿化管理业	5020			
40	3. 深井回灌	5030			
	（七）其他水量合计	—	—	—	—
41	其他水量	9010-9060			
	（八）外售水量合计	—			
42	1. 外售水量（市属供水企业间）	0010			
43	2. 外售水量（非市属供水企业间）	0020			

单位负责人：　　　　填表人：　　　　联系电话：　　　　报出日期：

表 F16　涉水对象用水量分类统计表（水资源 02 表）

涉水对象用水量分类统计表

______年____月

统 计 登 记 号：□□□□□□□□□　　　　表　　号：水资源 0 2 表

制表机关：上海市水务局

组织结构代码 ：□□□□□□□□－□　　　　批准机关：上海市统计局

批准文号：沪统审字［2010］3 号

单位名称（盖章）：　　　　有效期至：2012 年 4 月

水资源四级区：　　　　行政区：　　　　计量单位：立方米

序号	涉水对象分类		本月水量	1～本月水量	备注
	名称	代码			

续表

序号	涉水对象分类		本月水量	1～本月水量	备注
	总计	—			
	（一）居民生活用水合计	—			
1	1. 农村居民	1010			
2	2. 里弄住宅	1020			
3	3. 工房住宅总表和按层装表	1030			
4	4. 工房住宅按套室（按户）装表	1040			
5	5. 花园住宅、别墅	1050			
6	6. 学校宿舍	1060			
7	7. 属居民用水的其他用水	1070			
8	8. 馈水	1080			
	（二）非工业用水合计	—			
	1. 农业用水合计	—			
9	（1）农业（种植业）	2010			
10	（2）林业	2020			
11	（3）畜牧业（牲畜饲养）	2030			
12	（4）渔业	2040			
	2. 建筑业用水合计	—	—	—	—
13	建筑业	3010			
	3. 服务业用水合计	—			
14	（1）交通运输业	4010			
15	（2）仓储业	4020			
16	（3）邮政业	4030			
17	（4）信息传输、计算机服务和软件业	4040			
18	（5）批发和零售业	4050			
19	（6）旅游饭店	4060			
20	（7）一般旅馆及其他住宿服务	4070			
21	（8）餐饮业	4080			
22	（9）金融业	4090			
23	（10）房地产业	4100			
24	（11）商业楼宇	4110			

续表

序号	涉水对象分类		本月水量	1～本月水量	备注
25	（12）科学研究、技术服务和地质勘查业	4120			
26	（13）学校（有住宿）	4130			
27	（14）学校（无住宿）	4140			
28	（15）高等院校（有住宿）	4150			
29	（16）高等院校（无住宿）	4160			
30	（17）卫生业	4170			
31	（18）文化、体育业	4180			
32	（19）娱乐业	4190			
33	（20）公共管理和社会组织（不包括部队生活）	4200			
34	（21）托儿所	4210			
35	（22）社会福利业	4220			
36	（23）部队生活	4230			
37	（24）桑拿浴场（高档）	4240			
38	（25）桑拿浴场（中低档）	4250			
39	（26）足浴服务	4260			
40	（27）洗车服务（无循环装置）	4270			
41	（28）水利管理业	4280			
42	（29）其他非经营性服务业	4510			
43	（30）其他经营性服务业	4520			
	4. 城市生态环境用水合计	—			
44	（1）城市环境卫生管理业	5010			
45	（2）城市园林绿化管理业	5020			
46	（3）深井回灌	5030			
	（三）工业用水合计	—			
	1. 一般工业用水合计	—			
47	（1）农副食品加工业	6010			
48	（2）食品制造业	6020			
49	（3）饮料制造业（不含软饮料制造）	6030			
50	（4）软饮料制造业	6040			

续表

序号	涉水对象分类		本月水量	1～本月水量	备注
51	(5) 烟草制品业	6050			
52	(6) 纺织业	6060			
53	(7) 纺织服装、鞋、帽制造业	6070			
54	(8) 皮革、毛皮、羽毛(绒)及其制品业	6080			
55	(9) 木材加工及木、竹、藤、棕、草制品业、家具制造业	6090			
56	(10) 造纸业及纸制品业	6100			
57	(11) 印刷业和记录媒介的复制及文教体育用品制造业	6110			
58	(12) 石油加工、炼焦及核燃料加工业	6120			
59	(13) 化学原料及化学制品制造业	6130			
60	(14) 医药制造业	6140			
61	(15) 化学纤维制造业	6150			
62	(16) 橡胶制品业	6160			
63	(17) 塑料制品业	6170			
64	(18) 非金属矿物制品业	6180			
65	(19) 黑色金属冶炼及压延加工业	6190			
66	(20) 有色金属冶炼及压延加工业	6200			
67	(21) 金属制品业	6210			
68	(22) 通用及专用设备制造业	6220			
69	(23) 交通运输设备制造业	6230			
70	(24) 电气机械及器材制造业	6240			
71	(25) 通信设备、计算机及其他电子设备制造业(不包括电子元器件制造)	6250			
72	(26) 电子元器件制造业	6260			
73	(27) 仪器仪表及文化、办公用机械制造业	6270			
74	(28) 热力生产和供应业	6280			
75	(29) 燃气生产和供应业	6290			
76	(30) 其他工业	6500			
	2. 电力工业用水合计	—			

续表

序号	涉水对象分类		本月水量	1～本月水量	备注
77	（1）直流式火力发电业	7010			
78	（2）循环式火力发电业	7020			
79	（3）其他能源发电业	7030			
80	（4）电力供应业	7040			
	3. 水工业用水合计	—			
81	（1）原水、自来水生产和供应业	8010			
82	（2）污水处理及其再生利用业	8020			
83	（3）其他水的处理、利用与分配业	8030			
	（四）其他用水合计	—			
84	1. 工房配套水	9010			
85	2. 排管冲洗水	9020			
86	3. 无表用水	9030			
87	4. 损坏管网赔偿水	9040			
88	5. 消防用水	9050			
89	6. 其他	9060			
	（五）外售水量合计	—			
90	1. 外售水量（市属供水企业间）	0010			
91	2. 外售水量（非市属供水企业间）	0020			

单位负责人：　　　　填表人：　　　　联系电话：　　　　报出日期：

表 F17　水资源统计和核算取水量分类汇总表

______年

单位：万立方米

序号	分类	地表水量	地下水量	海水直接利用量	自来水量
	合　计				
1	农村居民				
2	城镇居民				
3	农业（种植业）				
4	林业				
5	畜牧业（牲畜饲养）				
6	渔业				

续表

序号	分类	地表水量	地下水量	海水直接利用量	自来水量
7	农副食品加工业				
8	食品制造业				
9	饮料制造业				
10	纺织业				
11	造纸业及纸制品业				
12	石油加工、炼焦及核燃料加工业				
13	化学原料及化学制品制造业				
14	医药制造业				
15	化学纤维制造业				
16	橡胶制品业				
17	塑料制品业				
18	黑色金属冶炼及压延加工业				
19	有色金属冶炼及压延加工业				
20	电子元器件制造业				
21	采矿业及其他制造业				
22	直流式火力发电业				
23	循环式火力发电业				
24	其他电力工业				
25	原水及自来水的生产和供应业				
26	污水处理及其再生利用业				
27	其他水的处理、利用与分配业				
28	建筑业				
29	交通运输业				
30	批发和零售业				
31	住宿业				
32	餐饮业				
33	金融业				
34	教育业				
35	卫生业				
36	水利管理业				
37	其他服务业				
38	城市环境卫生管理业				
39	城市园林绿化管理业				
40	深井回灌				

表 F18 城镇排水管道设施量情况（排水 01 表）

填表单位名称（盖章）：　　　　______年____月　　　　表　　号：PS01 表

组织机构代码：□□□□□□□□—□　　　　制表机关：上海市水务局

批准机关：上海市统计局

批准文号：沪统审字［2010］3 号

填报单位名称（盖章）：　　　　有效期至：2012 年 4 月

路名：				路段：								
序号	起止点		管道长度（米）									材质
			小计	小型		中型		大型		特大型		
				Φ150-Φ530		Φ600-Φ1000		Φ1050-Φ1400		≥Φ1500		01 砼 02 钢砼 03 砖石 04 塑料 05 其他
	起点	止点		管径	长度	管径	长度	管径	长度	管径	长度	
—	总计											—

管道类型：										
断面形式 1 圆形 2 蛋形 3 矩形 4 其他	窨井数量（座）			雨水口数量（座）				连管长度（米）	管辖范围代号	竣工日期
	小计	主井	副井	小计	Ⅰ	Ⅱ	Ⅲ			
—									—	—

表 F19　污水输送情况（排水 02 表）

污水输送情况

表　　号：PS02 表
制表机关：上海市水务局
批准机关：上海市统计局
批准文号：沪统审字［2010］3 号
有效期至：2012 年 4 月

统计登记号：□□□□□□□□□
组织机构代码：□□□□□□□□□—□
＿＿年＿＿月
填报单位名称（盖章）：

序号	泵站名称	本月流量（立方米/月）	日平均流量（立方米/月）	旱天累计流量（立方米/月）	旱天平均流量（立方米/日）	降雨天（天）	旱天（天）	用电量（千瓦时）			月均单耗（千瓦时/立方米）	备　注
								小计	动力电	照明电		
—	总计											
1												
2												
3												
4												
5												
6												

负责人：　　审核人：　　填表人：　　联系电话：　　报出日期：

表 F20 防汛排水情况（排水 03 表）

防 汛 排 水 情 况

______年____月

表　　号：PS03 表
制表机关：上海市水务局
批准机关：上海市统计局
批准文号：沪统审字［2010］3 号
有效期至：2012 年 4 月

统计登记号：□□□□□□□□□
组织机构代码：□□□□□□□□—□
填报单位名称（盖章）：

序号	单位名称	本月累计流量（立方米/月）	动力电用电量（千瓦时）	月均单耗（千瓦时/立方米）	备注
—	总计				
1					
2					
3					
4					
5					

负责人：　　审核人：　　填表人：　　联系电话：　　报出日期：

表 F21 污水处理企业生产运行情况（排水 04 表）

污水处理企业生产运行情况

______年____月

表　　号：PS 04 表
制表机关：上海市水务局
批准机关：上海市统计局
批准文号：沪统审字［2010］3 号
有效期至：2012 年 4 月

统计登记号：□□□□□□□□□
组织机构代码：□□□□□□□□—□
填报单位名称（盖章）：

序号	进出水口名称	处理量				BOD_5 毫克/升			SS 毫克/升			COD_{cr}毫克/升			NH_3-N 毫克/升		
		月处理累计量（立方米/月）	日均处理量（立方米/日）	月最高日流量（立方米/日）	月最低日流量（立方米/日）	月平均	月最高	月最低	月平均	月最高	月最低	月平均	月最高	月最低	月平均	月最高	月最低
1																	
2																	
3																	
4																	

续表

序号	进出水口名称	TN 毫克/升			TP 毫克/升			pH			阴离子表面活性剂 毫克/升			色度（稀释倍数）		
		月平均	月最高	月最低	月平均	月最高	月最低	月平均	月最高	月最低	月平均	月最高	月最低	月平均	月最高	月最低
1																
2																
3																
4																

序号	进出水口名称	动植物油 毫克/升			石油类 毫克/升			粪大肠菌群数（个/升）			总汞 毫克/升	总镉 毫克/升	总铬 毫克/升	烷基汞 毫克/升	六价铬 毫克/升	总铅 毫克/升	总砷 毫克/升
		月平均	月最高	月最低	月平均	月最高	月最低	月平均	月最高	月最低							
1																	
2																	
3																	
4																	

正常运行天数（天）	中水使用量（立方米/月）	处理用电		水处理耗药量				泥处理耗药量	
		动力照明合计（千瓦/月）	处理单耗（千瓦/立方米）	名称	用量（千克/月）	名称	用量（千克/月）	名称	用量（千克/月）

污泥处理处置量							污泥脱水前含水率（%）			污泥脱水后含水率（%）			污泥稳定化率（%）		
消化污泥量（立方米/月）	脱水前污泥量（立方米/月）	脱水后污泥量（立方米/月）	焚烧污泥量（立方米/月）	好氧发酵污泥量（立方米/月）	填埋量（立方米/月）	其他（立方米/月）	月平均	月最高	月最低	月平均	月最高	月最低	月平均	月最高	月最低

经费（万元）										备注
处理单价（元/立方米）	处理经营成本	处理总成本	中水设施运行费	污泥运输费	污泥填埋费	污泥焚烧费	污泥消化费	厂外泵站运行费	厂外管网养护费	

单位负责人：　　　审核人：　　　填表人：　　　联系电话：　　　　　　　报出日期：

表 F22 排水管道维修保养情况（排水 05 表）

排水管道维修养护工程完成情况

______年____月

表　　号：PS05 表

制表机关：上海市水务局

统计登记号：□□□□□□□□□

批准机关：上海市统计局

组织结构代码：□□□□□□□□－□

批准文号：沪统审字［2010］3 号

填报单位名称（盖章）：

有效期至：2012 年 4 月

序号	项 目	单位	完成工程量		说明
			本月	1～本月	
一、	下水道保养长度	米			
1.	疏通雨水、合流管	米			
A.	小型	米			1）绞车疏通含人工及机械绞车 2）射水疏通含单冲及冲吸联合车 3）水力疏通指采用抬高上下游水位差，施放通沟球的疏通方法 4）人力疏通中包括竹片疏通
	其中：绞车疏通	米			
	射水疏通	米			
	水力疏通	米			
	人工疏通	米			
B.	中型	米			
	其中：绞车疏通	米			
	射水疏通	米			
	水力疏通	米			
C.	大型	米			
	其中：绞车疏通	米			
	射水疏通	米			
	潜水员疏通	米			
D.	特大型	米			
2.	疏通污水管	米			污水管疏通不分管径
	其中：人工疏通	米			
	绞车疏通	米			
	射水疏通	米			
3.	疏通连管	米			含接户管不分管径
	其中：人工疏通	米			
	射水疏通	米			
二、	清捞检查井	只			
	其中：人工清捞	只			

续表

序号	项 目	单位	完成工程量		说明
			本月	1～本月	
	吸泥车清捞	只			
	抓泥车清捞	只			
三、	清捞进水口	只			
	其中：人工清捞	只			
	机械清捞	只			
四、	污泥量	立方米			
五、	调换检查井、雨水口盖座	只			
	其中：检查井盖	只			
	雨水口盖	只			
	检查井座	只			
	雨水口座	只			
六、	管道检测	米			
	其中：电视检测	米			
	声纳检测	米			
七、	修理沟管长度	米			
八、	修理检查井、雨水口	只			
	其中：修理检查井	只			
	修理雨水口	只			
九、	排放口清淤	处			
十、	保养潮、闸门	座			

单位负责人：　　审核人：　　填表人：　　联系电话：　　报出日期：

表 F23　排水管道基建、维修、代办完成情况（排水 06 表）

排水管道基建、维修、代办完成情况

______年____月

表　　号：PS　06 表
制表机关：上海市水务局
批准机关：上海市统计局
批准文号：沪统审字［2010］3 号
有效期至：2012 年　4 月

统计登记号：□□□□□□□□□
组织机构代码：□□□□□□□□—□
填报单位名称（盖章）：

工程名称（按项目名称填列）	施工地段	实际开工日期	实际竣工日期	预算金额（万元）	实际完成工作量		完成实物工程量				备　注
					本月完成（万元）	1～本月（万元）	名称	计量单位	实际完成		
									本月	1～本月	
甲	乙	丙	1	2	3	4	5	6	7	8	丁
总计	—	—	—				—	—			—
一、排水管道养护											
其中：管道养护											
管道小修											
管道检测											
二、大中修工程											
三、代办工程											
四、防汛											
五、泵站养护											
其中：日常养护运行											
维　修											
六、沉管工程											

单位负责人：　　　　审核人：　　　　填表人：　　　　联系电话：　　　　报出日期：

表 F24 排水管道维修保养人工情况（排水 07 表）

排水管道维修保养人工情况

______年____月

统计登记号：□□□□□□□□□　　表　　号：PS 07 表

组织机构代码：□□□□□□□□—□　　制表机关：上海市水务局

填报单位名称（盖章）：　　批准机关：上海市统计局

批准文号：沪统审字［2010］3 号

有效期至：2012 年　4 月

序号	内 容	总工日	出勤工日			缺勤工日	出勤率（%）	利用率（%）
			小 计	利用工日	未利用工日			
	总 计						—	—
1	排水管道养护							
2	大中修工程							
3	代办工程							
4	沉管工程							
5	防 汛							
6	机 修							
7	机 施							
8	运 输							
9	料 务							
10	制品							
11	后勤							
12	其 他							

单位负责人：　　审核人：　　填表人：　　联系电话：　　报出日期：

表 F25 临时封堵排水管道审批情况（排水 08 表）

临时封堵排水管道审批情况

______年____月

表　　号：PS 08 表
制表机关：上海市水务局
批准机关：上海市统计局
批准文号：沪统审字［2010］3 号
有效期至：2012 年 4 月

统计登记号：□□□□□□□□□
组织机构代码：□□□□□□□□□—□
填报单位名称（盖章）：

编号	施工项目名称	封堵位置	管径	封堵日期	启封日期	临时排水措施	申请单位名称	施工单位名称

负责人：　　审核人：　　填表人：　　联系电话：　　报出日期：

表 F26 排水泵站设施情况（排水 09 表）

排水泵站设施情况

______年____月

表　　号：PS 09 表
制表机关：上海市水务局
批准机关：上海市统计局
批准文号：沪统审字［2010］3 号
有效期至：2012 年 4 月

统计登记号：□□□□□□□□□
组织机构代码：□□□□□□□□□—□
填报单位名称（盖章）：

泵站名称		泵站类别		所属排水系统编号及名称		泵站地址		联系电话	
设计单位		泵站性质		设施状态		运行管理单位			
设计暴雨重现期		设计综合径流系数		服务面积（公顷）		投产日期		改建日期	

续表

服务范围	东西南北：							易积水地点及地面标高				
占地面积（平方米）		建筑面积（平方米）		国有土地证编号		排水能力	设计雨：	污：	装机容量（千瓦）	设计雨：	污：	
							现有雨：	污：		现有雨：	污：	
竣工决算价（万元）		雨水排入水体				下游泵站/泵站排入管网位置						
进水管	管径（毫米）		出水管	管径（毫米）			运行水位标高（米）	最高开车水位				
	长度（米）			长度（米）				最低停车水位				
	管底标高（米）			管底标高（米）				技术水位				
水泵型号	台数（台）	铭牌流量（立方米/秒）	铭牌扬程（米）	调节池	投产日期		水泵型号	台数（台）	铭牌流量（立方米/秒）	铭牌扬程（米）		
					调节池容量（立方米）							
电机型号	台数（台）	额定电流（安培）	额定电压（伏）				电机型号	台数（台）	额定电流（安培）	额定电压（伏）		
					调节池尺寸（米）							
供配电	供电状况		电源形式		高压开关柜型号、规格、台数							
	供电电压		变压器型号、规格、台数				低压开关柜型号、规格、台数					
设施尺寸（米）		格栅型号	格栅形式	栅距（毫米）	栅宽（米）	配机功率	台数	生产厂家	出厂日期	单价	备注	
泵房（地面上）											构筑物、建筑物设备状况（含渗漏水情况）	
泵房（地面下）												
吸水井												
出水井		闸门型号	规格	材质	安装位置		台数	开闭方式	类别			
进水闸门井												
出水闸门井												
变配电间												
生活设施												

单位负责人：　　审核人：　　填表人：　　联系电话：　　报出日期：

表 F27 污水处理厂设施情况（排水 10 表）

污水处理厂设施情况

______年____月

表　　号：PS 10 表
制表机关：上海市水务局
批准机关：上海市统计局
批准文号：沪统审字［2010］3 号
有效期至：2012 年 4 月

统计登记号：□□□□□□□□
组织机构代码：□□□□□□□□—□
填报单位名称（盖章）：

法人单位名称						法人单位代码				法人代表姓名			
厂址				电话		邮编		职工人数		上级主管部门			
总设计规模（万立方米/日）		厂占地面积（公顷）		服务面积（平方公里）		服务人口（万人）		投产日期		污水厂总投资（万元）		尾水排入河道名称	
污水处理 工艺			污泥处理工艺			污泥处置 方式		尾水消毒工艺		尾水回用工艺		工业废水占处理量（%）	
年运行简况	进水 mg/l	BOD5		SS		CODcr		NH_3-N		TP		污水厂收集管网（公里）	
	出水 mg/l	BOD5		SS		CODcr		NH_3-N		TP		污水厂输送泵站（座）	
年处理水量（万立方米）			年运行天数			污泥处置量（吨/年）			污泥含水率（%）			回用水量（吨/年）	
污水厂工艺 概况	期数	年 月	设计规模（万立方米/日）	工艺		主要构筑物名称							
	一期												
	二期												
	三期												

续表

运行费用分析	年耗电量（千瓦时/年）		年药剂消耗量（吨/年）		年设施设备检修维护费（万元/年）		在册职工总数（人）			
运行费用分析	平均电价（元/千瓦时）		药剂单价（元/吨）		年设施设备大修费（万元/年）		工资总数（万元）			
	年自来水消耗量（立方米/年）		污泥填埋费（万元/年）		厂外泵站运行费（万元/年）		年折旧费（万元）		厂外输送泵站示意图	
	年自来水消耗量（立方米/年）		污泥焚烧费（万元/年）		厂外管道维护费（万元/年）		年管理及办公费（万元）		厂外输送泵站示意图	
	自来水水价（元/立方米）		污泥运输费（万元/年）		运行单价（元/立方米）				厂外输送泵站示意图	

负责人：　　　　审核人：　　　　填表人：　　　　联系电话：　　　　报出日期：

表 F28 水利主要指标（水利 01 表）

水利主要指标

20___年

表　　号：水利 01 表
制表机关：上海市水务局
批准机关：上海市统计局
批准文号：沪统审字［2010］3 号
有效期至：2012 年 4 月

统计登记号：□□□□□□□□□
组织机构代码：□□□□□□□□—□
填报单位名称（盖章）：

指标名称	单位	本年新增	本年减少	年末达到	指标名称	单位 长度 / 保护面积 / 保护人口 （公里）/（公顷）/（万人）	本年新增	本年减少	年末达到
一、总灌溉面积	公顷								
1. 有效灌溉面积	公顷				八、堤防总数	长度 / 保护面积 / 保护人口			
2. 林地灌溉面积	公顷				其中：（1）1 级堤防达标长度	公里			
3. 果园灌溉面积	公顷				（2）2 级堤防达标长度	公里			
4. 其他灌溉面积	公顷				（3）3 级堤防达标长度	公里			
二、机电排灌面积	公顷				（4）其他等级堤防达标长度	公里			
1. 机电提灌面积	公顷				1. 海塘小计	长度 / 保护面积 / 保护人口			
其中：固定站灌溉	公顷				其中：（1）1 级堤防达标长度	公里			
流动机灌溉	公顷				（2）2 级堤防达标长度	公里			
2. 喷微灌灌溉面积	公顷				（3）3 级堤防达标长度	公里			

续表

指标名称	单位	本年新增	本年减少	年末达到	指标名称	单位 长度 / 保护面积 / 保护人口 （公里）/（公顷）/（万人）	本年新增	本年减少	年末达到
三、节水灌溉面积	公顷				（4）其他等级堤防达标长度	公里			
1. 喷灌面积	公顷				2. 黄浦江防汛墙小计	长度 / 保护面积 / 保护人口			
2. 微灌面积	公顷				其中：（1）1 级堤防达标长度	公里			
3. 渠道总控制面积	公顷				（2）2 级堤防达标长度	公里			
4. 其他节水灌溉面积	公顷				（3）3 级堤防达标长度	公里			
四、除涝	公顷				（4）其他等级堤防达标长度	公里			
1. 易涝耕地面积	公顷				3. 江堤（不含黄浦江堤防）小计	长度 / 保护面积 / 保护人口			
2. 除涝面积	公顷				其中：（1）1 级堤防达标长度	公里			
（1）3～5 年	公顷				（2）2 级堤防达标长度	公里			
（2）5～10 年	公顷				（3）3 级堤防达标长度	公里			
（3）10 年以上	公顷				（4）其他等级堤防达标长度	公里			
五、盐碱耕地面积	公顷				4. 湖堤	公里			
其中：已改良面积	公顷				其中：护坡长度	公里			
六、有效实灌面积	公顷				5. 河堤	公里			

续表

指标名称	单位	本年新增	本年减少	年末达到	指标名称	单位 长度 / 保护面积 / 保护人口 （公里）/（公顷）/（万人）	本年新增	本年减少	年末达到
1. 水田	公顷				其中：护坡长度	公里			
2. 水浇地	公顷				6. 圩堤	公里			
七、旱涝保收面积	公顷				其中：护坡长度	公里			

注：(1) 1公顷=15亩；(2) 堤防等级：一级，100年一遇及以上；二级，50～100年一遇；三级，30～50年一遇；其他，30年一遇以下。

负责人：　　填表人：　　联系电话：　　报出日期：　　年　　月　　日

表F29　水闸情况（水利02表）

水 闸 情 况

20___年

表　　号：水利02表
制表机关：上海市水务局
批准机关：上海市统计局
批准文号：沪统审字［2010］3号
有效期至：2012年4月

统计登记号：□□□□□□□□□
组织机构代码：□□□□□□□□—□
填报单位名称（盖章）：

指标名称	合计	市管	区管	按流量分				按功能分					按结构形式分			
				大型	中型	小型	小(一)型	节制闸	分洪闸	排水闸	引水闸	挡潮闸	单闸	船闸（套闸）	泵闸	水利枢纽
总计	座（套）	座（套）	座（套）	座（套）	座（套）	座（套）	座（套）	座（套）	座（套）	座（套）	座（套）	座（套）	座（套）	座（套）	座（套）	座（套）
按镇（乡）分																

续表

指标名称	合计	市管	区管	按流量分				按功能分					按结构形式分			
				大型	中型	小型	小(一)型	节制闸	分洪闸	排水闸	引水闸	挡潮闸	单闸	船闸（套闸）	泵闸	水利枢纽

注：按流量分为：大型，过闸流量≥1000 立方米/秒；中型，过闸流量在 100～1000 立方米/秒；小型，过闸流量在 10～100 立方米/秒；小（一）型，过闸流量在 10 立方米/秒以下。

负责人：　　　　填表人：　　　　联系电话：　　　　报出日期：　　年　　月　　日

表 F30　水利工程情况（水利 03 表）

水 利 工 程 情 况

20 ___ 年

表　　号：水利 03 表
制表机关：上海市水务局
批准机关：上海市统计局
批准文号：沪统审字［2010］3 号
有效期至：2012 年 4 月

统计登记号：□□□□□□□□□
组织机构代码：□□□□□□□□—□
填报单位名称（盖章）：

指标名称	计量单位	水利工程年供水量						
		合计	农业灌溉	工业生产	城镇生活	乡村生活	生态环境	其他
总 计	万立方米							
1. 蓄水工程供水	万立方米							
2. 引水工程供水	万立方米							
3. 机电井供水	万立方米							
4. 其他工程供水	万立方米							

负责人：　　　　填表人：　　　　联系电话：　　　　报出日期：　　年　　月　　日

表 F31 低洼地及水灾情况（水利 04 表）

低洼地及水灾情况

20____年

表　　号：水利 04 表
制表机关：上海市水务局
批准机关：上海市统计局
批准文号：沪统审字［2010］3 号
有效期至：2012 年 4 月

统计登记号：□□□□□□□□□
组织机构代码：□□□□□□□□□—□
填报单位名称（盖章）：

指标名称	易涝耕地面积（公顷）	累计除涝面积（公顷）				现有易涝耕地面积（公顷）	洪涝面积(公顷)		水灾损失							
		小 计	3～5 年一遇	5～10 年一遇	10 年以上一遇		受灾	成灾	农作物损失（万斤）				受灾人口（万人）	死亡人数（人）	倒塌房屋（间）	直接经济损失(万元)
									小计	粮食	棉花	其他				
合计																
按镇(乡)分																

备注：1. 易涝耕地面积、累计除涝面积均为新中国成立初期以来至本年年底的累计数。2. 易涝耕地面积＝累计除涝面积＋现有易涝耕地面积。

负责人：　　　　填表人：　　　　联系电话：　　　　报出日期：　　年　　月　　日

表 F32　水利专项工程完成情况（水利 05 表甲）

20____年

表　　号：水利 05 表（甲）
制表机关：上海市水务局
批准机关：上海市统计局
批准文号：沪统审字［2010］3 号
有效期至：2012 年 4 月

统计登记号□□□□□□□□□
组织机构代码：□□□□□□□□—□
填报单位名称（盖章）：

项目	工程量					投资（万元）							耗用三大材		
	计量单位	数量	土方（万立方米）	石方（立方米）	砼方（立方米）	合计	国家投资				乡村自筹	企事业和区县自筹	水泥（吨）	钢材（吨）	木材（立方米）
							小计	国家级	市级	县级					
总 计	——	——													
1. 骨干河道	条/公里														
2. 乡村河道	条/公里														
3. 海塘	公里														
4. 江泖圩堤	条/公里														
5. 航道护坡	条/公里														
6. 内河护坡	条/公里														
7. 水闸	座（套）														
8. 涵闸	座（套）														
9. 拖拉机桥	座														
10. 农村生活污水处理	户														
11. 机电排灌站	座/台套														
12. 纯排涝泵站	座/台套														
13. 喷灌	公顷														
14. 地下渠道	公里														
15. 种青	公顷														
16. 水泥明沟	公里														
17. 围垦促淤	公顷														
18. 水文	处														
19. 其他															

注：投资＝国家投资＋乡村自筹＋企事业和区县自筹；国家投资＝中央投资＋市投资＋县投。

负责人：　　　填表人：　　　联系电话：　　　报出日期：　　年　　月　　日

表 F33 水利基建工程完成情况（水利 05 表乙）

20____年

表　　号：水利 05 表（乙）
制表机关：上海市水务局
备案机关：上海市统计局
批准文号：沪统审字［2010］3 号
有效期至：2012 年 4 月

统计登记号□□□□□□□□□
组织机构代码□□□□□□□□□—□
填报单位名称（盖章）：

项目	工程量			投资（万元）							耗用三大材		
	土方（万立米）	石方（立方米）	砼方（立方米）	合计	国家投资				乡村自筹	企事业和区县自筹	水泥（吨）	钢材（吨）	木材（立方米）
					小计	国家级	市级	县级					
基建合计													
1.													
2.													
3.													
4.													
5.													
6.													
7.													

负责人：　　填表人：　　联系电话：　　报出日期：　　年　　月　　日

表 F34 郊区堤防及管理情况（水利 06 表）

20____年

表　　号：水利 06 表
制表机关：上海市水务局
批准机关：上海市统计局
备案文号：沪统审字［2010］3 号
有效期至：2012 年 4 月

统计登记号□□□□□□□□□
组织机构代码□□□□□□□□□—□
填报单位名称（盖章）：

管理位名称	所在河系	堤防长度（公里）	保护范围		已绿化长度（公里）	从业人员年末数（人）					
			耕地（公顷）	人口（万人）		合计	在岗职工		其他从业人员		
							小计	其中：技术工人	小计	聘用离退休人员	使用外单位离岗人员

续表

管理位名称	所在河系	堤防长度（公里）	保护范围		已绿化长度（公里）	从业人员年末数（人）					
			耕地（公顷）	人口（万人）		合计	在岗职工		其他从业人员		
							小计	其中：技术工人	小计	聘用离退休人员	使用外单位离岗人员

负责人：　　　　填表人：　　　　联系电话：　　　　报出日期：　　年　　月　　日

表 F35　灌溉及排涝设施情况（水利 07 表）

灌溉及排涝设施情况

20___年

表　　号：水利 07 表
制表机关：上海市水务局
批准机关：上海市统计局
批准文号：沪统审字［2010］3 号
有效期至：2012 年 4 月

统计登记号□□□□□□□□□
组织机构代码：□□□□□□□□−□
填报单位名称（签章）

单位名称	排灌机械合计		电动机合计		固定电动灌溉站				固定电动纯排涝站				流动机械					备用电动机		喷灌站				滴灌及微灌站			
													排灌电动机和		柴油机		控制灌溉面积（公顷）										
	台数	动力（千瓦）	台数	动力（千瓦）	座数	台数	动力（千瓦）	控制灌溉面积（公顷）	座数	台数	动力（千瓦）	排涝面积（公顷）	台数	动力（千瓦）	台数	动力（千瓦）		台数	动力（千瓦）	台数	座数	动力（千瓦）	控制灌溉面积（公顷）	座数	台数	动力（千瓦）	控制灌溉面积（公顷）
代码	1	2	3	4	5	6	7	8	9	10	11	12	13	14	15	16	17	18	19	20	21	22	23	24	25	26	27

续表

单位名称	排灌机械合计		电动机合计		固定电动灌溉站				固定电动纯排涝站				流动机械					备用电动机		喷灌站				滴灌及微灌站			
													排灌电动机和		柴油机		控制灌溉面积(公顷)										
	台数	动力(千瓦)	台数	动力(千瓦)	座数	台数	动力(千瓦)	控制灌溉面积(公顷)	座数	台数	动力(千瓦)	排涝面积(公顷)	台数	动力(千瓦)	台数	动力(千瓦)		台数	动力(千瓦)	台数	座数	动力(千瓦)	控制灌溉面积(公顷)	座数	台数	动力(千瓦)	控制灌溉面积(公顷)
总计																											

负责人（签章）：　　填 表 人（签 章）：　　联系电话：　　报出日期：　　年　　月　　日

表 F36 郊区渠道、水闸工程拥有量（水利 08 表）

郊区渠道、水闸工程拥有量

20____年

表　　号：水利 08 表
制表机关：上海市水务局
批准机关：上海市统计局
批准文号：沪统审字〔2010〕3 号
有效期至：2012 年 4 月

统计登记号□□□□□□□□
组织机构代码□□□□□□□□—□
填报单位名称（盖章）：

单位名称	低压管道										衬砌明渠			土明渠		圩堤			套闸	单闸	涵洞	暗排
	历年总投资				累计拥有量	其中：新增		控制灌溉面积	筑低压管道后退回													
	合计（万元）	市财政补贴	区（县）财政补贴	乡、村自筹	公里	公里	投资（万元）	公顷	土地（公顷）	道路（公顷）	公里	投资（万元）	控制灌溉面积（公顷）	公里	控制灌溉面积（亩）	护坡（公里）	其他（公里）	小计（公里）	座	座	座	公顷
代码	1	2	3	4	5	6	7	8	9	10	11	12	13	14	15	16	17	18	19	20	21	22
合计																						

负责人：　　　　填表人：　　　　联系电话：　　　　报出日期：　　年　　月　　日

表 F37 船闸运行情况（水利 09 表）

船闸运行情况

20____年____月

表　　号：水利 09 表
制表机关：上海市水务局
批准机关：上海市统计局
批准文号：沪统审字［2010］3 号
有效期至：2012 年 4 月

统计登记号□□□□□□□□□
组织机构代码：□□□□□□□□□—□
填表单位名称（盖章）：

水闸名称	闸次	过闸吨位（吨）								过闸船舶数量		过闸费收入（元）	停航情况说明
		按船舶类型分			按货物类型分					船队（队）	单体船（艘）		
		合计	船队	单体船	普通	垃圾		粪船	危险品				
						重载	空载						
总计													
1～本月													

单位负责人：　　填表人：　　联系电话：　　报出日期：　　年　　月　　日

表 F38　引清调水情况（水利 10 表）

引清调水情况

20____年　1～____月

表　　号：水利 10 表
制表机关：上海市水务局
批准机关：上海市统计局
批准文号：沪统审字［2010］3 号
有效期至：2012 年 4 月

统计登记号□□□□□□□□
组织机构代码：□□□□□□□□－□
填表单位名称（盖章）：

水闸名称	引水情况						排水情况						停止调水情况说明
	本月			总计			本月			总计			
	闸次	运行时间（小时）	引水量（万方）	闸次	运行时间（小时）	引水量（万方）	闸次	运行时间（小时）	排水量（万方）	闸次	运行时间（小时）	排水量（万方）	
总计													
1～本月													

单位负责人：　　　　填表人：　　　　联系电话：　　　　报出日期：　　年　月　日

表 F39　固定资产投资完成情况（水务 01 表）

固定资产投资完成情况

20 ____ 年 ____ 月

表　　号：水务 01 表
制表机关：上海市水务局
批准机关：上海市统计局
批准文号：沪统审字［2010］3 号
有效期至：2012 年 4 月

统计登记号：□□□□□□□□
组织机构代码：□□□□□□□□—□
单位名称（盖章）：
项目名称：

指标	投资（万 元）						工程量			建房面积			耗用		
	合计	建筑工程	安装工程	设备购置	更新设备	其他	土方（万立方米）	石方（立方米）	砼方（立方米）	合计（平方米）	管理用房（平方米）	住宅（平方米）	钢材（吨）	水泥（吨）	木材（立方米）
计划总数															
本年计划数															
自开始建设累计完成数															
自年初累计完成数															
本月完成数															
工程总概况															
本年计划工程内容															
工程总的施工形象进度（包括动拆迁）															
本月做了哪些工程															
累计资金到位(万元)(注明金额、来源)															
本年资金到位(万元)(注明金额、来源)															
工程存在的主要问题及准备采取的措施															

统计负责人：　　　　填表人：　　　　联系电话：　　　　报出日期：　　　　年　　月　　日

表F40　生产法地区生产总值表（统计局表1）

生产法地区生产总值表

单位：亿元

	总产出	中间投入	增加值
合计			
第一产业			
农、林、牧、渔业			
农业			
林业			
畜牧业			
渔业			
农、林、牧、渔服务业			
第二产业			
工业			
采矿业			
制造业			
电力、燃气及水的生产和供应业			
建筑业			
房屋和土木工程建筑业			
建筑安装业			
建筑装饰业			
其他建筑业			
第三产业			
交通运输、仓储和邮政业			
铁路运输业			
道路运输业			
城市公共交通业			
水上运输业			
航空运输业			
管道运输业			
装卸搬运和其他运输服务业			
仓储业			
邮政业			
信息传输、计算机服务和软件业			
电信和其他信息传输服务业			
计算机服务业			
软件业			
批发和零售业			
批发业			
零售业			
住宿和餐饮业			
住宿业			
餐饮业			
金融业			

续表

	总产出	中间投入	增加值
银行业			
证券业			
保险业			
其他金融活动			
房地产业			
房地产开发经营业			
物业管理业			
房地产中介服务业			
其他房地产活动			
居民自有住房服务业			
租赁和商务服务业			
租赁业			
商务服务业			
科学研究、技术服务和地质勘查业			
研究与试验发展			
专业技术服务业			
科技交流和推广服务业			
地质勘查业			
水利、环境和公共设施管理业			
水利管理业			
环境管理业			
公共设施管理业			
居民服务和其他服务业			
居民服务业			
其他服务业			
教育			
卫生、社会保障和社会福利业			
卫生			
社会保障业			
社会福利业			
文化、体育和娱乐业			
新闻出版业			
广播、电视、电影和音像业			
文化艺术业			
体育			
娱乐业			
公共管理和社会组织			

表 F41　收入法地区生产总值表（统计局表 2）

收入法地区生产总值表

单位：亿元

	增加值	劳动者报酬	生产税净额	固定资产折旧	营业盈余
合计					
第一产业					
农、林、牧、渔业					
农业					
林业					
畜牧业					
渔业					
农、林、牧、渔服务业					
第二产业					
工业					
采矿业					
制造业					
电力、燃气及水的生产和供应业					
建筑业					
房屋和土木工程建筑业					
建筑安装业					
建筑装饰业					
其他建筑业					
第三产业					
交通运输、仓储和邮政业					
铁路运输业					
道路运输业					
城市公共交通业					
水上运输业					
航空运输业					
管道运输业					
装卸搬运和其他运输服务业					
仓储业					
邮政业					
信息传输、计算机服务和软件业					
电信和其他信息传输服务业					
计算机服务业					
软件业					
批发和零售业					
批发业					
零售业					
住宿和餐饮业					
住宿业					
餐饮业					
金融业					

续表

	增加值	劳动者报酬	生产税净额	固定资产折旧	营业盈余
银行业					
证券业					
保险业					
其他金融活动					
房地产业					
房地产开发经营业					
物业管理业					
房地产中介服务业					
其他房地产活动					
居民自有住房服务业					
租赁和商务服务业					
租赁业					
商务服务业					
科学研究、技术服务和地质勘查业					
研究与试验发展					
专业技术服务业					
科技交流和推广服务业					
地质勘查业					
水利、环境和公共设施管理业					
水利管理业					
环境管理业					
公共设施管理业					
居民服务和其他服务业					
居民服务业					
其他服务业					
教育					
卫生、社会保障和社会福利业					
卫生					
社会保障业					
社会福利业					
文化、体育和娱乐业					
新闻出版业					
广播、电视、电影和音像业					
文化艺术业					
体育					
娱乐业					
公共管理和社会组织					

表 F42　支出法地区生产总值（统计局表 3）

支出法地区生产总值

单位：亿元

	金额
支出法地区生产总值	
一、最终消费支出	
居民消费支出	
农村居民消费	
城镇居民消费	
政府消费支出	
二、资本形成总额	
固定资本形成总额	
存货增加	
三、货物和服务净流出	
流出	
流入	
统计误差	

表 F43　投入产出表（简易表式）（统计局表 4）

产出 / 投入		中间使用				最终使用									进口	总产出
						最终消费支出				资本形成总额			出口	最终使用合计		
						居民消费支出			政府消费支出							
		产品部门1	产品部门2	…	产品部门N	农村居民消费	城镇居民消费	小计		固定资本形成总额	存货增加	合计				
中间投入	产品部门1															
	产品部门2															
	…	第Ⅰ象限				第Ⅱ象限										
	产品部门N															
	中间投入合计															
增加值	劳动者报酬															
	生产税净额															
	固定资产折旧	第Ⅲ象限														
	营业盈余															
	增加值合计															
总投入																